云南省页岩气资源潜力调查评价

蒋天国　陈尚斌　郭秀钦　薛晓辉　刘胜彪 等 著

科学出版社

北　京

内 容 简 介

本书系统研究了云南省页岩气赋存层位、形成地质条件、成藏特征及其资源分布，从地层、构造及岩浆岩等方面阐述页岩气的基本地质特征，分析目标层的沉积环境、演化过程及空间展布规律，论述烃源岩－储层地化特征、储层物质组成、孔裂隙结构及含气性特征，以筇竹寺组与龙马溪组为例研究成藏特征，评估云南省页岩气的资源潜力，优选资源有利区。

本书是当前介绍云南省页岩气资源最全面的书籍，可为云南省页岩气的勘探开发提供依据，可供页岩气及相关地质工作者、教学科研人员及高校学生使用。

图书在版编目（CIP）数据

云南省页岩气资源潜力调查评价/蒋天国等著. —北京：科学出版社，2016.8

ISBN 978-7-03-049217-3

Ⅰ. ①云… Ⅱ. ①蒋… Ⅲ. ①油页岩资源-资源潜力-资源调查-云南省 Ⅳ. ①TE155

中国版本图书馆 CIP 数据核字（2016）第 147094 号

责任编辑：罗 吉 沈 旭 孙 静/责任校对：李 影
责任印制：张 倩/封面设计：许 瑞

科 学 出 版 社 出版
北京东黄城根北街16号
邮政编码：100717
http://www.sciencep.com

北京利丰雅高长城印刷有限公司 印刷

科学出版社发行 各地新华书店经销

*

2016 年 8 月第 一 版 开本：720×1000 1/16
2016 年 8 月第一次印刷 印张：17
字数：340 000
定价：99.00 元
（如有印装质量问题，我社负责调换）

《云南省页岩气资源潜力调查评价》作者名单

主要作者　　蒋天国　陈尚斌　郭秀钦　薛晓辉

　　　　　　刘胜彪　孙　雄　李子胜　杨怡娜

参与人员　　董树昆　胡　琳　王显飞　毛　林

　　　　　　付常青　李仕昆　张建兴　董云超

　　　　　　刘红俊　毛　雨　李崇荣　成　鹏

　　　　　　李金龙　高　攀　郭彩旭　王正荣

　　　　　　张　旭　杨　楠　蒋　源　白　燕

　　　　　　王爱莉　周　帅　赵　丽　王　阳

前　言

　　2015 年国土资源部宣布中国已经成为继美国和加拿大之后的第三个商业性页岩气开发国家,这对于近十年来努力攻克页岩气勘探开发难题的各界同仁来说,是个振奋人心的消息。虽然中国在页岩气领域取得的成绩令世界瞩目,但截至目前,仅南方下古生界海相、四川盆地侏罗系陆相、鄂尔多斯盆地三叠系陆相三个领域取得了较大突破,并形成了一批产能:2013 年页岩气产量为 1.93 亿 m^3,2014 年约为 13 亿 m^3,2015 年已超过 50 亿 m^3;除了涪陵、长宁、威远、昭通、延安等地,其他地区尚未取得较大规模的突破,产量也还极为局限。尽管中国页岩气开发呈现迅速发展态势,但规模开发仍面临极大困难,为降低勘探风险,确定经济可采性,还需深入开展页岩气资源评价、页岩气赋存富集机理和压裂开发等科学技术课题。

　　云南省是常规油气资源严重贫乏的省份,但页岩气等非常规天然气资源较为丰富。国家"十二五"期间就将云南昭通纳为国家 19 个页岩气资源勘探开发区之一。但总体上来说云南省页岩气地质勘查工作相对滞后,勘查工作程度极低。通过调查评价,初步查清了云南省页岩气资源分布情况和资源现状,寻找到可供勘探开发的有利靶区,为云南省页岩气资源勘探开发规划提供了基础地质依据。此次在云南省共遴选出暗色泥页岩层系 5 套作为书中重点勘探目的层,包括下寒武统筇竹寺(牛蹄塘)组、下志留统龙马溪(下仁和桥)组、上志留统玉龙寺组、上二叠统宣威组(龙潭组、长兴组)以及上三叠统须家河组(干海子组和舍资组)。基本查清了云南省页岩气资源的分布情况后,优选了页岩气有利远景区,其中Ⅰ类有利区和Ⅱ类有利区地质资源量合计为 3.97 万亿 m^3;另有页岩气远景地质资源量 20.78 万亿 m^3,表明云南省页岩气资源量大,具有广阔的页岩气开发前景。昭通地区页岩气开发的突破也从侧面印证了云南省页岩气开发的良好前景。

　　本书即以此次评价工作为基础,全面介绍云南省页岩气的赋存目标层位、形成地质条件、成藏特征及其资源分布特征。全书共分为九章,第一章为绪论,综述云南省页岩气地质工作历程和研究现状,介绍了云南省页岩气资源调查范围与内容,为更好地理解后续章节做铺垫。第二章至第八章为本书的主要内容。第二章从地层特征、构造特征及岩浆岩分布等方面阐述云南省页岩气地质背景与基本地质特征,为页岩气源岩-储层特征、成藏特征、有利区优选及资源潜力评价的研究与论述奠定基础。第三章和第四章通过页岩层系地质调研,对目标层进行实测剖面分析、钻探工程揭露,分析目标层的沉积环境和演化,以及目标层的空间展布规律。第五章和第六章分别论述页岩气源岩-储层的地化特征、页岩储层物质组成和孔裂隙结构特征等特征,以及含气性特征。第七章通过埋藏史分析,以筇竹寺组与龙马溪组为例研究云南省页岩气成藏特征。第八章分析页岩气资源评价方法及关键参数的取值,评估云南省页岩气资源潜力,并优选有利区。第九章对研究认识进行总结,对未来发展予以展望。

本书是云南省能源局、云南省发展和改革委员会、云南省煤田地质局、云南煤层气资源勘查开发有限公司、华能澜沧江水电有限公司及云南省能源投资集团有限公司等企业和中国矿业大学密切合作的成果,全书由蒋天国、陈尚斌、郭秀钦、薛晓辉和刘胜彪主笔,蒋天国和陈尚斌负责统稿定稿,付常青、孙雄、李子胜、杨怡娜、王正荣、杨楠、蒋源、毛林、胡琳、王显飞、白燕、成鹏、李金龙、高攀、郭彩旭、刘红俊、毛雨、董云超、张旭、王阳、周帅、王爱莉、李仕昆、董树昆、张建兴、李崇荣和赵丽等参加编写。在研究过程中,得到了罗俊副局长、唐永洪处长、朱炎铭教授、余谦教授等领导专家的指导、支持和审定,在此一并表示衷心的感谢!

本书是当前关于云南省页岩气最为系统和全面的书籍,可为云南省页岩气勘探开发提供依据,也可为邻省区页岩气研究与勘探提供参考。本书力求内容丰富、图文并茂、论述有序;期望所呈现的成果和认识既能推动云南省页岩气的勘探开发,也能丰富页岩气地质学相关理论,为促进云南省能源消费结构变革理念起到积极的推动作用,对促进我国页岩气勘探开发进程产生积极影响。本书可供从事页岩气和煤层气相关地质工作者参考使用,也适合从事资源勘查、矿产普查与勘探等方面的科研、教学人员与研究生使用。

因笔者的研究水平及编著经验有限,对云南省页岩气的认识、分析和总结,以及书稿的编著必然存在不足和错误之处,恳请广大读者批评指正。

作　者

2016 年 5 月

目　　录

第一章 绪 论

第一节 页岩气发展趋势及意义

页岩气是指赋存于富有机质泥页岩及其夹层中，以吸附或游离状态为主要存在方式的非常规天然气，成分以甲烷为主，是一种新型战略性资源，也是一种清洁、高效的绿色能源。作为一种新型天然气资源及常规天然气资源的补充，页岩气已成为全球产量增长最快的气体能源，受到世界各国的极大关注和重视。

全球页岩气资源丰富，技术可采资源量为 203.97 万亿 m³（江怀友等，2014）。近几年，美国页岩气勘探开发技术不断突破，产量快速增长，2014 年页岩气产量约占天然气总产量的 40%（EIA，2015），对国际天然气市场及世界能源格局产生重大影响，世界主要页岩气资源国都加大了对页岩气的勘探开发力度。全球经济和社会发展对油气资源需求量的不断增长，页岩气勘探开发技术的不断提高，尤其是美国、加拿大等国页岩气资源勘探开发利用取得成功，极大地提高了世界各国对页岩气勘探开发的热情，推动了全球页岩气勘探开发的进程。

美国、加拿大等国家页岩气资源勘探开发取得成功并实现产业化，也引起了中国政府的高度重视，页岩气被列为中国第 172 种独立矿种，已正式进入国家能源局战略视野，国家相继制定出台了页岩气勘探开发与利用的相关激励扶持政策和管理措施。国民经济和社会发展"十二五"（2011－2015 年）规划明确要求"推进页岩气等非常规油气资源开发利用"；2012 年 3 月，国家能源局制定并颁发了国家首个《页岩气发展规划（2011－2015 年）》，文中明确提出：到"十二五"规划末，全国探明页岩气地质储量 6000 亿 m³，可采储量 2000 亿 m³，页岩气产量 65 亿 m³，并确定了国家页岩气勘探开发的重点区域和"十二五"规划期间页岩气发展的主要目标任务，明确以四川、重庆、云南、贵州等省市为页岩气资源勘探开发的重点工作目标区，将云南所处的滇黔北与南盘江地区列为开展页岩气资源潜力调查与评价的重点地区，并将云南昭通纳为国家 19 个页岩气资源勘探开发区之一，显示了国家对页岩气资源勘探开发的决心和支持力度。因此，开展页岩气资源调查评价对查清云南省页岩气资源潜力和分布、推动页岩气勘探开发、促进全省科技进步、带动地方经济发展、改善优化能源结构、保障稳固能源安全、高效提高节能减排等同样具有十分重要的战略意义。

2012 年国土资源部油气资源战略研究中心组织完成了"全国页岩气资源潜力

调查评价及有利区优选"项目,国土资源部启动了全国页岩气资源调查评价专项,国家安排专项资金建设页岩气勘探开发示范区,全国多个省市均已建立了页岩气资源调查专项基金,积极推动页岩气的调查评价和开发工艺的优化。因此,组织实施云南省页岩气资源调查评价非常紧迫,并具有以下意义:

(1)有利于推动云南省页岩气产业的发展。云南省作为我国页岩气资源前景较好的地区,针对页岩气开展的工作相对滞后,仅有中石油浙江分公司在昭通彝良、镇雄、威信等探矿权区块内开展勘查工作,局限于局部面上调查和点上研究,从未开展过系统的页岩气资源基础地质综合研究和调查评价等专项地质工作,勘查程度很低;因此,开展云南省页岩气资源调查评价专项工作,有利于查清云南省页岩气资源潜力,评价优选可供勘探开发的有利目标区,为云南省页岩气资源勘探开发规划和整体布局提供可靠的地质依据,对加快云南省页岩气资源勘探开发具有十分重要的战略意义。

(2)有利于改善云南能源结构,保障能源安全。云南是常规油气资源严重贫乏的省份,对外依存度近 100%。2012 年在规模以上工业主要能源消费量中,原煤消费量 8390.90 万吨,洗精煤消费量 1746.42 万吨,焦炭消费量 1246.61 万吨,天然气消费量 3.5 亿 m^3,能源消费结构严重不协调。对云南页岩气资源进行调查评价,加快页岩气资源的勘探开发步伐,充分利用云南丰富的页岩气资源,实现页岩气资源产业化开发和利用,有利于增加天然气供给,缓解云南天然气供需矛盾,改变云南天然气完全依赖外送的局面,改善和优化能源结构,降低温室气体排放量,提高云南省能源资源保障程度。

(3)有利于带动地方基础设施建设和国民经济发展。页岩气资源勘探开发是一项利国利民的事业,页岩气作为一种新的清洁能源,其开发利用必将得到推动云南产业结构的优化发展,培育新的优势企业,构建多元化工业体系。随着页岩气勘探开发利用产业的发展,当地基础设施建设必将得到改善,促进天然气管网、液化天然气(LNG)、压缩天然气(CNG)等发展;同时,开发利用页岩气还有利于减少二氧化碳排放,保护生态环境;作为一项重大能源基础产业,页岩气开发利用可以拉动钢铁、水泥、化工、装备制造、工程建设等相关行业的发展,增加就业和税收,促进地方经济乃至国民经济的可持续发展。

因此,加快云南省页岩气资源调查评价,尽快摸清页岩气资源"家底",优选出页岩气勘探有利远景区,评价勘探开发条件,对云南省能源战略布局和经济发展具有重要意义。

第二节 页岩气勘探开发现状

一、页岩气勘探开发现状

（一）国内外页岩气勘探开发现状

美国页岩气在世界上最早勘探开发成功，2014 年产量高达 3808 亿 m³（EIA，2015）。继美国之后，加拿大成为成功商业开发页岩气的第二个国家。2009 年加拿大 Montney 和 Horn River 页岩气产量达 72.3 亿 m³，2014 年加拿大页岩气产量约为 215 亿 m³，在天然气总产量中的比重约为 15%（图 1-1）。

澳大利亚页岩气主要分布在 Cooper 盆地，目前由澳大利亚的 Beach 石油公司计划开发（Backé et al., 2011）。此外，欧洲一些地区经评价表明也有页岩气远景潜力，部分国家和地区正处在筹备与前期资源评价和勘探阶段（董大忠等，2012；姜福杰等，2012），如德国、法国、波兰、荷兰、新西兰、印度、南非等（图 1-2）。

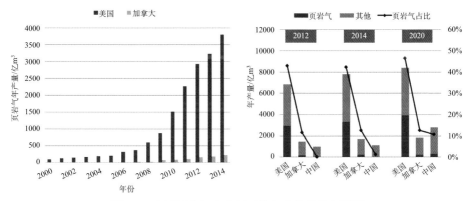

图 1-1　主要页岩气生产国天然气产量现状与预测

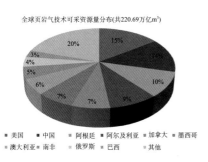

图 1-2　世界页岩气勘探开发现状（EIA, 2015）

我国也将页岩气的资源调查评价及勘探开发纳入"十二五"规划中，对云南省页岩气资源调查评价、勘探开发与利用起到了助推作用。美国等国家通过近十年的勘探实践与研发，形成了页岩气成藏、勘查开发与综合利用的整套理论与方法技术体系、知识产权和技术标准。成熟先进的页岩气勘探开发技术和成功的经验，为云南省页岩气勘探开发提供了良好的借鉴和技术支撑。2011~2013 年，国土资源部组织实施"全国页岩气资源潜力调查评价及有利区优选"项目，对我国陆域 5 大区、41 个盆地和地区、87 个评价单元、57 个含气页岩层段的页岩气资源潜力进行评价，结果表明地质资源潜力 134.42 万亿 m^3、技术可采资源潜力 25.08 万亿 m^3；其中海相页岩气 8.2 万亿 m^3，海陆过渡相 8.9 万亿 m^3，陆相 7.9 万亿 m^3，三大沉积相页岩气可采资源潜力相近。

截至 2014 年 12 月底，我国共设置页岩气探矿权区块 54 个，面积约 17 万 km^2，20 余家国内外企业在 11 个省区 5 大沉积盆地开展页岩气勘探开发（郭旭升等，2014；王志刚，2015）。累计投资 230 亿元，钻井 780 口，压裂试气 270 余口井获页岩气流；二维地震 21818km^2，三维地震 2134km^2；相继在四川长宁、威远、井研－犍为，重庆涪陵、彭水，云南昭通，贵州习水和陕西延安等地取得重大突破和重要发现，获得三级储量近 5000 亿 m^3，探明地质储量 1067.5 亿 m^3，已形成年产 15 亿 m^3 产能。在四川盆地发现五峰　组－龙马溪组特大型页岩气区，涪陵、长宁、威远三大页岩气田已实现页岩气工业化开采，2015 年产量逾 40 亿 m^3（郭彤楼和张汉荣，2014；王志刚，2015）。在勘探开发技术方面，已掌握了页岩气地球物理、钻井、完井、压裂改造等技术，具备了 4000m 浅水平井钻井及分段压裂能力，可自主研发生产压裂车等装备；引进并推广应用了大规模水力压裂技术、多分支水平井钻井技术、微地震监测等技术。

近年来，中国在页岩气资源评价、储层评价、成藏机理研究、开采技术研发、先导性试验区与国家示范区建设等方面均已取得重要进展，海相下古生界和陆相中生界勘探进展尤为显著。页岩气开发以中石油、中石化、延长石油、国土资源部为首的试验区成效尤为显著（表 1-1）。目前产气井地区和层位主要有四川盆地涪陵地区、长宁－威远下古生界、元坝自流井组、新场须家河组、鄂尔多斯盆地延长组及滇黔北昭通地区龙马溪组（魏祥峰等，2014；李伟等，2014；陈云金等，2014；王志刚，2015）。大多数学者认为四川盆地是中国最具潜力的页岩气勘探区，在下寒武统筇竹寺组、下志留统龙马溪组、下三叠统须家河组等层系页岩气取得重大突破，已开展试井与模拟产能，截至 2014 年我国页岩气累计产量超过 15 亿 m^3，尤以海相页岩气高产稳产（邹才能等，2015；王志刚，2015）。

中石化此前计划 2015 年年末在涪陵部署钻井 253 口，投资 215 亿元，实现产能 50 亿 m^3，远期产能达 800 亿 m^3/年。截至 2014 年 11 月 31 日的数据综合显示，焦石坝区块大范围内龙马溪组厚度稳定在 50~90m，龙马溪组赋存埋深

2200~2500m，地层温度 65~80℃，龙马溪组页岩气中 55%~60%为游离气，其中裂隙尤为发育且多连通。

表 1-1 页岩气勘探重大突破与开发进展

	三大突破			三大进展	
领域	井位	日产能/万 m^3	领域	井位	日产能/万 m^3
鄂尔多斯/T/陆相	柳评 177 井	0.24	西北/J/陆相	柴页 1 井	3 段气显示
	新 57 井	0.24			厚 140.5m
四川/T－J/陆相	新页 HF1 井	4.60	南方/P/交互相	湘页 1 井	0.24
	元坝 21 井	50.70		织 2U-1 井	0.50
南方/Pz_1/海相	焦页 HF1 井	20.30	华北/C－P/交互相	云页平 1 井	1.95

中石油主要集中在长宁、威远等区块开展工作，获得三级储量 2000 多亿 m^3，此前计划 2014~2015 年累计施工钻井 154 口，总投资 112 亿元，其中已开钻 119 口，完钻 94 口。两地 2015 年产量超 25 亿 m^3。其中，威远完钻井 50 口（评价直井 23 口、水平井 27 口），试气 33 口（评价直井 16 口、水平井 17 口），6 口水平井日产量超过 10 万 m^3，投入试采 10 口井，累计生产页岩气商品气量 7922 万 m^3，威远 204 井产量最高，达 16.5 万 m^3/日。2014 年第一季度，长宁 2 个平台分别进行了 2 口（H3 平台）和 4 口井（H2 平台）的拉链式同步压裂，单井日均产量分别在 10 万 m^3 和 20 万 m^3 以上，低产井在 5 万 m^3/日以上，长宁 H2-2 井产量最高，达 21.02 万 m^3/日。其次，中石油在昭通黄金坝建成 5 亿 m^3 产能，已部署 16 个平台；已完钻 10 口水平井，日均产量为 10 万 m^3 左右。

截至 2013 年 12 月 20 日，延长石油累计完钻 39 口，其中，直井 32 口（上古生界 4 口，中生界 28 口），丛式直井 3 口，水平井 4 口；压裂页岩气井 34 口，其中直井 28 口，丛式直井 3 口，水平井 3 口。直井日产量 3000m^3，水平井日产量 8000m^3。

中海油芜湖区块 2011 年 12 月 19 日开始地震作业，2012 年 4 月完成安徽芜湖页岩气昌参 1 井测井，2012 年 5 月完成取心钻探，完成首批 3 个钻井；2014 年 3 月 1 日，中海油国内首个页岩气探（参数）井——徽页 1 井开钻，设计孔深 3400m。

中国地质调查局主要工作集中在常德、承德、柴达木、松辽盆地。其中，常德区块进行了 50km 的二维勘探，部署了 1 口预探井（慈页 1 井）；在承德、柴达木、松辽盆地等进行了页岩气的钻探评价。

尽管我国页岩气总体呈现迅速发展的态势，但开发试验仍面临着极大的困境，钻井试气、试采产量差异性极大，单井日产量从 50 万 m³ 到不足几千立方米，甚至无工业气流。页岩气产量存在巨大的井间差异性，更加详细的地质评价工作亟需开展。

（二）云南省邻区页岩气勘探开发现状简述

中石油、中石化先后在云、贵、渝、川等省市开展了页岩气资源勘查工作，在四川威远、长宁、富顺－永川、泸县等地建成 20 余口页岩气调查和生产试验井，钻井显示下寒武统筇竹寺组、下志留统龙马溪组等富有机质泥页岩层段均有页岩气，压裂后成功获得了页岩气工业气流（直井稳产 1 万 m³/日，涪陵元坝 21 水平井产量达 50 万 m³/日），实现了页岩气勘探开发工业化突破，显示了较好的勘探开发潜力。其中重庆于 2009 年率先启动全国首个页岩气资源勘查项目，国土资源部将重庆列为国家页岩气资源勘查先导区，拉开页岩气勘探开发序幕。2012 年 11 月，中石化在位于涪陵的焦页 1HF 井钻获高产页岩气流。2013 年 9 月，国家批准设立重庆涪陵国家级页岩气示范区。2014 年 6 月，国土资源部、重庆市政府、中石化联合设立重庆涪陵页岩气勘查开发示范基地。

国土资源部评价显示，重庆页岩气地质资源潜力 12.75 万亿 m³，可采资源潜力 2.05 万亿 m³。自 2009 年以来，已吸引中石化、中石油等 5 家企业先后完成钻气井 162 口，建成产能 25 亿 m³/年，累计产气量突破 12 亿 m³。根据《重庆市页岩气产业发展规划（2015－2020）》，按照勘探开发、管网建设、综合利用、装备制造等页岩气全产链集群式发展模式，到 2017 年，全市将累计投资近 700 亿元，实现页岩气产能 150 亿 m³/年，产量 100 亿 m³；到 2020 年累计投资 1300 多亿元，实现页岩气产能 300 亿 m³/年，产量 200 亿 m³，全产业链产值突破 1300 亿元。

贵州省临近云南省，作为一个一直"富煤、无油、少气"的地区，能源结构较为单一，然而近年的勘探结果显示贵州页岩气资源十分丰富，位居全国第三。2012 年 3 月~2013 年 6 月，由中国地质大学、成都地质矿产研究所、贵州省地质调查院、贵州省煤矿地质工程咨询与地质环境监测中心分区承担了全省的页岩气资源调查项目。完成了包括实测目的层剖面 67 条共 16km，累积取样 3939 件，二维地震勘查 1229km 的野外地质调查，收集了 62 个钻井的资料，完成实验分析 9772 项次，实施了 26 个参数井钻探。基本查明贵州潜质页岩气发育层系 7 个，主要为下寒武统牛蹄塘组和变马冲组、下志留统龙马溪组、中泥盆统火烘组、下石炭统旧司组、中二叠统梁山组、上二叠统龙潭组。计算页岩气地质资源量 13.54 万亿 m³，可采资源量约 1.95 万亿 m³。

位于云南省东北部的四川省页岩气资源也比较丰富，国土资源部油气资源战略研究中心发布的《全国页岩气资源潜力调查评价及有利区优选》显示，四川省的页岩气资源量约为 27.5 万亿 m³，占全国的 21%。而从预估可采资源量方面来看，四川约有 4.42 万亿 m³ 页岩气可开采，占全国的 18%，无论是页岩气的地质资源量还是可开采资源量，四川省均居全国首位。我国勘探的第一口页岩气井就位于四川宜宾长宁县，经过几年的页岩气勘探和开发，已取得一定成果。数据显示，早在 2013 年年底，四川省已钻完页岩气井 36 口，占全国的 20.2%；已完成页岩气井压裂 31 口，约占全国的 25%，其中经压裂见气 30 口，成功率高达 96.7%；累计开采出页岩气 9385 万 m³，销售使用页岩气达 7565 万 m³，分别占全国的 42.3% 和 37.1%。

二、云南省页岩气地质研究工作

目前云南省页岩气地质勘查程度还很低，未系统开展全省范围内页岩气资源调查，资源总量和分布情况尚未掌握。据了解，已知云南页岩气区域仅中石油在滇、黔、川三省交界地区选定页岩气示范区（现已升级为国家级页岩气开发示范区，即滇黔北昭通国家级页岩气示范区），包含了云南昭通的部分面积，该示范区位于四川盆地南部边缘向云贵高原的过渡区，地跨四川筠竹，云南镇雄、彝良、威信和贵州毕节、威宁、赫章等地，现登记矿权面积 15183.40km²，作业甲方中石油浙江分公司及北京中油石油技术有限公司在该区内开展路线踏勘、区域地质调查、页岩气选区综合评价等基础地质工作，认为此地区的页岩气目的层为下志留统龙马溪组和下寒武统筇竹寺组。

自 2009 年以来，中石油浙江分公司在云南昭通的镇雄、彝良、盐津、威信等县开展了页岩气勘探工作，获得了目的层段关键参数，昭通区块 YS108H1-1 水平井（龙马溪组）获得最高 20 万 m³/日的工业气流，实现了云南省内页岩气的勘查突破，长宁、威远和昭通区块共获得三级储量 2000 多亿 m³，为推动云南省页岩气资源调查评价与勘探开发工作奠定了坚实的基础。

与此同时，云南省页岩气重点目标层下寒武统筇竹寺组在川西南威远地区的金页 1HF 井分段压力测试获得 8 万 m³/日的高产气流；上三叠统须家河组在川西新页 HF-2 水平井中压裂试气最高产量达 4.6 万 m³/日，均显示出良好的勘探前景。根据已有资料分析研究，云南省发育有数套富有机质泥页岩层系，分布广、厚度大、有机质丰度与热演化程度高、脆性矿物发育，具有与四川、重庆、贵州相似的沉积环境和形成大规模页岩气资源的物质基础，特别是滇东北、滇东、滇东南、滇中区块，其总体位于上扬子地区，具有较好的页岩气勘探潜力。

第三节　云南省页岩气资源调查范围与内容

一、调查区范围与调查层段

调查区范围为云南省全境。根据区域地质背景及地质构造单元，将全省划分为滇东北、滇东、滇东南、滇中（楚雄盆地）及滇西（兰坪－思茅盆地、保山盆地）五个页岩气资源调查评价区（图 1-3）。

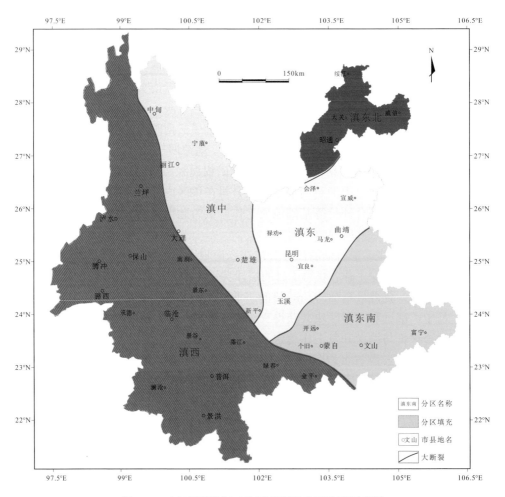

图 1-3　云南省页岩气工作区范围及分区位置示意图

各分区富有机质泥页岩主要地层分述如下。

（1）滇东北区：滇东北区富有机质泥页岩主要地层为下寒武统筇竹寺组、下奥陶统湄潭组、下志留统龙马溪组、下泥盆统边菁沟组、中泥盆统红崖坡组、上石炭统万寿山组、上二叠统龙潭组与长兴组、上三叠统含煤地层。

（2）滇东区：滇东区富有机质泥页岩主要地层为下寒武统筇竹寺组、上志留统玉龙寺组、中二叠统梁山组、上二叠统宣威组（龙潭组+长兴组）、三叠系法郎组和火把冲组含煤地层。

（3）滇东南区：滇东南区富有机质泥页岩主要地层为下寒武统筇竹寺组、下泥盆统坡脚组、上二叠统龙潭组、中三叠统法郎组。

（4）滇中区：滇中区富有机质泥页岩主要地层为上二叠统黑泥哨组，上三叠统干海子组及舍资组、松桂组。

（5）滇西区：滇西区富有机质泥页岩主要地层为上寒武统保山组、下志留统仁和桥组（相当于龙马溪组）、上二叠统龙潭组。

二、调查与评价主要内容

调查云南省境内黑色泥页岩分布层系，以下寒武统筇竹寺组、下志留统龙马溪组、上志留统玉龙寺组、上三叠统干海子组及舍资组（须家河组）等富有机质泥页岩层系为重点，初步揭示富有机质泥页岩分布规律、含气特征及页岩气资源潜力，优选页岩气有利目标区。

（一）富有机质泥页岩分布规律研究

充分收集基础地质资料和钻井资料，总结区域地质背景与构造演化特征，结合野外露头调查和钻探工程，统计云南省泥页岩主要发育层段（下寒武统筇竹寺组、下志留统龙马溪组、上志留统玉龙寺组、上二叠统宣威组、上三叠统干海子组和舍资组等）的泥页岩厚度、岩性特征情况，分析沉积物岩性组合特征、古生物组合特征，根据沉积学、古生物学、沉积地球化学、地球物理测井等标志，从整体上把握目的层沉积格局，划分沉积相，并探讨泥页岩的垂向沉积环境变化；通过对比各井资料，对全省富有机质泥页岩厚度及岩性组合类型进行横向和纵向上的对比，确定泥页岩厚度及岩性组合特征的空间展布规律。

（二）页岩气地质特征研究

以含气泥页岩生烃潜力、储集性评价和保存条件等因素为重点，开展页岩气地质特征研究。在野外露头观测和钻井柱状分析的基础上，结合有机碳测试、镜质组反射率测试、岩石薄片鉴定、扫描电镜观测、X射线衍射矿物成分分析等实验手段，从岩石学、有机地化特征、储层物性等角度对页岩进行研究：确定泥页岩有机质丰度、有机质类型、有机质成熟度与生烃潜力特征；分析泥页岩岩石学特征、矿物组分、裂隙-微孔类型和破裂潜力等储集性特征；基于全省构造特征及其演化规律，详细调查关键断裂带性质、规模及其对目标层段的影响程度；总结主要勘探目的层整体保存条件与封闭性，确定页岩气有利保存条件分布区。

（三）页岩气成藏富集条件分析

针对典型页岩气井（藏），分析含气泥页岩关键层段的成藏条件及影响因素，确定含气量（显示）的纵、横向变化趋势与特点。通过与不同类型典型气藏的解剖、对比研究，分析页岩气成藏富集的有利与不利因素，探索研究区页岩气富集规律。

（四）页岩气资源评价与有利区优选

结合云南省富有机质泥页岩发育地质条件和背景，制定适合云南省页岩气资源潜力的评价方法，计算不同地质单元中的页岩气地质资源量和可采资源量，分级优选页岩气发育地质有利区。根据资源评价及有利区优选结果，确定页岩气地质资源量和可采资源量在不同地质单元、不同层系、不同深度、不同区县以及不同地表条件下的分布特点，分析计算结果的合理性和可靠性。借鉴北美页岩气选区评价标准，参考国内已初步建立的页岩气评价与优选标准，综合分析云南省页岩气地质特征与相关参数，提出有利的页岩气勘探区块。

第二章 云南省区域概况

第一节 区域地理概况

一、位置与交通

云南简称"滇"，地处中国西南边陲，其西部和西南部与缅甸接壤，南部与越南、老挝毗邻，东部与贵州省相连，东南部与广西壮族自治区相接，北部同四川省相邻，西北部紧邻西藏自治区。云南省国境线长 4060km，中缅边界长 1997km，中老边界长 710km，中越边界长 1353km。地理极值坐标为东经 97°31′39″~106°11′47″，北纬 21°08′32″~29°15′08″。北回归线横贯本省南部，属低纬度内陆地区。云南省东西最大横距 864.9km，南北最大纵距 990km，总面积 39.4×10^{4}km^2，占全国总面积的 4.1%，居全国第 8 位。云南省下辖 8 个地级市、8 个自治州、13 个市辖区、13 个县级市、74 个县、29 个自治县[①]（图 2-1）。

受自然条件的影响，云南省形成了以公路为主、铁路次之、民航和水运为辅的交通网络。

全省公路总里程达 20 万 km，等级公路为 10.48 万 km，高等级公路达到 8004km，其中，高速公路达 2508km，居全国第 7 位、西部第 1 位。根据《云南省公路网规划（2005－2020 年）》方案，到 2020 年将建成高速公路 6000km。

全省共有铁路 18 条，其中准轨电气化铁路干线 3 条（贵昆、成昆、南昆），米轨铁路干线 2 条（昆河、蒙宝），地方合资铁路 4 条（昆玉、广大、水红、大丽），准轨支线 6 条（羊场、东川、盘西Ⅰ线、昆阳、安宁、东王），米轨支线 3 条（昆石、昆小、草官）。省内线路总长 3247km，其中正线 2336km；运营里程 2088km，其中电气化铁路 1066km。

云南拥有 12 个民用国际机场，通航城市达 92 个，各机场始发航线总数达 210 余条，其中国际航线 17 条。云南省虽地处西南边疆，但已初步形成了以昆明为中心，连接省内与周边省际支线网络、辐射国内大中城市的干线网络，积极构建辐射东南亚的航线网。

水运方面，已经建成了景洪港关累码头、思茅港、大理港等水运基础设施，全省水运通航里程达 2764km。

---

① 数据来源：云南省人民政府网站（www.yn.gov.cn）。

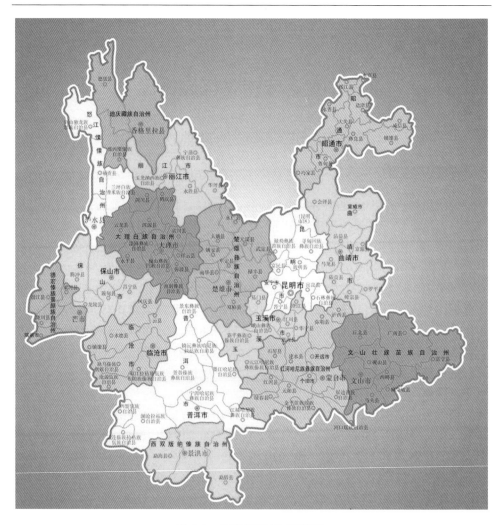

图 2-1　云南省行政区划简图

二、自然地理概况

（一）地形与地貌

云南属山地高原地形，山地高原约占全省总面积的 94%。地形以元江谷地和云岭山脉南端宽谷为界，分为东、西两大地形区。东部为滇东、滇中高原，是云贵高原的组成部分，海拔多在 1500~2500m，山间河湖盆地星散点布；西部高山峡谷相间，地势险峻，山岭和峡谷相对高差超过 1000m，5000m 以上的高山顶部终年积雪，形成奇异、雄伟的山岳冰川地貌。

地势总体上西北高、东南低，自北向南呈阶梯状逐级下降。北部是青藏高原南延部分，海拔一般为 3000~4000m，有高黎贡山、怒山、云岭等巨大山系和怒江、澜沧江、金沙江等大河自北向南相间排列，高山峡谷相间，地势险峻、山川骈列；南部为横断山脉，山地海拔一般不到 3000m，有哀牢山、无量山、邦马山等，地势向南和西南缓降；西南部边境海拔为 800~1000m，河谷逐渐宽广。全省海拔高差很大，海拔最高点是滇藏交界处德钦县境内怒山山脉梅里雪山主峰卡格博峰，海拔 6740m；最低点是与越南交界处河口县境内南溪河与元江汇合处，海拔 76.4m，两地直线距离约 900km，相对高差 6553.6m。

（二）江河与湖泊

云南省江河湖泊纵横，河流众多。全省有主要河流 180 多条，分属伊洛瓦底江、怒江、澜沧江、金沙江（长江）、元江（红河）和南盘江（珠江）6 大水系。除红河、珠江的支流南盘江发源于云南境内外，其余为过境河流。除金沙江、南盘江外，均为国际河流，这些河流分别流入南海和印度洋，多数具有落差大、水流急、水量变化大的特点。全省有高原湖泊 40 多个（知名度较高的有滇池、洱海、抚仙湖、泸沽湖、程海等），多数属断陷型湖泊。湖泊水面总面积约 1100km²，其中，滇池面积最大，约 300km²；洱海次之，面积约 250km²。抚仙湖深度为全省第一，最深处 150m；泸沽湖次之，最深处约 90m。

（三）人口与民族

云南省全省总人口 4514.0 万人。云南是中国边疆多民族省份，也是一个少数民族大省，全国 56 个民族中，云南就有 25 个。少数民族人口 1528.87 万人，占全省总人口的 33.87%，仅次于广西壮族自治区，居全国第 2 位。除汉族外，人口在 5000 人以上的少数民族有彝族、白族、哈尼族、傣族、苗族、傈僳族、回族等 25 个。其中，白族、哈尼族、傣族、傈僳族、佤族、拉祜族、纳西族、景颇族、布朗族、阿昌族、普米族、德昂族、怒族、基诺族、独龙族 15 个民族为云南特有少数民族，是全国特有民族最多的省份。云南少数民族交错分布，表现为大杂居与小聚居，没有单一民族的县。

（四）自然资源与产业

云南拥有丰富的自然资源，素有"植物王国""动物王国""有色金属王国"及"药材之乡"的美誉。云南省雨量充沛，河流湖泊众多，多年平均产水量 2222 亿 m³，加上过境水量 1600 亿 m³，两项合计人均拥有量约 1 万 m³，为全国人均拥有量的 4 倍。蕴藏的丰富水资源形成了丰富的水能资源，已成为最大的能源优势。云南已形成和正在建设的支柱产业有烟草产业、生物资源开发创新产业、矿产业、旅游业和电力产业。

第二节 地 层 特 征

一、区域地层特征

云南因所处区域构造位置特殊，造就了该区地层发育齐全、岩石类型多样、地质构造复杂的特点（图 2-2），按地层时代由老至新综述如下。

（一）前震旦系

前震旦系发育良好，分布广泛，为一套轻微变质－低中级变质岩系，自西往东有高黎贡山群、大勐龙群、澜沧群、崇山群、石鼓群、苍山群、哀牢山群、瑶山群、苴林群、昆阳群。根据不同地区变质岩层序、变质作用、岩浆活动及构造特征等，基本以红河断裂为界，分为滇东和滇西两个不同的区域。

滇东区出露中上元古界（震旦亚界），以昆阳群为代表。该地区地层层序比较清楚，岩性组合亦较简单，变质程度不高，岩浆活动与变质作用均不甚强烈，富含微古植物化石和叠层石。

滇西区岩石组合、变质作用等方面差异甚大，加之岩浆活动强烈，褶皱断裂又特别复杂，因而到目前为止，滇西的几条变质带的划分和时代问题，尚存较大的争议，但多数人认为是深变质的地槽型沉积。

（二）震旦系

震旦系主要分布在红河以东地区，根据地层类型可分为扬子区和华南区。扬子区震旦系是滇东地区晋宁运动后第一个地台型沉积，下统为澄江组陆相磨拉石建造，即澄江砂岩；上统自下而上发育有陆相冰碛层（南沱组）、浅海相碎屑岩夹碳酸盐岩（陡山沱组）及海相碳酸盐岩（灯影组）。华南区震旦系仅分布在滇东南屏边一带，为一套地槽型复理石沉积（屏边群），岩石已轻微变质。

（三）下古生界

下古生界地层在全省都有不同程度的出露，特别是寒武纪、奥陶纪地层发育较为完整，地台、地槽型的沉积均有代表。滇东下寒武统因地层层序发育完整，古生物化石丰富，与下伏震旦系界线标志明显，不仅属于我国下寒武统建阶标准剖面，也属于世界上震旦－寒武纪地层层型剖面。根据岩性、生物组合及建造等特征，以红河断裂为界，把下古生界地层分为滇西和滇东两大区。滇东地区主要为地台型的沉积，以浅海相碳酸盐岩建造和滨海相砂页岩建造为主，彼此间为不

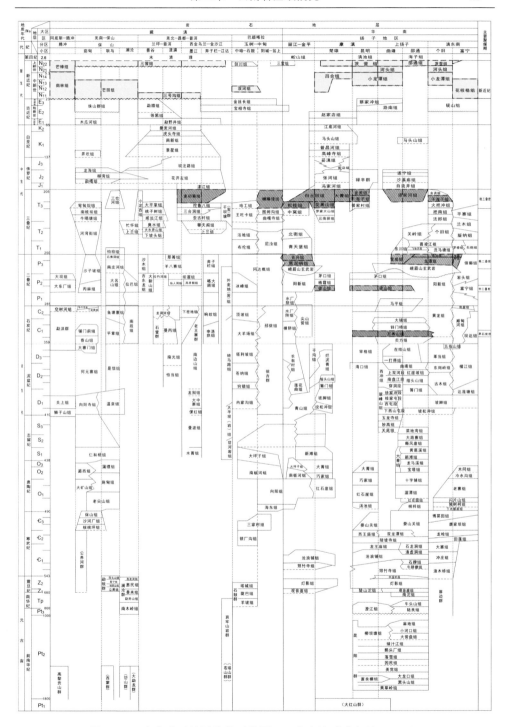

图 2-2　云南省分区地层柱状对比图（云南省地质矿产局，1996）

等厚互层，总厚度约为 3500m，岩性较为稳定，各系之间均为假整合接触。滇西地区地层出露不全，主要反映为一套地槽型的类复理石建造，上下接触关系不明显、相变大，并出现轻微的变质现象，以深色板岩、页岩及浅色的硅质岩、碳酸盐岩为主，沉积厚度超过 10000m。

（四）上古生界

上古生界是全省地层发育及出露最好的地层，其沉积类型多样，化石丰富，分区仍沿袭前述以红河断裂为界，分为滇东地台型区和滇西地槽型区。

滇东区主要为发育在扬子准地台的广大晚古生代地层，此套地层反映了一套海侵系列的岩性组合。泥盆纪早期为海陆交互相砂页岩沉积，中晚期逐渐变为以陆相-滨海相为主的碎屑岩沉积夹浅海相碳酸盐岩沉积，它们都在不同的地区以不同的时代超覆在前泥盆系之上。主要产植物、无颚类、鱼类、腕足类、珊瑚等生物化石。在石炭纪，海侵进一步扩大，为一稳定地台型沉积，基本上由富含蜓、珊瑚、腕足类等底栖生物的正常浅海相碳酸盐岩组成，仅在该区东北的昭通一带，下石炭统中夹有少量的海陆混合相含煤沉积（万寿山组），该时期沉积总厚度为300~1000m。二叠纪广泛海侵，几乎全部都有沉积，属于稳定地台型沉积，由富含蜓、珊瑚的浅海相碳酸盐岩组成，晚期出现以陆相、海陆混合相煤系及大陆溢流玄武岩（峨眉山玄武岩）地层。除玄武岩厚度可达 1000~2000m 以外，二叠系正常海相沉积总厚度一般不超过 1000m。上古生界沉积过程中，由于存在各期的升降运动，因而超覆或假整合接触现象较为普遍且很强烈。

滇西区比滇东区沉积类型要复杂得多，相变也大，虽反映一个海侵的沉积系列，以浅海相碳酸盐岩沉积为主，但从开始到结束均夹有硅质岩及中基性火山岩沉积（安山岩、玄武岩、细碧岩及火山碎屑岩），并且从下至上有增多趋势。总的看来为一套地槽型的沉积。地层中所含生物：早期（泥盆纪）以珊瑚为主，含有笔石、竹节石、牙形石等；中、晚期（石炭—二叠纪）以蜓、珊瑚、腕足、苔藓、有孔虫等生物为主。因升降运动十分频繁，因此地层厚度变化较大，各系之间普遍存在平行不整合及超覆现象。沉积厚度约 8500m，比滇东区大得多。

（五）中生界

中生界本省沉积处于大变革时期，即从海相向陆相变化时期，沉积的一套海退系列地层。这一时期岩性变化大、沉积类型多、岩相变化复杂，特别是三叠系。三叠系在全省分布广、层段齐全、化石丰富，但沉积类型复杂、岩相变化大，因而到目前为止其分类与命名尚未统一。根据其发育程度、岩性、岩相、古生物组合及构造特征等，将中生界划分为扬子区、滇西区及华南区。

扬子区，指扬子准地台所辖范围。本区三叠系发育较为齐全，化石也较丰富，为稳定的地台型沉积。中、下三叠统以该区东部最发育，分布广泛，地层连续、齐全，为一套浅海–滨海相碳酸盐岩沉积及砂页岩碎屑岩沉积，上三叠统分布零星，仅中部楚雄盆地东西两侧的永仁、祥云、一平浪等地发育良好，为一套含煤地层。该区西部丽江地区，三叠系上、中、下统均有沉积。一般来讲，中、下三叠统主要为海相沉积，而上三叠统自下而上，由海相、海陆过渡相碎屑岩沉积到陆相煤系，而侏罗–白垩系纯系陆相红色碎屑地层夹杂色泥质碳酸盐岩，靠上部出现膏盐层。侏罗–白垩系发育好，化石丰富，以瓣鳃、介形类、叶肢介、轮藻化石多见，在禄丰地区见有禄丰恐龙等脊椎动物，这一时期的地层主要发育在楚雄盆地区域，其他地区只是零星分布，厚度近万米。

华南区在中生界仅见三叠系海相沉积，缺失侏罗系、白垩系。各地三叠系沉积相和厚度变化都很大，主要以海相砂页岩和碳酸盐岩沉积为主，在南盘江地区的广南、丘北等地，中、下三叠统为复理石砂页岩沉积，局部夹凝灰岩，厚度4000~8000m。滇西区岩性组合复杂，岩相多变，普遍缺失下三叠统沉积，中统分布零星，层席也不完整，为一套类复理石沉积，夹火山岩，上三叠统比较发育，为一套海相碎屑岩沉积夹火山岩和碳酸盐岩，含有煤层或煤线，产丰富的瓣鳃类化石，厚约5000m，侏罗–白垩系主要发育在兰坪–思茅盆地内，为一套紫红色陆相夹海相碎屑岩沉积，中下部均夹有膏盐地层。侏罗系海相地层中含有较多的腕足和海相瓣鳃类化石与扬子区相区别。白垩系则以陆相生物为主，但也夹有海相介形类、瓣鳃类。从整体看，从下往上海相生物越来越少，侏罗–白垩系沉积总厚约8000m。

（六）新生界

新生界古近系与新近系发育，全属陆相中小型山间或断陷盆地类型。古近系为一套反映干燥气候环境下的紫红色碎屑岩夹青盐沉积，与下伏的白垩纪晚期沉积为连续假整合接触关系，主要分布于云南省广大中部地区及滇东区一些中生代大型陆相盆地中，属于这些盆地萎缩消亡期后沉积，如楚雄盆地和兰坪–思茅盆地，从古新世到渐新世均有沉积，古生物主要以介形类、叶肢介、轮藻为主，沉积物一般为下细上粗夹膏盐。滇东区古近系有所不同，主要为晚始新世–渐新世沉积，为一套紫红色砂泥岩、砾岩夹泥灰岩，不整合于中生代老地层之上，产丰富的脊椎动物化石，沉积厚度为1000~3500m。

新近系属一些互相隔离的断陷盆地或山间盆地沉积，星罗棋布地遍及全省，其规模一般为几百平方千米。新近纪气候温暖湿润，普遍形成夹褐煤及油页岩的暗色有机质碎屑泥岩类沉积，富含植物、瓣鳃及腹足类化石。在滇中及滇东地区还发现大量的脊椎动物化石。沉积厚度视盆地而不同，目前所知最大厚度为2800m，与古近系及其他老地层呈角度不整合接触。

第四系星罗棋布地分布在全省各地的山间坝区。由于研究程度差，对于地层划分，目前尚无统一方案，但从沉积类型看，主要有冰川堆积、盆地堆积、洞穴堆积和火山堆积四种。

云南新生代沉积盆地严格受区域构造控制，反映了活跃的新构造运动，由于盆地彼此隔绝，因而地质特征各异。就单个盆地而言，地层发育不全，且岩性及沉积厚度非常不稳定，这是新生代盆地沉积的主要特点之一。

二、分区地层特征

云南省地处冈瓦纳板块和华南板块交汇处，依据地层构造单元将其划分为四大地层区（图 2-3）：澜沧江断裂以西的藏滇地层区（Ⅰ）；澜沧江断裂以东、小金河断裂及哀牢山断裂以西的特提斯地层区（Ⅱ）；弥勒断裂以北、哀牢山断裂及小金河断裂以东的扬子地层区（Ⅲ）；弥勒断裂以南、红河断裂以东的华南地层区（Ⅳ）。

（一）藏滇地层区（腾冲-保山分区）

腾冲－保山区，包括腾冲地块和保山地块两部分，二者都是晚古生代时期从冈瓦纳古陆北缘裂离出来的微陆块，结晶基底均由中元古界中深变质岩系组成，上石炭统共同发育和冈瓦纳古陆有着亲缘关系的一套冰碛、冰水沉积地层。震旦系－下寒武统公羊河群为一套巨厚的浅变质岩石，与下伏高黎贡山群呈断层接触。

腾冲地块由于受后期花岗岩浆侵入活动的破坏而使寒武系以上的地层都呈残片状分布，保存较差。而保山地块的地层保存较全，上寒武统上部为碳酸盐岩沉积，奥陶系、志留系以滨海－浅海相碎屑沉积为主。泥盆系至中侏罗统以陆棚碳酸盐台地沉积组合为主。本区缺失上侏罗统。下白垩统为红层沉积。始新统上部－渐新统发育微磨拉石沉积，并与下伏地层呈区域性不整合。

（二）特提斯地层区（中甸分区、兰坪-思茅分区）

中甸分区为扬子地台西南部的中生代边缘盆地。该区出露的最老地层为中－上元古界石鼓群，以片岩为主，夹有大理岩、绿片岩-斜长角闪岩类。古生代处于浅海、滨浅海相沉积环境。除奥陶系为一套较厚的深水碎屑沉积外，主要发育着碳酸盐台地沉积组合，其中泥盆系、石炭系伴有中基性火山喷发。二叠系为大陆边缘火山岩沉积组合。三叠纪时本区表现为强烈的拗陷活动性质，形成了厚度近两万米的火山-碎屑沉积组合。晚三叠世晚期海平面下降，出现滨海陆源碎屑沉积组合。晚三叠世末本区发生褶皱和浅变质作用，并缺失侏罗系、白垩系。始新统上部－渐新统为磨拉石沉积。

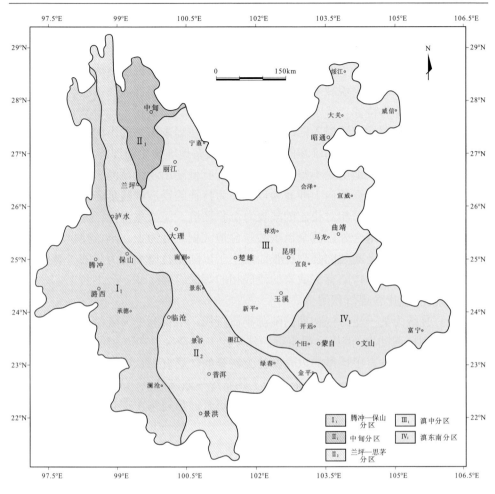

图 2-3　云南省地层分区图（云南省地质矿产局，1996）

兰坪－思茅分区，即思茅地块，因被大面积中新生界红层覆盖而未出露前寒武系基底，目前有古生物时代依据的最老地层为志留系。志留系和下泥盆统为厚度较大的陆坡深水碎屑沉积组合，二者为连续沉积。中、上泥盆统转变为富含钠质火山碎屑的陆棚-滨岸碎屑沉积组合。石炭系至三叠系的岩性、岩相和沉积类型变化复杂，西部和东部主要为大陆边缘火山-沉积岩组合，局部夹有细碧-角斑岩和含放射虫的硅质岩。中部地区以稳定类型的陆棚碎屑岩组合和台地碳酸盐岩组合为主。石炭系、二叠系的火山岩以钙质系列为主。本区缺失下三叠统，中、上三叠统的火山岩由海相发展为海陆交互相到陆相。侏罗系至始新统下部发育一套巨厚的板内盆地含膏盐红层。上覆的始新统上部－渐新统磨拉石沉积的勐腊群与其呈区域性不整合。中－上新统为零星分布的板内河湖盆地碎屑含煤组合。

（三）扬子地层区（滇中分区）

在云南省境内，扬子地台的结晶基底由下元古界变质岩系组成，中元古代，结晶基底发生张裂，出现裂陷槽，沉积了厚万余米的昆阳群，属过渡类型沉积，碳酸盐岩以富藻为特征。晋宁运动（约800Ma）被认为是扬子地台基底的形成时间，同时伴有中酸性岩浆侵入活动。早震旦世，在尚未夷平的山间盆地中堆积了粗碎屑的澄江组和山岳冰川堆积的南沱组。在滇东地区发生澄江运动（720Ma），使本区南沱组与下伏地层呈不整合接触。晚震旦世陡山沱组至渔户村组下部，由海侵初期的陆源碎屑开始向上渐变为以富藻为特征的镁质碳酸盐岩沉积。总体上寒武纪至志留纪保持着相对稳定的陆表海沉积环境。泥盆系至下二叠统，除下泥盆统发育陆棚碎屑组合外，其余以碳酸盐台地沉积组合为主。早二叠世晚期，因一系列近南北向古老断裂的强烈拉张而发生了以陆相拉斑系列为主的"峨眉玄武岩浆"喷发活动，并伴随有玄武岩的浅成相的辉绿岩墙（体）产出。上二叠统上部出现陆棚–滨岸含煤沉积组合。

下三叠统为又一次海侵初期的陆源碎屑沉积，中统演变为碳酸盐台地沉积组合，上统则出现陆棚–滨岸含煤组合。侏罗纪开始全区进入陆相沉积阶段，侏罗系至始新统下部发育了巨厚的以含膏盐为特征的红层沉积。始新世发生了一次广泛的抬升作用，随后在抬升面上形成了上始新统—渐新统的山间盆地磨拉石组合。新近系为零星分布的板内河湖盆地碎屑含煤组合。第四系发育有河湖沉积、洞穴堆积等。

（四）华南地层区（滇东南分区）

滇东南区出露的最老地层是震旦系，为巨厚的陆坡深水碎屑沉积组合，上覆下寒武统浅海相碎屑岩沉积。中、上寒武统为碳酸盐台地组合。下、中奥陶统为碳酸盐岩与碎屑岩的混合组合。本区缺失上奥陶统和志留系，泥盆系与下伏地层普遍呈假整合。下泥盆统为过渡类型的陆棚碎屑沉积组合，中、上泥盆统至下二叠统发育碳酸盐台地沉积，但在部分台沟地区，中、上泥盆统则发育以富含浮游生物为特征的深水硅泥质沉积。晚二叠世，由于断裂的活化而引起类似于扬子地台的板内玄武岩浆喷发活动，不同的是由海相发展为陆相火山喷发活动，在相对稳定的地区，上二叠统发育碳酸盐台地沉积。三叠纪时沿着丘北–广角地区发生强烈的拗陷，形成了一套巨厚的以富含浮游生物为特征的陆坡深水浊流沉积，该拗陷范围之外的三叠系岩性、岩相与扬子地台基本相同。三叠系褶皱之后，本区有花岗岩岩浆侵入活动，缺失侏罗系至始新统下部，其上直接被始新统上部砚山群磨拉石沉积呈不整合覆盖（图2-4）。

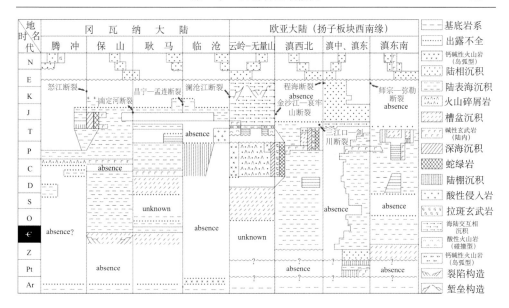

图 2-4 云南省沉积-构造演化图

三、暗色泥页岩

云南省各分区均发育不同层系的暗色泥页岩，不同的区块内的泥页岩岩性、厚度均有差异，各个区块分布的暗色泥页岩地层情况如表 2-1 所示。

（一）滇东北区

下寒武统筇竹寺组为黑色碳质页岩，夹灰绿色含碳质粉砂岩和粉砂质泥岩，下部偶夹黑色硅质页岩，厚 360~450m；下奥陶统湄潭组上部为灰色结晶灰岩、泥质灰岩，中部为灰黑色页岩、砂岩，下部为灰页岩、砂质页岩，厚 90~145m；泥盆系下统边菁沟组为深灰、灰黑色生物灰岩与灰绿、黄绿色页岩、粉砂岩互层，底部为灰岩或白云岩，厚 85~105m；下志留统龙马溪组为黑色碳质页岩、硅质岩、碳质硅质页岩及粉砂岩，厚 180~310m；泥盆系中统红崖坡组为灰、黄绿色页岩、钙质页岩、石英细砂岩、白云质灰岩夹紫红色页岩，底部为白云岩或泥质灰岩，厚 50~90m；石炭系大塘阶为灰黑、褐黄色砂岩、粉砂岩、页岩、碳质页岩夹煤与泥灰岩，厚 60~280m；三叠系须家河组为灰、褐黄色砂岩、页岩夹薄煤层，厚 181~552m。

表 2-1 云南各区块富有机质泥页岩地层统计表

区块名称	工作区地层时代				岩性简述及地层厚度	重点区块面积/km²
	系	统	组	代号		
滇东北区块	三叠系	上统	须家河组	T_3x	灰、褐黄色砂岩、页岩夹薄煤层，厚181~552m	10041
	石炭系	下统	大塘阶万寿山段	C_1dw	灰黑、褐黄色砂岩、粉砂岩、页岩、碳质页岩夹煤与泥灰岩，厚60~280m	
	泥盆系	下统	边菁沟组	D_1pb	深灰、灰黑色生物灰岩与灰绿、黄绿色页岩、粉砂岩互层，底部为灰岩或白云岩，厚85~105m	
		中统	红崖坡组	D_2h	灰、黄绿色页岩、钙质页岩、石英细砂岩、白云质灰岩夹紫红色页岩，底部为白云岩或泥质灰岩，厚50~90m	
	志留系	下统	龙马溪组	S_1l	黑色碳质页岩、硅质岩、碳质硅质页岩及粉砂岩，厚180~310m	
	奥陶系	下统	湄潭组	O_1m	上部灰色结晶灰岩、泥质灰岩，中部灰黑色页岩、砂岩，下部灰页岩、砂质页岩，厚90~145m	
	寒武系	下统	筇竹寺组	ϵ_1q	黑色碳质页岩，夹灰绿色含碳质粉砂岩和粉砂质泥岩，下部偶夹黑色硅质页岩，厚360~450m	
滇东区块	三叠系	上统	火把冲组	T_3h	泥岩、页岩夹煤线，厚1025m	34800
		中统	法郎组	T_2f	黑色灰岩、泥灰岩、钙质泥岩，厚303m	
	二叠系	上统	龙潭组	P_2l	灰色粉砂岩、泥岩、泥质粉砂岩、煤，夹碳质泥岩，厚210m	
		下统	梁山组	P_1l	深灰－灰色泥岩、粉砂质泥岩，含碳质泥岩，夹煤，厚50m	
	志留系	上统	玉龙寺组	S_3y	下部为黑色页岩，上部灰绿色页岩夹瘤状泥灰岩，厚340m	
			妙高组	S_3m	泥岩与泥灰岩互层，厚350~400m	
			关底组	S_3g	灰－浅灰色泥质灰岩，夹灰色页岩，厚310~390m	
	寒武系	下统	龙王庙组	ϵ_1l	灰、深灰色厚层状白云岩夹黄绿色薄层泥质白云岩、粉砂岩、粉砂质页岩，厚150~208m	
			沧浪铺组	ϵ_1c	灰色长石岩屑石英砂岩、石英砂岩，灰绿、紫红色泥质页岩、粉砂质泥岩，厚110~200m	
			筇竹寺组	ϵ_1q	黑色页岩，灰黑色薄层细砂岩，下部为黑色薄层砂质页岩，厚203m	

续表

区块名称	系	统	组	代号	岩性简述及地层厚度	重点区块面积/km²
滇东南区块	三叠系	中统	法郎组	T_2f	近海河湖相含煤沉积，薄层灰岩夹千枚岩、板岩、含泥砂岩，厚970~1000m	18546
	二叠系	上统	龙潭组	P_2l	顶部灰黑色硅质岩夹泥岩，中上部为灰黑、棕黄色粉砂质泥岩夹细砂岩及煤层，厚119~266m	
	泥盆系	下统	坡脚组	D_1p	棕黄、灰绿色泥岩、粉砂质泥岩、页岩，局部地区夹泥灰岩，厚43~264m	
滇中区块	三叠系	上统	舍资组	T_3s	灰绿、黄绿色砂岩、粉砂岩、泥岩、碳质页岩。上部夹紫红色泥岩，底部为粗砂岩，顶部为杂色砂泥岩，厚426m	30004
			干海子组	T_3g	灰—灰黑、灰绿色砂岩、页岩夹煤层组成的下粗上细沉积，顶部夹煤层，顶板为砂砾岩，厚496m	
			祥云组	T_3x	深灰—灰黑色细砂岩、粉砂岩夹粗砂岩、页岩及煤屑，厚1449m	
			马鞍山组	T_3m	黑色板状页岩夹粉砂岩、细砂岩，中部夹绿色块状泥岩，厚500~600m	
	震旦系	上统	灯影组	Z_bdn	灰岩、白云岩，夹紫红色粉砂岩、砂质页岩，上部及下部有黑色碳质页岩，厚129~1720m	
滇西区块	二叠系	上统	龙潭组	P_2l	以深灰色砂页岩为主，夹煤，上部以黑色页岩为主，夹薄层灰岩及细砂岩，厚150~200m	18996
		下统	梁山组	P_1l	含煤碎屑岩，以黑色含铁质页岩为主，含劣质煤及泥岩、砂岩等，厚21~224m	
	志留系	下统	仁和桥组	S_1r	灰黑、深灰色泥岩，粉砂质、碳质笔石页岩，顶部偶夹泥灰岩透镜体，厚275m	
	奥陶系	下统	潞西组	O_1l	灰黑色薄—中厚层状含泥质白云岩夹泥质粉砂岩，风化后显黄褐色，厚度不详	
			施甸组	O_1s	青灰、红黑色灰岩，黑色、灰色、浅绿色页岩，厚度不详	
	寒武系	上统	保山组	ϵ_3b	灰色页岩、粉砂质页岩、粉砂岩夹少量灰岩，厚度不详	

（二）滇东区

下寒武统筇竹寺组为黑色页岩，灰黑色薄层细砂岩，下部为黑色薄层砂质页岩，厚 203m；上志留统玉龙寺组下部为黑色页岩，上部为灰绿色页岩夹瘤状泥灰岩，厚 340m；二叠系下统梁山组为深灰－灰色泥岩、粉砂质泥岩，含碳质泥岩，夹煤，厚 50m，上统龙潭组为灰色粉砂岩、泥岩、泥质粉砂岩、煤，夹碳质泥岩，厚 210m；三叠系中统法郎组为黑色灰岩、泥灰岩，钙质泥岩，厚 303m，上统火把冲组为泥岩、页岩夹煤线，厚 1025m。

（三）滇东南区

下泥盆统坡脚组为棕黄、灰绿色泥岩、粉砂质泥岩、页岩，局部地区夹泥灰岩，厚 43~264m；上二叠统龙潭组为顶部灰黑色硅质岩夹泥岩，中上部为灰黑、棕黄色粉砂质泥岩夹细砂岩及煤层，厚 119~266m；中三叠统法郎组为近海河湖相含煤沉积，薄层灰岩夹千枚岩、板岩、含泥砂岩，厚 970~1000m。

（四）滇中区

上震旦统灯影组为灰岩、白云岩，夹紫红色粉砂岩、砂质页岩，上部及下部有黑色碳质页岩，厚 129~1720m；上三叠统干海子组为灰－灰黑、灰绿色砂岩、页岩夹煤层组成的下粗上细沉积，顶部夹煤层，顶板为砂砾岩，厚 496m；上三叠统舍资组为灰绿、黄绿色砂岩、粉砂岩、泥岩、碳质页岩，上部夹紫红色泥岩，底部为粗砂岩，顶部为杂色砂泥岩，厚 426m。

（五）滇西区

上寒武统保山组为灰色页岩、粉砂质页岩、粉砂岩夹少量灰岩，厚度不详；下志留统仁和桥组为灰黑、深灰色泥岩，粉砂质、碳质笔石页岩，顶部偶夹泥灰岩透镜体，厚 275m；二叠系下统梁山组为含煤碎屑岩，以黑色含铁质页岩为主，含劣质煤及泥岩、砂岩等，厚 21~224m；二叠系上统龙潭组以深灰色砂页岩为主，夹煤，上部以黑色页岩为主，夹薄层灰岩及细砂岩，厚 150~200m。

第三节　构　造　特　征

一、大地构造背景

中国大陆由古亚洲、滨太平洋和特提斯－喜马拉雅三大构造域组成，在全球构造中处于欧亚板块、印度板块和太平洋板块的交接部位。云南省处在特提斯构造域与环太平洋构造域的交接复合部位，印度板块与欧亚板块的碰撞接触地带东侧，并受到太平洋板块的影响（图 2-5）。从地史发展来看，它处于欧亚板块与冈瓦纳板块相碰撞的结合带。碰撞过程中，云南省分属上述两大超级构造单元的扬

子、印支、保山、腾冲、印度等板（陆）块分期依次相继启动拼接，形成了中间
地块和缝合带相间的大地构造格局，使云南省的地质构造极为复杂。

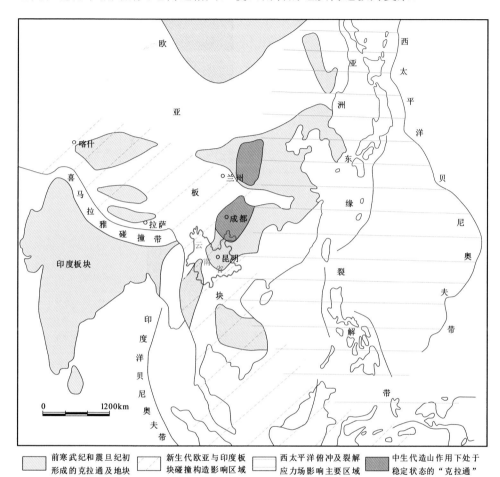

| | 前寒武纪和震旦纪初形成的克拉通及地块 | | 新生代欧亚与印度板块碰撞构造影响区域 | | 西太平洋俯冲及裂解应力场影响主要区域 | | 中生代造山作用下处于稳定状态的"克拉通" |

图 2-5　云南省区域构造环境图

　　新元古代末期的晋宁运动形成扬子地台基底，使扬子陆块自南华纪开始进入
了板块运动机制的克拉通盆地演化阶段，其演化发展与中国大陆再造过程中特提
斯洋的扩张、收缩演化阶段，以及相邻陆块之间的作用密切相关。总体而言，扬
子陆块从早古生代至中三叠世，经历了在原特提斯洋－特提斯洋中由南向北旋转
性漂移过程中与相邻陆块（华夏陆块、华北陆块、印支陆块等）在不同时期差异
性作用的发展演化史。一直持续到中三叠世的晚印支运动造成古特提斯洋封闭、
海水退出、构造反转以及前陆造山，从而结束了扬子克拉通盆地的发展演化阶段，
进入了陆内造山与前陆盆地的新一轮盆地演化阶段（图 2-6）。

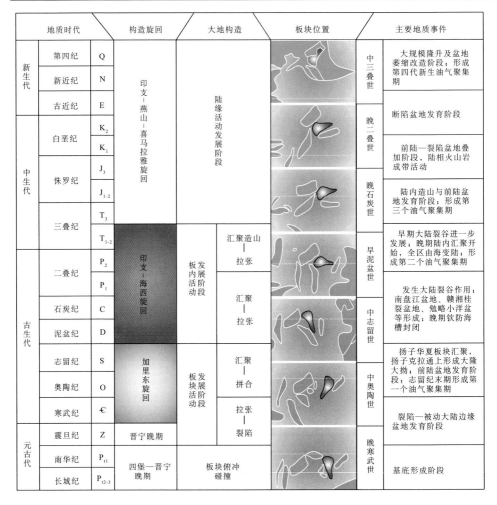

图 2-6 中上扬子构造演化及板块位置图（黄福喜等，2011）

（一）晋宁阶段

晋宁Ⅰ幕，华南洋向扬子陆块俯冲，在扬子陆块东南边缘形成增生的褶皱带和华夏古陆边缘的沟弧盆体系；约850~880Ma前的晋宁Ⅱ幕导致华夏与扬子陆块之间的古华南洋在扬子陆块的东段消失，西段的华南残留洋盆延续到加里东期（刘宝珺等，1993；Wang and Mo，1995）。晋宁运动后形成扬子地台基底，处于伸展构造背景，台缘裂陷槽与陆内裂堑发育，后造山期岩浆活动，震旦系为第一套盖层，大陆冰盖型冰碛物沉积。

（二）加里东期（Z-S）

加里东期为板块活动发展阶段，包括拉张裂陷阶段和汇聚拼合阶段，对应裂陷-被动大陆边缘盆地发育阶段和扬子克拉通上形成大隆大拗、前陆盆地发育阶段。加里东期发生的构造运动主要有桐湾运动、兴凯运动、郁南运动和都匀运动（北流运动）等，其中，①震旦纪末期的桐湾运动，对扬子陆块西部影响较大，造成四川盆地西部发生隆升，并形成了乐山-龙女寺、龙门山、汉南-大巴山、雪峰和黔中古隆起的雏形；②早寒武世末期的兴凯运动对扬子地区影响不大，表现为隆升性质；③寒武纪末期的郁南运动，同样影响不显著，以隆升作用为主，造成局部不整合；④奥陶纪末期的都匀运动相对较强烈，活动性西强东弱、边缘强内部弱，乐山-龙女寺隆升较早且强烈，汉南和大巴山隆起继承性发育，随后雪峰隆起和黔中隆起大幅隆升，从而由西高东低演变成东南缘隆升的格局；⑤志留纪末期的广西运动，在前期的构造格局背景下，以隆升作用为主，造成全区主体隆升，成为统一的华南隆起。总之，加里东期的构造特征受古亚洲洋和原特提斯洋各分支俯冲、中国各陆块第一次经扩张后集合与碰撞作用的影响，而扬子陆块北缘主要响应于原特提斯洋向北俯冲，形成弧后扩张带；南缘响应于古华南洋向北俯冲消减，湘桂以挠曲盆地形式与扬子大陆边缘呈超覆关系。

（三）海西-印支期（D—T$_2$）

海西-印支期为板内活动发展阶段，包括汇聚-拉张与汇聚造山-拉张两个大地构造阶段，其中汇聚-拉张阶段发生大陆裂谷作用，形成南盘江盆地、湘桂赣裂盆地、勉略小洋盆等，晚期钦防海槽封闭；而在汇聚造山-拉张阶段，早期大陆裂谷进一步发展，晚期陆内汇聚开始，全区由海变陆。海西-印支期，在广西运动形成的构造背景下，进一步发展的构造运动有紫云运动、云南运动（川鄂运动）、黔桂运动、东吴运动和印支运动Ⅰ幕等。其中，①广西运动（志留纪末期）对整个中上扬子区后期的发展演化产生了深刻影响，主体隆升相对稳定、边缘裂陷相对活动的构造格局一直持续到早二叠世晚期。②早海西期（D—C），扬子地台大部持续隆升为陆，台缘（龙门山前地区）急剧裂陷，接受巨厚的稳定型-过渡型沉积，发生在该时期的紫云运动（泥盆纪末期），在川鄂地区活动明显，造成石炭纪与泥盆纪的间断不整合或超覆；云南运动（川鄂运动）在早石炭世末期造成晚石炭世与早石炭世的间断不整合，形成武当隆起；而石炭纪末期的黔桂运动，以升降运动为主，造成间断不整合。③东吴运动（P$_2$末期）：二叠纪早、中期构造环境相对稳定；发育碳酸盐岩大缓坡，晚期强伸，中二叠世末期的"峨眉地裂运动"使古特提斯洋打开，峨眉热地幔柱隆升，卧龙攀西大裂谷晚二叠世早期大规模玄武岩浆喷溢活动，形成晚二叠世与中二叠世的侵蚀间断，华南隆升成剥蚀区。④早印支期（T_1-T_2）：松潘－甘孜海槽弧后拉伸、沉陷、发育欠补偿活动型沉积，台缘滩岛环列，台内为上扬子蒸发海稳定型沉积。总之，海西－印支期，扬子陆块的构造特征受古特提斯洋扩张与收缩封闭作用的影响，即①石炭纪在扬子陆块南北缘扩张形成两个东西向分支洋盆——勉略洋和钦防海槽的影响；②晚二叠世北缘的勉略洋向华北俯冲，南面的粤海洋由东向西、向南俯冲，而古特提斯洋由西、南向北俯冲消减的影响；③中三叠世，继承了前期的构造背景，整体表现为俯冲碰撞作用，华南周边形成前陆盆地和前渊盆地，陆内有雪峰山、大巴山和江南造山带以及相应的前陆隆起区。即受北缘的勉略洋向北与华北碰撞，南面的粤海洋向南俯冲，西缘的甘孜－理塘小洋盆由东向西俯冲作用的影响。

（四）晚印支期（T_3）

晚印支期属于印支－燕山－喜马拉雅旋回。古特提斯洋封闭，北部华南与华北碰撞聚合为一体，南部华南与三江地区为统一的浅海域，西部松潘－甘孜海槽、龙门山台缘拗陷回返，构造反转、造山成盆，川西 T_3x 前陆盆地形成、演化，进入陆内造山与前陆盆地发育的新阶段。

上述分析表明，中上扬子地区震旦纪至中三叠世，经历了多阶段构造演化、多期构造运动改造、多类型盆地叠合、多旋回沉积充填和多期成藏的突出特征。在地质历史中，云南经历了多旋回构造运动，每次构造运动在各构造单元均有反映，只是强烈程度及形式有所差异。

二、大地构造单元划分

根据云南省板块构造的特点，综合沉积建造组合、岩浆活动、变质作用及地壳运动的方式等，运用历史分析法，综合近年来相关研究成果，以深大断裂（缝合）带为边界，将云南划分为两个I级构造单元，结合I级构造单元各部位的活动特征，进一步划分为六个II级构造单元、24个III级构造单元及31个IV级构造单元（图2-7）。

现将主要构造分区单元的特征分述如下。

（一）扬子－华南陆块区（V）

1. 上扬子古陆块（V-2）

扬子陆块南部被动边缘褶-冲带（V-2-7）：其范围为小江断裂以东，弥勒－师宗断裂北西的广大滇东、滇东北地区，向东、向北分别延入贵州省、四川省境内。该褶-冲带内，中元古界的昆阳群褶皱基底岩系出露于东川和牛首山等地。晋宁运动表现明显，下震旦统磨拉石建造角度不整合于昆阳群之上。震旦系－中三

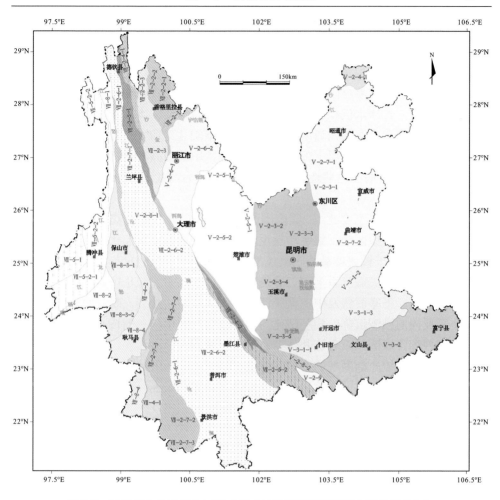

图 2-7　云南省大地构造分区图（据《云南省煤炭资源潜力评价报告》）

叠统为地台盖层，但存在着不同时代地层的超覆现象，并且多有沉积间断。除上、下震旦统之间在小江断裂附近局部为角度不整合外，均为假整合。盖层主要为砂泥质建造、碳酸盐建造、含石膏的镁质碳酸盐建造、含煤建造以及基性火山岩建造所组成。总厚度一般达万米以上，显示出拗陷沉降带的特点。上三叠统上部－白垩系为含煤磨拉石建造及红色泥质建造，厚度较小，分布有限。古生代以来岩浆活动十分微弱，除二叠系沿小江断裂等有基性岩浆喷溢和侵入活动外，仅在东川附近有加里东期的小型花岗岩体出露。晚燕山运动使该区盖层发生整体抬升及微弱褶皱，直至其后受喜马拉雅运动的影响，进一步强烈褶皱隆起，在后期形成一些新生代小型山间盆地，发育着一套内陆碎屑含煤建造。以寻甸－宣威断裂为界，分为威宁－昭通褶-冲带（Ⅴ-2-7-1）和曲靖－水城褶-冲带（Ⅴ-2-7-2）两个Ⅳ级构造单元。

康滇基底断隆带（Ⅴ-2-3）：其范围西界为元谋－绿汁江断裂，东界为小江断裂，西南界为红河断裂。属于"康滇地轴"南段，隐生宙域中受控于裂谷构造，元古代处于陆内裂谷构造部位，尔后浅海上升为陆，海西期受攀西裂谷波及。本区域广泛出露中元古界昆阳群浅变质岩。其上为新元古代末期变质的震旦系澄江组磨拉石建造，含冰水沉积；加里东构造层为含磷建造、碳酸盐建造、砂页岩建造及笔石页岩建造。海西构造层为红色碎屑及碳酸盐建造，二叠系为碳酸盐及基性火山岩建造。印支构造层上部为砂页岩建造、中部为碳酸盐建造；燕山构造层为砂页岩建造及含铜红色建造；喜马拉雅构造层为磨拉石复陆屑建造夹含煤亚建造。

楚雄陆内盆地（Ⅴ-2-5）：其范围西起箐河断裂和程海－宾川断裂，东至元谋－绿汁江断裂。该区于吕梁运动后至晚三叠世处于长期隆起状态，总体为一地垒构造的核部。扬子板块结晶基底组成部分苴林群和大红山群仅分布于该区范围。该区大部分地区缺失震旦系至中三叠统的地层，仅仅于北缘华坪、永仁一带有零星的上震旦统、下寒武统及中泥盆统泥质和镁质碳酸盐建造。晚三叠世初期，该区发生了反向的剧烈沉降，相应转化为中、新生代堑垒构造的核心，发育了巨厚的由上三叠统含煤磨拉石建造和侏罗系至古近系的红色砂泥质建造与膏盐建造。其上缺少上始新统－渐新统的磨拉石建造。沿一些山间盆地分布有中新统、上新统的含煤陆屑建造。本区岩浆活动主要有五期，即吕梁期、晋宁期、海西期、燕山晚期及喜马拉雅期。

丽江－盐源陆缘褶-断带（Ⅴ-2-6）：其范围西起小金河－三江口断裂、格咱河断裂与苍山东坡断裂，东至箐河断裂、程海断裂。上震旦统和寒武系仅零星分布于北部地区，为镁质碳酸盐建造和砂泥质建造，奥陶系至下、中三叠统为一套浅海相、滨海相碳酸盐岩建造、砂泥岩建造。

印支末期至燕山期全区隆起，未接受沉积。中晚始新世间的喜马拉雅运动后，先后发生大规模挤褶皱及推覆走滑运动，于一些山间盆地中堆积了磨拉石建造和含煤建造。本区沉降幅度自东向西逐渐加大，沉积总厚为 7276~18853m。其中二叠系的地裂运动发育了厚达 3590m 的基性火山岩建造。区内岩浆侵入活动微弱，仅有少许海西期镁铁岩-铁质超镁铁岩体及喜马拉雅期少量中酸性、碱性斑岩体出露。

哀牢山基底逆冲-推覆构造带（Ⅴ-2-8）：根据近年来对区域重力资料等的综合分析，该构造单元的主体部分为下元古界的苍山群及哀牢山群，均为深变质的含火山成分的陆源碎屑岩夹碳酸盐岩，其南端金平地区还保持着与大理以东地区相似的沉积建造及岩浆活动特点，无疑是扬子古板块的基底，是古特提斯闭合时期由扬子古板块沿哀牢山断裂后期大规模推覆上来的一条山系的山根，在此之后各期运动，特别是喜马拉雅期有强化和剧烈走滑作用，在该逆冲-推覆构造带内同时伴有复杂的平移韧性剪切，表明它是一个十分复杂的内陆造山带，之前可能曾经历过 B 型向东、向西双向俯冲的演化过程。

2. 华南陆块（Ⅴ-3）

华南陆块位于扬子板块东南侧，占据包括海南岛在内的我国东南大部分陆域。划入本构造单元的共同点是下古生界都是地槽型褶皱基底（加里东期褶皱），与未变质的上古生界盖层之间有一个巨大的不整合。华南陆块至少在西部是震旦系初经过裂陷作用形成的，寒武系后沿湘赣边界转化为消减带，经广西运动地槽主体部分闭合，并与扬子古板块、南海—印支板块拼合。其西南部次级单元为右江褶皱带，四周均以断裂为界，其形态呈菱形，其地壳活动经历了由加里东期至印支期的复杂演化过程。滇东南有巨厚的浅变质复理石（屏边群），泥盆系时为华南板块早期裂陷作用的中心，有细碧角斑岩、基性火山岩和深水浊积岩共生；二叠系时峨眉山玄武岩以海相喷发为主，并伴有大量层状辉绿岩，属碱性玄武岩。中生代，该带主体大规模沉陷，形成厚万米以上的下、中三叠统深水浊流沉积，并在富宁等地的下三叠统下部有厚度超过 700m 的枕状玄武岩，从中三叠世起火山活动逐渐向西移，并由酸性喷发再转为基性，富宁、麻栗坡、弥勒等地的中三叠统上部玄武岩厚也在 300m 以上。那坡百合地区中三叠统上部有泥砾混杂堆积，指示了海盆闭合的开始，俯冲带沿黑水河一带向北东方向俯冲，它与右江弧后盆地的接触关系已被其间红河走滑断裂破坏，为区域上右江褶皱带的西延部分。自印支运动末开始抬升，燕山期仍以升降运动为主，直至喜马拉雅期才发生强烈的褶皱。

（二）西藏—三江造山系（Ⅶ）

1. 扬子西缘多岛-弧-盆系（Ⅶ-2）

该区可分巴颜喀拉褶皱系和印支古板块两大构造体系。

巴颜喀拉褶皱系位于龙门山、金沙江和昆仑山南缘断裂之间，面积近 50 万 km²，平面形态近似三角形，以发育巨厚的三叠系为特征，与右江褶皱带具有相似的演化史，两者都是叠置在扬子板块边缘陆壳基础之上的大型弧后盆地，记录了古特提斯洋在早中生代地史期与欧亚大陆之间的会聚运动，但晚古生代以后，两者的经历却不相同。早古生代期间，该地域以被动大陆边缘地台塑建造为主，晚古生代以来，因扬子古板块西缘裂陷，形成弧后盆地，二叠系末期沿玉树－理塘和金沙江一带出现初始洋壳，中三叠世转化成活动大陆边缘，沿沙鲁里山－义敦出现火山岛弧，海盆在晚三叠世后期闭合。其中沙鲁里山－义敦岛弧有较典型的多重弧盆相间性质，系在扬子古板块边缘分裂出来的大陆裂谷堑垒体系的基础上，经历了压张交替、升降更迭复杂作用后形成的张性火山岛弧。晚二叠世－中三叠世已具雏形，晚三叠世定型，其成因与玉树－理塘及金沙江一带的洋壳分别向西和向东方向俯冲有关。可划分为石鼓蛇绿岩混杂带（Ⅶ-2-1）、义敦岛弧带（Ⅶ-2-2）及中咱－中甸地块（Ⅶ-2-3）三个Ⅲ级构造单元。

印支古板块在我国境内是一个裂解了的前寒武系地块，基底可能包括元古界，是一个介于扬子古板块与澳大利亚古板块之间的大陆块，但其具体范围及成因还有不同认识。自加里东运动后明显地与扬子板块拼贴，在区域上可称为昌都－思茅－南海陆块，云南境内简称思茅陆块。

思茅陆块介于澜沧江－昌宁－孟连与金沙江－哀牢山两缝合带之间，为南海－印支板块的北延部分。普遍为中生代红层覆盖，古基底情况不明，可能有元古界基底存在（如红河杂岩、德钦群等），古生界出露零星不全，但建造类型复杂，并具深变质现象，中、基性火山岩建造发育，其中上古生界地层及所含化石都可与扬子古板块相对比，是典型的华夏植物群和特提斯暖水动物群，因此两者有亲缘关系，早三叠世隆起无沉积，中、晚三叠世再度裂陷，为砂泥岩、火山岩建造，厚度在北部达万余米。侏罗系－白垩系为红层砂泥岩建造，全区大面积覆盖，厚数千米至万米。古近系发育红色磨拉石及含盐建造，中心地带厚 3500m 以上，总体为强烈沉陷性质，至喜马拉雅中期，新生界红层全面褶皱，显示了塑性变形特征。与此同时，中新世－第四系含煤建造盆地应运而生。本区上地壳特厚达 22km 以上，表现早期壳幔上隆拉薄张裂，后期转化为持续拗陷沉降，由此形成了巨厚的沉积层。包括金沙江－哀牢山蛇绿岩混杂带（Ⅶ-2-4）、维西－绿春陆缘弧带（Ⅶ-2-5）、兰坪－思茅双向弧后-陆内盆地（Ⅶ-2-6）及碧罗雪山－临沧陆缘弧带（Ⅶ-2-7）四个Ⅲ级构造单元。

2. 怒江－昌宁－孟连结合带（Ⅶ-4）

该区为印支古陆块和保山微陆块的结合部位。昌宁－孟连一带出露的超镁铁岩"构造侵位体"中发现古残留洋壳及孟连蓝片岩证明了其具有板块缝合线的性质。可以分为澜沧俯冲增生杂岩（Ⅶ-4-1）和铜厂街蛇绿混杂岩带（Ⅶ-4-2）两个Ⅲ级构造单元。

3. 保山微陆块（Ⅶ-8）

保山微陆块位于怒江与澜沧江－昌宁－孟连缝合带之间，古基底为中元古界深变质岩系，其上盖层发育程度不均衡：怒江下游之西主要为震旦－寒武系的浅变质类复理石；中部保山－镇康一带古生界层序最为完整，为碳酸盐岩和碎屑岩，总体代表水深向东加大的被动大陆边缘沉积，上石炭统－下二叠统中具冰水沉积，并有冷水动物群出现。缺失下三叠统，中、上三叠统含火山碎屑的海陆交替相到陆相的碳酸盐岩及砂泥质岩不整合在上古生界之上。东部澜沧江西侧一般缺少盖层，唯海西－印支期花岗岩基大面积分布，主要为印支期保山陆块全区隆起时，由碰撞后的混源花岗岩侵入形成。到中侏罗世发生短暂的海侵，但其范围限于西南部某些裂陷槽谷，形成中侏罗统－白垩系的红色建造（夹基性火山岩及泥质碳酸盐岩），标志着它与印支板块已拼接。上始新统－渐新统的磨拉石建造在保山以东零星分布，不整合于下伏地层之上；中新世－第四系，沿断裂带的山间断陷盆地形成内陆含煤建造。

晚古生代或之前，保山陆块内以柯街－南定河断裂为界，西部保山－镇康地带与东部耿马－孟连地带，两者之间有明显的差异，其主要由生态环境的差异（东侧为开阔海，西侧为陆表海）和地理屏障（即柯街－班洪古岛）所造成，东侧耿马－孟连为被动大陆边缘的开阔陆缘广海区，西侧为保山－镇康陆表海区，其上二叠统均为砂泥质含煤建造，中部的柯街－班洪古岛位于柯街－南定河段裂以东的窄长地带，为被动大陆边缘穿状隆起带，但裂谷系不甚发育。

4. 冈底斯弧盆系（Ⅶ-5）

位于怒江缝合带以西地区，向北西与拉萨陆块连接，在中侏罗世前后自冈瓦纳古陆分离北移，中元古界变质基底大面积出露，陆块东部沿高黎贡山主脉分布深变质岩，代表向东掩冲的活化基底。沉积盖层主要分布在陆块的中部，整个古生界为地台型建造，出露最老地层是下泥盆统含锰碳酸盐建造，石炭系主要由含砾杂砂岩和粉砂岩组成，其下部含冷水动物群，上部产较多的喜暖生物，中二叠统为一套浅海相碳酸盐建造，缺失上二叠统及中生界。中新世以来，由于深部地幔物质上涌，壳幔穿状隆起，地壳拉薄，壳表张裂，形成向东凸出的弧形环状张裂带，沿一些大断裂形成弧形断续分布的内陆断陷盆地含煤建造。同时，沿弧顶地带中基性火山活动频繁出现，形成了著名的腾冲火山群和热泉景观。

三、分区构造特征

云南省地质构造位置处于特提斯－喜马拉雅构造区与滨太平洋构造区的复合部位，兼跨古冈瓦纳板块和华南板块两大构造单元，地质构造十分复杂（图2-8）。小金河断裂－金沙江断裂带南段－哀牢山断裂带以西的滇西部分属特提斯。澜沧江断裂带以西部分属冈瓦纳板块，它被怒江断裂带划分为腾冲地块和保山地块。金沙江、哀牢山断裂带以东部分属华南板块，其中小金河断裂带以北为中甸印支褶皱带；小金河断裂和弥勒断裂带之间部分为扬子地台。对弥勒断裂带以南部分大地构造的认识长期徘徊于南华准地台或华南加里东褶皱带。

地质矿产部在1982年组织编写的《云南省区域地质志》详细、系统地阐述了云南省地层、沉积岩及沉积作用、岩浆岩及岩浆作用、变质岩及变质作用、地质

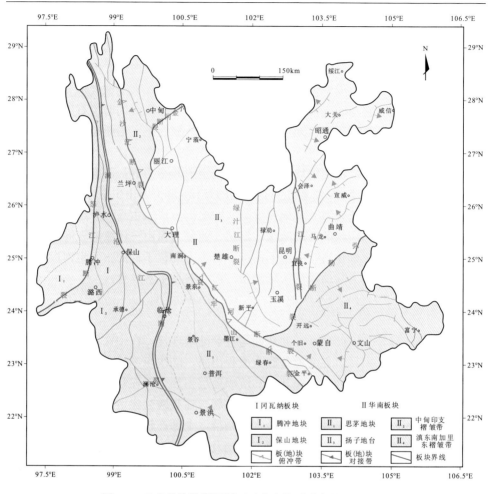

图 2-8　云南省构造纲要图（云南省地质矿产局，1990）

构造及区域地质发展史等，本书对此资料进行分析，对云南省地质构造演化进行系统梳理。

　　云南省地壳演化的总体特征，按地史发展中的自然分期原则，大致分为 3 个地史阶段和 7 个发展时期（表 2-2）。云南省前震旦纪的地史阶段，根据其地壳发育的特点，可划分为早元古代和中元古代 2 个发展时期。每个发展时期的末期都有一次构造运动发生，早元古代末期的吕梁（或中条）运动，形成扬子区的结晶基底，并出现滇中古陆核；中元古代末期的晋宁运动，是云南地史发展中最重要的事件之一，该构造运动后，云南五大区的分野基本明朗，在扬子区形成褶皱基底，在贡山－腾冲区形成结晶基底。因此，云南的前震旦纪地史阶段，是结晶基底、褶皱基底形成阶段。

表2-2　云南省地质演化历程简表（云南省地质矿产局，1990）

地质时代及年龄时限/Ma		地壳运动	发展阶段	发展时期	各发展时期的主要地质作用
新生代	第四纪 —2.0± 第三纪 { 上新世 —25± 中新世 —40± 渐新世 —60± 始新世 古新世 —80±	喜马拉雅运动 ——Ⅲ ——Ⅱ ——Ⅰ	侏罗纪至第四纪地史阶段	新生代发展时期	沉积成因类型多。岩浆活动尚有发生。喜马拉雅运动第Ⅰ、Ⅱ、Ⅲ幕均有表现，以第Ⅰ幕最强烈，是本省地史中的主要事件之一
中生代	白垩纪 —140± 侏罗纪 —195±	燕山运动 ——Ⅱ ——Ⅰ		侏罗纪—白垩纪发展时期	在晚三叠世晚期全面结束地槽发展历史的基础上，主要为地台型陆相沉积。岩浆活动、变质作用还有发生。燕山运动第Ⅰ、Ⅱ幕均为升降运动
	三叠纪 { 晚世 中世 早世 —230±	印支运动 ——Ⅱ ——Ⅰ 澜沧运动 苏皖运动	震旦纪至三叠纪地史阶段	三叠系发展时期	滇东南区、中甸区、兰坪—思茅区的部分地区，由于裂陷成拗陷作用，又出现地槽型沉积。岩浆活动、变质作用还较强烈。印支运动第Ⅱ幕是本省地史中的主要事件之一
古生代	二叠纪 { 晚世 早世 石炭纪 { 晚世 中世 早世 泥盆纪 —410± 志留纪 奥陶纪 寒武纪 —600±	广西运动		泥盆纪—二叠纪发展时期	扬子区、中甸区、滇东南区为地合型沉积，兰坪—思茅区及贡山—腾冲区地槽型、地台型沉积并存。岩浆活动、变质作用强烈。澜沧运动是滇西地史中的主要事件之一，苏皖运动使滇东部分地区抬升成陆
	震旦纪 —900±	澄江运动 晋宁运动		震旦纪—志留纪发展时期	扬子区为地台型沉积，其余各区为地槽型、地合型沉积。岩浆活动、变质作用微弱。澄江运动使扬子区基底最终固结，广西运动对滇东南区影响最大，兰坪—思茅区在早泥盆世末回返
元古代	中元古代 —1700±	吕梁运动 (中条运动)	前震旦纪地史阶段	中元古代发展时期	扬子区的滇东地区为冒地槽型沉积，贡山—腾冲区为优地槽型沉积。岩浆活动较微弱，变质作用广泛。晋宁运动是本省地史中的主要事件之一，扬子区形成褶皱基底，贡山—腾冲区形成结晶基底
	早元古代			早元古代发展时期	优地槽型沉积广泛发育。岩浆活动以喷溢为主，变质作用广泛。吕梁(中条)运动是本省最早一次的构造运动，扬子区形成结晶基底，并出现滇中古陆核

四、构造演化

（一）早元古代

云南当时可能处于印度雏地台与四川雏地台之间的一个广阔海域，发育优地槽型的火山-复理石建造。早元古代末期，由于吕梁（中条）运动，地槽局部褶皱回返并隆升成陆，出现滇中古陆核（有可能为一原始岛弧），其余地区则拉伸变薄或破裂。

（二）中元古代

该地史发展时期的下限为 1700Ma 左右，上限据晋宁运动发生的时间厘定为900Ma 左右。吕梁（中条）运动后，云南的海、陆分野基本明朗，出现滇中古陆、滇东冒地槽、滇西优地槽等不同古地理古构造环境（图2-9）。

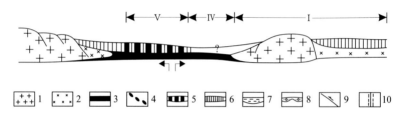

图2-9　云南省中元古代大地构造示意图（云南省地质矿产局，1990）

1.陆壳；2.过渡壳；3.洋壳；4.镁质超镁铁岩；5.优地槽型沉积建造；6.冒地槽型沉积建造；7.地台型沉积建造；8.山间含煤建造、磨拉石建造；9.逆冲推覆断裂带；10.走滑断裂带；Ⅰ.扬子区；Ⅱ.滇东南区；Ⅲ.中甸区；Ⅳ.兰坪－思茅区；Ⅴ.贡山－腾冲区

（1）滇东地区：在扬子区，根据现今出露的有关地层分析，以元谋－绿汁江断裂为界，其西为滇中古隆起（古陆），其东为滇东拗陷区。在拗陷区内，大致以武定、禄劝、东川南侧的连线为界，分为南、北两个沉积盆地。综观滇东中元古代的沉积特征，反映沉积区主要处于浅海-滨海环境，但地壳活动性较强，除沉降幅度及沉积补偿速度较大外，还有轻微的火山活动，形成玄武岩及安山玄武岩等夹层，它们大多属亚碱性岩系拉斑系列，仅黄草岭期的玄武岩属碱性岩系。因此，滇东中元古界昆阳群应属冒地槽型的沉积建造。

（2）滇西地区：至少包括现今的澜沧江断裂带以西的贡山－腾冲区。该区在中元古代时，地壳活动性强、沉降幅度大、火山活动较为剧烈，形成一套原岩以砂泥岩为主，夹火山岩的岩石组合。各群火山质岩石的原岩主要为玄武岩，属亚碱性岩系拉斑系列，此外还有中酸性熔岩等。伴随海底火山活动，尚有某些金属元素的富集，形成澜沧群惠民组中的铁矿等。中元古代在滇西海盆中，生物稀少，只是在相当澜沧群惠民组沉积时期，有微古植物出现。从岩石组合特征等来看，上述各群应属优地槽型的沉积建造。

中元古代末期的晋宁运动，是云南乃至我国南方地区地质发展史中的重要事件之一。这是一次强烈的褶皱运动，前述区域变质和混合岩化作用、岩浆的侵入运动都与该构造运动有不同程度的关系，而相伴出现的强烈褶皱和断裂变动则是它的直接表现，从而造成滇东地区下震旦统与下伏昆阳群之间广泛的高角度不整合关系。晋宁运动发生的时间，据禄丰县罗茨下震旦统澄江组底部火山岩885Ma的同位素年龄资料，推断为900Ma左右。在晋宁运动的强烈影响下，云南的五大区（即扬子区、滇东南区、中甸区、兰坪－思茅区、贡山－腾冲区）基本格架已经形成。在扬子区东部，滇东冒地槽褶皱回返，并与滇中古陆核相拼接，从此，扬子区的基底基本固结，中甸区及滇东南区处于拗陷活动的环境下；兰坪－思茅区由于大片的中、新生代地层覆盖而情况不明，贡山－腾冲区的部分地区折升成陆。

（三）震旦纪－志留纪

震旦纪－志留纪，扬子区全面进入地台发展时期。但早震旦世由于基底固结程度尚差，沿一些断裂的局部地段，有火山喷发活动，形成的火山岩夹杂于磨拉石建造中。经澄江运动后，基底最终固结，此后直至志留纪末期，发育地台型砂泥质及碳酸盐建造。滇东南区、中甸区、贡山－腾冲区，震旦纪都发育以冒地槽型砂泥质为主的复理石建造（图2-10）。此后至志留纪，各区情况略有差异：滇东南区在寒武－奥陶纪处于槽、台过渡区的环境；中甸区从中寒武世开始进入地台稳定状态；贡山－腾冲区西部寒武纪时仍处于冒地槽环境，但奥陶－志留纪转入稳定的构造环境，东部地区却一直处于冒地槽环境；兰坪－思茅区只有可靠的

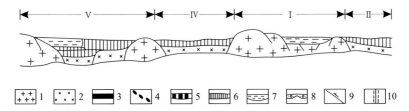

图2-10　云南省震旦纪－志留纪大地构造示意图（云南省地质矿产局，1990）

1.陆壳；2.过渡壳；3.洋壳；4.镁质超镁铁岩；5.优地槽型沉积建造；6.冒地槽型沉积建造；7.地台型沉积建造；8.山间含煤建造、磨拉石建造；9.逆冲推覆断裂带；10.走滑断裂带；Ⅰ.扬子区；Ⅱ.滇东南区；Ⅲ.中甸区；Ⅳ.兰坪－思茅区；Ⅴ.贡山－腾冲区

志留纪沉积，为冒地槽环境（还延至早泥盆世）。

在各区，当处于冒地槽环境下，发育砂泥质为主的复理石建造；而在稳定的地台环境下，其沉积建造与扬子区相应时代者类同。滇东南区的沉积建造虽表现了与扬子区相类似的特点，但由于厚度大，局部尚具复理石沉积特征，表现出槽、台过渡区的色彩，现暂将其归入冒地槽型的沉积建造中去。

（四）泥盆纪—二叠纪

1. 泥盆纪-早二叠世

泥盆纪云南各区基本上处于稳定的构造环境下，主要发育地台型砂泥质及碳酸盐建造（图2-11）。

石炭纪-早二叠世，扬子区、滇东南区及中甸区仍主要处于稳定的地台环境下，发育以碳酸盐为主的沉积建造。滇西两个区却经历了范围广泛的伸展作用，在伴随高热的裂陷作用和迅速沉降过程中，可能发生硅铝层甚至上地幔一部分的深熔作用及活动化作用。致使高黎贡山-临沧一带硅铝层深熔而产生的岩浆发生低侵位作用；在一些深、大断裂带则产生上地幔的上侵。

在兰坪-思茅区，沿金沙江-哀牢山断裂带由于剧烈裂陷扩张而成为优地槽环境，发育火山-复理石建造，在裂陷扩张的鼎盛期，曾出现上地幔的上侵，形成具有初始洋壳的"小洋盆"环境，并出现发育不太完善的蛇绿岩套及滑塌堆积等；沿澜沧江断裂带也相继自北向南张裂而成为优地槽环境，其扩张幅度有可能比金沙江-哀牢山带大，现今沿澜沧江断裂带所保留的晚石炭世-早二叠世的火山-复理石建造，应是原先"小洋盆"不断向西消减后残留的部分。

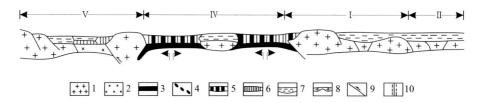

图2-11　云南省石炭纪-早二叠世大地构造示意图（云南省地质矿产局，1990）

1.陆壳；2.过渡壳；3.洋壳；4.镁质超镁铁岩；5.优地槽型沉积建造；6.冒地槽型沉积建造；7.地台型沉积建造；8.山间含煤建造、磨拉石建造；9.逆冲推覆断裂带；10.走滑断裂带；Ⅰ.扬子区；Ⅱ.滇东南区；Ⅲ.中甸区；Ⅳ.兰坪-思茅区；Ⅴ.贡山-腾冲区

上述两带是云南境内古特提斯地槽的活动中心地带。在贡山-腾冲区东侧，与上述澜沧江断裂带相配套，出现沿碧罗雪山-临沧以酸性岩浆岩组成的岛弧

构造-岩浆岩带以及其西的弧后盆地。在弧后盆地中，以柯街断裂及南定河断裂为界分为东、西两个区。以东地区普遍缺失早石炭世早期沉积，紧靠岛弧一侧。

早石炭世晚期至早二叠世，持续保持冒地槽环境，发育以碎屑沉积为主的类复理石建造，往西在耿马、孟连一带，早石炭世晚期因短暂的裂陷而发生基性－中性岩浆的喷发，继而至早二叠世又逐渐成为稳定的浅海环境，发育地台型以碳酸盐为主的沉积建造。柯街断裂及南定河断裂以西的保山、腾冲地区，则处于冈瓦纳大陆北部或东部边缘的浅海陆棚地带，基本上保持稳定的地台环境。

早石炭世沉积区局限，中石炭世普遍缺失沉积，晚石炭世随着冈瓦纳大陆寒冷气候的侵袭，并受该大陆冰川的影响，在浅海陆棚地带为一种冰海环境，由于该地区当时处于古特提斯温暖气候带和寒冷气候带的交接部位，时有浮冰寒流袭击，因此出现冷、暖生物交替及混生的情况。

此外，晚石炭世晚期，保山一带曾短时发生规模不大的张裂活动，导致基性岩浆的喷发。早二叠世的生物群，该地带仍显示滨冈瓦纳相的色彩，而沉积建造总体来看应属地台型的砂泥质及碳酸盐建造。

2. 晚二叠世

晚二叠世，在扬子准地台两侧，沿甘孜－理塘带及右江带因扩张而发展成为地槽坏境。这一扩张作用不仅影响云南的中甸区及滇南区，而且波及扬子区，以致发生了晚二叠世早期为主的大规模基性岩浆喷发及侵位活动。

在兰坪－思茅区，受上述两带扩张作用的影响，相反地引起金沙江－哀牢山带及澜沧江带"小洋盆"的逐渐闭合和俯冲消减作用，并相继发生该区旁侧东、西两地块向西或向东的逆冲作用，这种逆冲作用在金沙江－哀牢山断裂带表现较为明显，以致形成一些镁质超镁铁岩的"构造侵位"。

在贡山－腾冲区，澜沧江带的俯冲消减作用，导致了碧罗雪山－临沧一带地壳部分融熔而形成的酸性岩浆的再次侵位，以及西侧的区域动力变质作用和凤庆－双江一带镁质超镁铁岩的"构造侵位"。

（五）三叠纪

早三叠世至晚三叠世中期，古特提斯地槽的活动中心地带已东迁至甘孜－理塘带和右江带（图2-12）。

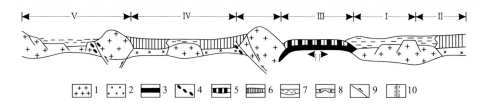

图 2-12　　云南省三叠纪大地构造示意图（云南省地质矿产局，1990）

1.陆壳；2.过渡壳；3.洋壳；4.镁质超镁铁岩；5.优地槽型沉积建造；6.冒地槽型沉积建造；7.地台型沉积建造；8.山间含煤建造、磨拉石建造；9.逆冲推覆断裂带；10.走滑断裂带；Ⅰ.扬子区；Ⅱ.滇东南区；Ⅲ.中甸区；Ⅳ.兰坪—思茅区；Ⅴ.贡山—腾冲区

随着两带扩张作用的加剧或减弱，云南的中甸区及滇东南区的部分地区受到影响，分别发育优地槽型的含大量火山岩的砂泥质碳酸盐建造及只含火山碎屑岩的冒地槽型复理石建造。扬子区发育地台型的沉积建造。兰坪—思茅区继晚二叠世末开始的澜沧运动后，整体上升成陆，缺失早三叠世的沉积。

中三叠世及晚三叠世早中期，东、西两侧地带再次拗陷成地槽环境，虽然也发育以砂泥质-碳酸盐夹火山岩的沉积建造，但缺乏半深海相及深海相的标志。

贡山—腾冲区早三叠世也大部分呈隆起剥蚀状态，此后至晚三叠世中期发育以地台型为主的沉积建造，与兰坪—思茅区中间稳定地区的沉积建造类似。

晚三叠世晚期，由于雅鲁藏布江带和怒江带的扩张加剧，松潘—甘孜地槽及右江地槽全面褶皱回返，云南省也受到影响，从而全面结束了地槽的发展历程，发育了一套地台型含煤建造或代表地槽褶皱回返后初始阶段的火山-磨拉石建造。伴随印支运动，尤其在沿金沙江—哀牢山断裂带上，再次出现镁质超镁铁岩的"构造侵位"。

（六）侏罗纪—第四纪

1. 晚三叠世晚期—中始新世

云南境内在侏罗纪—中始新世基本上处于大陆内部的发展阶段，除中侏罗世于贡山—腾冲区曾发生短暂的海侵外，其余地区皆发育陆相的红色碎屑沉积或为隆起剥蚀区（图 2-13）。

扬子区滇中地区，继晚三叠世晚期以来，一直成为沉降及沉积中心；滇东南区及中甸区一直未接受侏罗纪—白垩纪的沉积而处于隆起剥蚀状态；兰坪—思茅区在此时期内沉积广泛而发育；贡山—腾冲区怒江一带可能曾一度处于弧后盆地边缘地带，于中侏罗世时因裂陷而发生玄武岩浆的喷发活动。

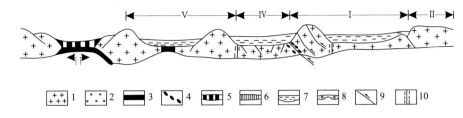

图2-13　云南省侏罗纪－白垩纪大地构造示意图（云南省地质矿产局，1990）

1.陆壳；2.过渡壳；3.洋壳；4.镁质超镁铁岩；5.优地槽型沉积建造；6.冒地槽型沉积建造；7.地台型沉积建造；8.山间含煤建造、磨拉石建造；9.逆冲推覆断裂带；10.走滑断裂带；Ⅰ.扬子区；Ⅱ.滇东南区；Ⅲ.中甸区；Ⅳ.兰坪－思茅区；Ⅴ.贡山－腾冲区

晚白垩世，可能由于雅鲁藏布江带强烈扩张作用，造成怒江带的闭合和褶皱回返。怒江带在闭合及其俯冲消减过程中，不仅引起高黎贡山、腾冲一带酸性岩浆的侵位活动，而且也使一些老的碰撞带重新复活而造成镁质超镁铁岩的再度"构造侵位"，在松潘－甘孜及滇东南区也相应发生中酸性岩浆的侵位活动。与此同时，滇西、滇中的中生代沉积盆地受到明显改组，造成晚白垩世沉积盆地大规模的萎缩及古新世－始新世早中期沉积盆地的侧向迁移。

2. 晚始新世－第四纪

中、晚始新世间，由于印度洋扩张加剧，雅鲁藏布江带的洋盆迅速向北俯冲消亡，继而产生印度大陆对欧亚大陆的碰撞作用（图 2-14）。这一作用过程强烈地影响云南各地，导致了云南地壳继印支运动第Ⅱ幕以后的再一次强烈的陆内改造。

在高黎贡山带东缘断裂带、碧罗雪山－临沧的断裂带、点苍山－哀牢山西侧的断裂带等，发生大规模的逆冲-推覆和平移剪切作用，形成不同地块间的叠置及构造混杂现象。

沿红河断裂带、石屏－屏边断裂带、曲江断裂、龙陵－瑞丽断裂、南定河断裂、黑河断裂、澜沧江断裂等，则发生明显的平移剪切或走滑。

此后云南地壳随青藏高原的强烈抬升有不同程度地隆起，这显然与印度大陆向北或北北东方向对欧亚大陆的强烈楔入有关，除造成区域地壳内部不同地块间的强烈形变和变位外，同时还于腾冲等地发生较剧烈的火山喷发活动，而在一些山间盆地中，形成晚始新世－渐新世的磨拉石建造、新近纪的含煤建造以及第四纪不同成因类型的堆积。

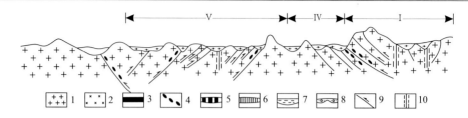

图 2-14　云南省晚始新世－上新世大地构造示意图（云南省地质矿产局，1990）

1.陆壳；2.过渡壳；3.洋壳；4.镁质超镁铁岩；5.优地槽型沉积建造；6.冒地槽型沉积建造；7.地台型沉积建造；8.山间含煤建造、磨拉石建造；9.逆冲推覆断裂带；10.走滑断裂带；Ⅰ.扬子区；Ⅱ.滇东南区；Ⅲ.中甸区；Ⅳ.兰坪－思茅区；Ⅴ.贡山－腾冲区

第四节　岩浆岩分布特征

云南省岩浆岩十分发育，从区域分布上看，以滇西地区占绝对优势，而滇东地区及滇东南地区仅占少量。云南省的火山岩甚为发育，除古生代和白垩纪以外，其余地质时代均有，总出露面积约 65000km²，占全省面积的 17%，按地质时期可分为吕梁期、晋宁期、澄江期、海西期、印支期、燕山期和喜马拉雅期 7 期火山岩，其中以海西期和印支期两期分布最广（表 2-3）。

表 2-3　云南省岩浆岩分布简表

编号	地层名称	时代	岩石名称	分布地区	面积/km²	岩性系列组合	上覆地层/下伏地层
1	新生界	N_2、Q	安山岩为主	腾冲、梁河、盈江	720	玄武岩（拉斑）、安山岩为主，次为英安岩（钙碱）	C/P_2
2	忙怀组	T_2	流纹岩为主	云县、景洪等地	10000	流纹岩（钙碱系列）、酸性火山碎屑岩为主	T_3/?
3	峨眉山玄武岩	P_2	玄武岩为主	镇雄、东川、昆明	42000	玄武岩（拉斑系列）为主，少数地段为碱性玄武岩	P_2/P_1
4	卧牛寺组	C_2	玄武岩为主	保山－镇康等地	300	玄武岩、橄榄玄武岩、枕状玄武岩（拉斑系列）	P_1/C_2
5	大红山组	Pt_1	粗安岩为主	新平	87	石英角斑岩（钙碱）、角斑岩、细碧岩（拉斑系列）	T_3/未出露

（一）喷出岩

云南的喷出岩甚为发育，除早古生代和白垩系以外，其余地质时代均有，其中以海西期和印支期分布最广。

1. 吕梁期－澄江期

吕梁期火山岩夹于下元古界变质地层中，为一套已深变质的基性火山岩（哀牢山群、苍山群）或基性－酸性的细碧岩－角斑岩系岩石（苴林群－大红山群）。晋宁期火山岩夹于中元古界地层中，为一套变质较深的基性、中基性、中酸性火山岩。澄江期火山岩夹于下震旦统地层之中，为基性－中基性（罗茨一带的澄江组）－中酸性（巧家一带的澄江组）及酸性（陆良组及牛头山组）火山岩。

2. 海西期

分属于三个时代，即泥盆系火山岩仅限于滇西；石炭系火山岩以滇西为主，少量出露于滇东南；二叠系火山岩分布最广，主要位于滇东扬子古板块区，除滇西澜沧江以西及滇东元谋－玉溪地区外均可见。

泥盆系火山岩分布于滇西的中甸－石鼓和景洪两个区内，前者零星出露于德钦－维西一带，夹于早、晚泥盆世海相地层中，一般由细碧岩和细碧质火山角砾岩组成，厚80~376m；后者仅见于景洪县南光附近的上泥盆统南光组中，火山岩夹于陆相碎屑岩中，主要为细碧－角斑质的火山碎屑岩类，相伴少许熔岩。这表明泥盆系时思茅弧后盆地已发生扩张，由此可推测：古特提斯洋壳已向东俯冲，使其东岸的被动大陆边缘开始向主动大陆边缘转化。

石炭系火山岩主要发育于滇西地区。其中的凤庆－孟连区位于下石炭统下部，以基性熔岩及火山碎屑岩为主，出露面积约200km²，属拉斑玄武岩系列；保山－镇康地区在上石炭统卧牛寺组，于怒江及柯街两断裂夹持区内，以玄武岩为主，局部出现枕状玄武岩，总厚500~1000m，系亚碱性拉斑玄武岩系列；维西－景洪区分布于金沙江－哀牢山断裂与澜沧江断裂之间，北部夹持于上、下石炭统之中，南部位于上石炭统龙洞河组中，为厚约千余米的一套细碧－角斑岩系地层；中甸－石鼓区受金沙江断裂带控制，夹持于上、下石炭统中，普遍已变质为绿片岩。原岩主要为基性熔岩，属碱性岩系列，有接近洋岛玄武岩的特征；建水区仅局限于建水县城附近，在石炭系下、中、上统内均发育，以玄武岩为主，熔岩总厚989m，属亚碱性拉斑玄武岩系列。

二叠系火山岩分布最广，主要是滇东扬子古板块区，围绕康滇古陆发育，其余分布于滇东南丘北、富宁一带及思茅、李仙江－阿黑江一带。根据岩石组合特征及受控大地构造部位可划分为五个区，分述如下。

滇东区：分布于普渡河断裂以东的扬子古板块区，火山岩出露面积约 42000km²。火山活动始于中二叠世末期，止于晚二叠世早期，火山岩以小江断裂以西至武定一带发育最完整，厚度最大达 2700m。但在小江断裂以东仅有晚二叠世的火山岩，且厚度向东递减，以熔岩占绝对优势，火山碎屑岩很少，但可根据其和熔岩的关系划分出 3~4 个喷发韵律；红色的凝灰岩常在韵律之末构成显眼的"红顶"。中二叠世火山岩见于建水一带，为陆相喷发产物；晚二叠世火山岩则以发育柱状节理、高氧化条件下形成的"红顶"及其间的陆相沉积夹层等指示为陆相喷发产物。岩石类型以玄武岩为主，伴少量同成分火山碎屑岩，多属碱性岩系。

丽江－金平区：早、晚二叠世均有基性火山岩发育，出露面积约 10850km²。在丽江一带，中二叠世晚期属海相喷发，晚二叠世属海陆交互相喷发。火山岩总厚 1171~2647m，以基性熔岩占绝对优势，但属碱性岩系，总体与上述滇东区同属大陆碱性拉斑玄武岩，只因该区构造位置靠板缘，碱性程度稍低。

丘北－富宁区：火山岩夹于上二叠统下部层段之中，在丘北一带，主要为一套偏碱性的基性火山岩，而在富宁一带则以玄武岩和安山岩为主，至晚二叠世晚期转化为基性凝灰岩，夹于 20m 厚的含古蜓的长兴组之中，两地火山岩有很大差异，丘北玄武岩更接近和它相邻的滇东区玄武岩中的碱性成员，富宁一带的亚碱性拉斑系列玄武岩似乎来自另外的源区。

中甸区：夹持于下二叠统地层中，分布面积约 200km²，主要为一套基性火山熔岩，向上则以凝灰岩为主，厚 270~1937m，三江口一带最厚，属亚碱性岩系列、拉斑玄武岩系列。

兰坪－思茅区：指澜沧江断裂和金沙江－哀牢山断裂之间的地区，相当于思茅陆块范围，火山岩主要沿这两条边缘断裂或内部的次级断裂发育，出露面积 600km²，最厚可达 5583m，最大的特点是火山活动贯穿了整个二叠系，发育了比较标准的细碧－角斑岩，从早期的海相火山岩发展到晚期的滨海沼泽相火山岩，形成了一个较完整的从基性至中酸性构造（沉积）火山旋回，属亚碱性岩系列的拉斑系列及钙碱性系列。

3. 印支期

本期除相对稳定的扬子古板块没有火山岩活动外，其他相对活动的构造单元均有火山岩发育，可划分为四个地区，分述如下。

保山区：为怒江断裂与柯街－南定河断裂之间的地区，火山岩产于上三叠统下部的牛蹄塘组中，由三期基性－酸性喷发旋回的火山岩组成，属拉斑系列，与该区晚石炭世火山岩是同源的。

德钦－思茅区：相当于思茅陆块范围，火山岩受其边缘断裂带的控制分成西

部的德钦－景洪火山岩带和东部的绿春火山岩带，前者呈带状分布纵贯全省，宽
30~80km，喷发时期为中、晚三叠世，各地岩石较复杂，但均有由基性向中性或
酸性演化的趋势，喷发环境为海相－海陆交互相－陆相变化，总体属拉斑系列，
北部维西一带接近洋岛特征，而南部云县一带更接近大陆裂谷特征。后者绿春火
山岩带位于哀牢山断裂西侧，北起墨江东南，南经绿春延入越南，火山岩夹于上
三叠统高山寨组之中，为中酸性火山岩，厚 20~1700m，局部发育少量玄武岩，
属亚碱性岩系、拉斑系列。这表明本区在印支期再次形成裂陷槽。

　　中甸－三江口区：位于小金江断裂与金沙江断裂的三角地带，火山岩赋存于
中、上三叠统中，前者为一套厚102~1930m 的变质基性火山岩。后者为一套变质
的厚 681~2589m 的火山岩，喷发顺序为火山角砾岩－中基性熔岩－酸性熔岩－沉
凝灰岩，属拉斑系列。

　　个旧－富宁区：早三叠世火山岩在丘北以东为基性、酸性的双模式系列火山
岩，而富宁以东为基性火山岩。中三叠世火山岩仅见于个旧、开远、富宁等地，
为玄武岩或安山玄武岩。晚三叠世火山岩仅见于麻栗坡以北，覆于八盘寨组之上，
为大部分已变质的玄武岩，属拉斑系列。

4. 燕山期

　　本期火山岩仅分布在滇西保山以西的怒江两岸的中侏罗统勐戛组上段，以
橄榄玄武岩为主，夹极少量基性或中基性凝灰岩层，最厚达 335m，向南或向北
均迅速减薄至尖灭，属碱性岩系钠质系列，非常接近大陆裂谷拉斑玄武岩的
特征。

5. 喜马拉雅期

　　本期火山岩主要出露在云南西部和东南部，集中分布在腾冲、剑川－大理和
马关－屏边三个火山岩区，分述如下。

　　腾冲区：集中分布在以腾冲为中心的 $724km^2$ 范围内，由 19 个火山堆组成火
山群，与新近系含煤盆地伴生。火山活动受腾冲弧形构造热隆拉张裂陷作用控制，
始于中新世，具有各期喷发特点，喷发活动延续到全新世，以致现代其深部仍可
能有岩浆活动。火山岩以熔岩占绝对优势，熔岩又以基性、中性的玄武岩、安山
岩为主，次为英安岩，属拉斑玄武岩系列，当成分演化到安山玄武岩时，则进入
钙碱系列。

　　马关－屏边区：古近系火山岩主要在砚山及马关盆地边缘，均为酸性火山岩；
新近系马关、八寨及屏边基性－超基性火山岩的共同特点是岩石多属碱性岩系。

　　剑川－大理区：新近系火山岩，有凤庆赛寒碱性玄武岩，剑川粗面岩，剑川、
鹤庆、大理基性－超基性火山岩。

第四系火山岩集中分布于墨江县通关及普洱一带，为单一橄榄玄武岩，属碱性岩系。

（二）侵入岩

云南的侵入岩极为发育，具多期、多阶段、多旋回的特点，各种岩类齐全，超基性、基性、中性、酸性、碱性均有出露，主要受古特提斯构造域演化控制，分布于陆内裂陷（谷）带（基性、超基性）、古岛弧带及后期碰撞造山带（中酸性）等。从晋宁期至喜马拉雅期均有侵入活动，尤以海西期－燕山期活动最多，规模也较大。

1. 吕梁期－加里东期

吕梁期和晋宁期岩体主要分布在扬子古板块结晶基底岩系出露的滇东地区，展布于元谋、程海、哀牢山断裂带，为基性及中酸性侵入岩。澄江期主要分布于大理、武定、罗茨南部一带，为中、酸性岩。加里东期仅分布于滇西的潞西东南一带，为酸性岩。

2. 海西期－印支期

基性－超基性岩出露面积较小，分布零星，能确定时代的有三种组合，即环状镁铁岩－铁质超镁铁岩组合、层状镁铁岩组合及辉绿岩组合，主要分布于福贡－保山、沧源－孟连、大理－金平及元谋、石屏、富宁、广南、丘北、巧家一带，其中以海西晚期（二叠系）岩体分布最为广泛，而印支期主要分布于德钦－维西、剑川以南、个旧、八布等地，一般与当时的地壳裂陷拉张作用密切相关。除辉绿岩组外，均与大规模造山"褶皱"作用无关。

中酸性岩浆活动性较强，尤其晚海西期及印支期有增强趋势，中酸性岩分布也广泛，主要集中分布在滇西地区，如贡山－勐海、兰坪－思茅、中甸－丽江侵入岩带，其次为滇东南及滇中侵入岩带，展布方向与区域构造明显一致，主要在板块碰撞期形成。

3. 燕山期

该期的基性－超基性岩活动性已减弱，出露分布范围主要沿澜沧江岩带、石屏岩带等地产出，为环状镁铁岩－铁质超镁铁岩组合或辉绿岩组合。中酸性岩浆活动强度仍不减弱，特别在滇西贡山潞西一带，滇东南个旧－马关一带有加强趋势，其出露分布于滇西区，展布方向与构造方向明显一致，而滇东南的个旧、马关一带，则有过渡区的特点。

4. 喜马拉雅期

基性－超基性岩至今未发现出露，该期主要为中酸性的深成岩，岩体为数不多，零星分布于滇西地区的金平、腾冲等地；而浅成斑（玢）岩类主要分布于滇西东部及滇中地区，基本沿金沙江－哀牢山断裂两侧及滇中冲断带西部分布，并且在滇西一些诸如南林、剑川、双河等新近系盆地中有碱性岩侵入，对煤化作用有显著影响，对煤层有一定破坏。

第三章 页岩气地质调查

第一节 目标层调查与遴选

一、调查遴选的原则

通过对云南省 1 : 200 000 区域地层资料的统计和分析，初步厘定出各区内暗色泥页岩地层分布，并以此作为调查遴选的基础层段与目标。根据国土资源部发布的《页岩气资源/储量计算与评价技术规范》（DZ/T 0254－2014）规定，页岩气目标层是指富含有机物的烃源岩系，以页岩为主，含少量砂岩、碳酸盐岩或硅质等夹层，其中页岩厚度占层段厚度的比例不低于 60%，单夹层厚度不超过 3m，原则上发育的暗色泥页岩厚度超过 30m，其中暗色泥页岩除富有机质黑色泥页岩外，还可包含暗色粉砂质泥岩、泥质粉砂岩等生气源类岩石。结合以往页岩气评价及工作经验，泥页岩发育的稳定性及其层段厚度、岩性特征（特别是颜色）为遴选过程中需考虑的主要因素。比如，野外踏勘中估测厚度远小于 30m、泥页岩发育和展布极不稳定的，岩性颜色具有黄绿、灰绿、紫红色特征的，灰岩夹层极多的泥页岩目标层，均在资料调研和踏勘基础上予以排除，不宜也不应投入过多财力和精力。目标层遴选主要考虑两个方面，一是详细的资料调研，二是按照上述原则进行野外踏勘和遴选。因此，调查评价中，将对达到页岩气资源评价标准的层段进行全面的富有机质泥页岩及其资源潜力评价；而对于未达到页岩气评价标准的层段将不予资源潜力评估。

二、目标层调查与遴选

基于区域文献资料，对滇东、滇东北、滇东南、滇中、滇西等区域调查设计中所涉及泥页岩层段进行调查，重点调研目标层泥页岩发育层段分布范围、厚度、岩性等特征。

（一）地质调查概述

地质调查针对目标层及相邻地层进行野外剖面实测，全省总计 55 条剖面，剖面总长 13560.00m，剖面真厚 6484.60m，其中暗色页岩厚度为 2916.77m。具体剖面信息见表 3-1。

表3-1　全省野外实测剖面信息表

区域	剖面名称	剖面编号	剖面真厚度/m	黑色页岩厚度/m	剖面长度/m	地层	出露程度
滇东北	昭通市永善县黄华镇龙马溪组剖面	I-ZM	271.48	79.24	396.00	S_1l	全
	昭通市永善县团结乡筇竹寺组剖面	I-ZT	40.56	33.99	72.00	$\math{C}_1q$	不全
	昭通市盐津县豆沙关龙马溪组剖面	I-ZY	182.86	41.45	622.00	S_1l	全
	昭通市镇雄县蓼叶坝村牛蹄塘组剖面	I-ZZ	65.29	27.92	360.26	$\math{C}_1n$	不全
	昭通市大关县墨翰乡龙马溪组剖面	I-ZDG	82.77	73.39	308.00	S_1l	不全
	昭通市鲁甸县牛栏江筇竹寺组剖面	I-ZL	59.04	32.37	125.00	$\math{C}_1q$	不全
	昭通市巧家县新店子乡筇竹寺组剖面	I-ZX	23.60	6.65	93.00	$\math{C}_1q$	不全
滇东	曲靖市马龙县大庄乡筇竹寺组剖面	II-PM1	64.24	21.41	412.50	$\math{C}_1q$	不全
	昆明市宜良县九乡拖麦里村筇竹寺组剖面	II-PM2	102.61	47.97	323.60	$\math{C}_1q$	全
	昆明市宜良县新工业园区玉龙寺组剖面	II-PM3	402.60	58.75	1167.40	S_3y	全
	玉溪市华宁县禄丰村筇竹寺组剖面	II-PM4	91.26	17.53	270.00	$\math{C}_1q$	不全
	昆明市宜良县竹山镇筇竹寺组剖面	II-PM5	31.13	23.97	78.00	$\math{C}_1q$	不全
	昆明市西山区三家村筇竹寺组剖面	II-PM6	162.11	66.82	710.70	$\math{C}_1q$	不全
	昆明安宁市耳目村筇竹寺组剖面	II-PM7	100.93	18.34	576.00	$\math{C}_1q$	不全
	楚雄彝族自治州武定县狮山镇筇竹寺组剖面	II-PM8	28.90	17.83	47.00	$\math{C}_1q$	不全
	昆明市禄劝县普渡镇筇竹寺组剖面	II-PM9	268.24	42.28	440.20	$\math{C}_1q$	全
	昆明市东川区阿旺镇石板房村筇竹寺组剖面1	III-PM1-1	32.90	4.65	33.30	$\math{C}_1q$	不全
	昆明市东川区阿旺镇石板房村筇竹寺组剖面2	III-PM1-2	100.46	59.47	159.70	$\math{C}_1q$	不全
	昆明市东川区阿旺镇母夏村筇竹寺组剖面	III-PM2	20.01	10.46	22.00	$\math{C}_1q$	不全
	昆明市东川区铜都镇赖石窝村筇竹寺组剖面	III-PM3	15.79	7.87	25.70	$\math{C}_1q$	不全
	曲靖市会泽县待补镇金牛村筇竹寺组剖面1	III-PM4-1	48.98	5.98	85.80	$\math{C}_1q$	不全
	曲靖市会泽县待补镇金牛村筇竹寺组剖面2	III-PM4-2	229.03	65.99	319.00	$\math{C}_1q$	不全
	曲靖市会泽县大海乡老林村筇竹寺组剖面	III-PM5	150.52	69.84	195.10	$\math{C}_1q$	不全
	曲靖市会泽县待补镇箐门村筇竹寺组剖面	III-PM6	20.74	4.49	30.00	$\math{C}_1q$	不全
	曲靖市会泽县待补镇聂家村筇竹寺组剖面	III-PM7	77.93	58.61	107.30	$\math{C}_1q$	不全
	玉溪市新平县嘎洒镇干海子组剖面	I-YGS	72.26	32.69	100.00	T_3g	不全
	玉溪市新平县大开门乡干海子组剖面	I-YDKM	61.96	37.93	122.00	T_3g	不全
	玉溪市华宁县青龙乡筇竹寺组剖面	I-YLLQ	63.92	57.09	84.00	$\math{C}_1q$	不全
滇东南	曲靖市罗平县长底乡火把冲组剖面	IV-LXT	55.72	9.49	84.00	T_3h	不全
	文山壮族苗族自治州丘北县龙庆乡龙潭组剖面	IV-QYP	56.39	56.39	147.30	P_2l	不全
	红河哈尼族彝族自治州开远市果口乡火把冲组剖面	IV-KGT	47.14	25.29	86.00	T_3h	不全
	文山壮族苗族自治州文山市杨柳井乡龙潭组剖面	IV-WYP	32.66	22.92	81.00	P_2l	不全
	文山壮族苗族自治州文山市古木镇龙潭组剖面	IV-WGP	6.69	3.60	50.00	P_2l	不全
	文山壮族苗族自治州文山市富宁县洞波乡坡脚组	IV-FNP	186.98	173.21	241.00	D_1p	不全

续表

区域	剖面名称	剖面编号	剖面真厚度/m	黑色页岩厚度/m	剖面长度/m	地层	出露程度
滇中	楚雄彝族自治州双柏县绿汁江干海子组剖面	Ⅰ-CLZJ	80.36	60.87	136.00	T₃g	不全
	楚雄彝族自治州双柏县西舍路马鞍山组剖面	Ⅰ-CXSL	163.52	160.76	316.00	T₃m	不全
	大理白族自治州南涧县树苴乡云南驿组剖面	Ⅰ-DSL	318.58	136.56	502.00	T₃y³ (T₃m)	不全
	丽江市宁蒗县朱家村松桂组剖面	Ⅰ-LZJ	243.90	<30	578.00	T₃sn	不全
滇西	怒江傈僳族自治州泸水市老窝乡下仁和桥组剖面	Ⅰ-NL	126.31	126.31	162.00	S₁r	不全
	保山市杨柳乡新寨村下仁和桥组剖面	Ⅰ-BX	80.78	71.27	258.20	S₁r	全
	保山市施甸县仁和乡下仁和桥组剖面	Ⅰ-BRH	103.72	103.72	196.20	S₁r	不全
	保山市施甸县菖蒲塘村下仁和桥组剖面	Ⅰ-BC	54.87	54.87	87.00	S₁r	不全
	临沧市永德县勐板乡下仁和桥组剖面	Ⅰ-LMB	32.94	29.65	100.00	S₁r	不全
	临沧市镇康县勐堆乡下仁和桥组剖面	Ⅰ-LM	97.24	97.24	250.00	S₁r	不全
	德宏傣族景颇族自治州芒市厂河寨下仁和桥组剖面	Ⅰ-MCH	60.89	38.81	100.00	S₁r	全
	保山市施甸县姚关镇水平村下仁和桥组剖面	Ⅰ-BSP	45.57	37.62	86.00	S₁r	不全
	普洱市镇沅县和平乡上志留统剖面	Ⅰ-PHP	72.08	61.70	122.00	S₃	不全
	普洱市墨江县坝溜乡路马组剖面	Ⅰ-PMTL	50.86	31.79	96.00	T₃l	不全
	普洱市墨江县坝溜乡下志留统剖面	Ⅰ-PCZ	66.76	66.76	145.00	S₁	不全
	红河哈尼族彝族自治州金平县营盘乡白马寨组下段剖面	Ⅰ-HYP	74.22	52.79	128.00	O₁bᵃ	不全
	怒江傈僳族自治州泸水市六库澡塘下仁和桥组剖面	Ⅰ-LLZ	467.03	168.62	674.00	S₁r—S₂r	全
	大理白族自治州巍山县乐耳麦初箐组剖面	Ⅰ-WL	148.40	28.31	301.80	T₃m	不全
	保山市杨柳坝下志留统-下泥盆统剖面	Ⅰ-BY	248.38	48.25	375.00	S₁—D₁	全
	临沧市镇康县南伞镇大营盘大队公张剖面	Ⅰ-ZNDD	393.93	201.32	565.00	S₁r—S₂r	全
	临沧市镇康县勐堆乡大缅寺大队张笑志留系剖面	Ⅰ-ZMDD	296.56	23.67	426.80	S₁r—S₂r	全

（二）滇东北区块目标层调查

滇东北区块初始设计富有机质泥页岩地层包括下寒武统筇竹寺组、下奥陶统湄潭组、下志留统龙马溪组、下泥盆统边菁沟组、中泥盆统红崖坡组、石炭系大塘阶、上三叠统须家河组以及上二叠统宣威组，按照从新到老的顺序分别进行叙述。

1. 上三叠统须家河组（T₃x）

滇东北分区上三叠统缺失中下部层段，仅发育上三叠统上部地层，称须家河组，与下伏中、下三叠统呈假整合接触。在彝良县城北 1.50km 洛泽河西岸公路剖面实际测量，岩性叙述如下。

上覆地层：自流井组　灰黄色砾岩

---假整合---

须家河组：总厚　345.90m

（19）灰黄绿色块状细粒岩屑长石石英砂岩夹灰黑色页岩与粉砂质页岩　6.0m

（18）灰黑、灰黄绿色页岩、粉砂质页岩夹同色中厚层状泥质粉、细砂岩，粉、细砂岩中含植物化石　11.20m

（17）灰黄绿色块状细粒岩屑长石石英砂岩　4.80m

（16）浮土掩盖，见零星灰绿、灰黑色页岩及中厚层状细粒砂岩露头　24.80m

（15）灰黄绿色薄－厚层状泥质粉砂岩与石英粉砂质页岩、粉砂岩。由下至上粉砂岩逐渐减少，上部全为粉砂质页岩所取代，顶部含植物化石、瓣腮类动物化石　24.50m

（14）上、下部均为灰黄色中薄－厚层状细粒岩屑长石石英砂岩夹灰黑色页岩及粉砂质页岩，中部为灰黄绿、灰黑色页岩　8.90m

（13）灰黄绿色薄－中厚层状泥质粉砂岩与石英粉砂质页岩、粉砂岩，由下至上粉砂岩逐渐减少，上部全为粉砂质页岩所取代，顶部含植物化石及半腮类动物化石　13.20m

（12）深灰色厚层块状细－中粒岩屑砂岩夹砂质页岩，含植物化石碎片　17.80m

（11）浮土掩盖，仅顶部为灰绿、灰黑色粉砂质页岩，含植物化石碎片　26.00m

（10）灰色厚层块状细中粒岩屑长石石英砂岩夹煤线，中部含炭化植物树干　35.30m

（9）灰黄绿色块状中粒岩屑长石石英砂岩夹煤线，顶部为灰绿色粉砂质页岩，含巨大的炭化植物树干　26.30m

（8）灰黄绿色含云母质页岩，顶部为粉砂质页岩　7.80m

（7）灰色厚层状细－中粒岩屑长石石英砂岩　24.80m

（6）灰黄绿色块状中粒岩屑长石石英砂岩夹黑色粉砂质页岩团块，顶部为灰黄色砂质页岩　18.50m

（5）灰绿色石英粉砂质绢云母泥质页岩与中薄层状泥质细砂岩互层　5.70m

（4）灰黄绿色块状中粒岩屑长石石英砂岩，偶见炭化植物化石碎片及波痕　7.80m

（3）灰黄绿色厚层状中粒长石石英砂岩，由下往上粒度变细，顶部砂岩含云母，并夹暗灰绿色粉砂质页岩，砂岩中含炭化植物树干　42.20m

（2）灰色厚层块状细粒钙质岩屑长石砂岩，顶部为灰黑色粉砂质页岩，含植物碎片　38.70m

（1）褐黄色砾岩，砾石成分以石英砂岩为主，并含下伏层钙质粉－细砂岩与泥质灰岩的砾石，砾径 1~30cm，分选性差，棱角－次棱角状，胶结物为铁质及砂质　1.60m

---假整合---

下伏地层：关岭组　灰色厚层块状灰岩夹钙质石英粉－细砂岩

2. 上二叠统宣威组（P₂x）

在昭通彝良洪沟所测的地质剖面，岩性叙述如下。

上覆地层：飞仙关组紫红色薄－中层状细粒岩屑砂岩夹铁泥质粉砂岩条带

---假整合---

（10）灰绿色块状碳酸盐岩化凝灰质粉砂岩，含紫红色泥砾，上部为紫色条带状含石英砂、粉砂质黏土岩　3.0m

（9）由黏土质砂－粉砂岩、碳酸盐化岩屑粉砂岩、泥岩构成的沉积旋回，顶部夹煤线，含植物化石　23.2m

（8）自下而上由绿灰色碳酸盐化岩屑细砂岩－粉砂岩－泥岩－煤层（厚0.5~0.8m）构成一完整的沉积旋回含 *Gigantoperis* sp. *Lepidodendron* sp.　31.8m

（7）黄灰色厚层－块状鲕粒状黏土岩夹铝土质页岩，底部为含鲕状铝土矿细粒岩屑砂岩　23.4m

（6）灰绿色黏土质粉砂岩，发育微细层理，具条带状构造和球状风化特征　17.8m

（5）黄灰色中厚层状粉砂质泥岩，底部为灰黄色细粒岩屑砂岩，粉砂质泥岩，发育微细层理，具条带状构造，含植物化石　25.3m

（4）灰黄、黄绿色铁泥质黏土岩，含铁泥质圆粒或结核　13.8m

（3）褐黄、土黄色粉砂状黏土岩夹紫红色页岩，外表呈块状，裂隙发育，常为铁质渲染，具色斑　19m

（2）绿灰色中厚层状玄武岩屑砂岩，上部粒度渐细，为碳酸盐化岩屑砂岩，含少量黄铁矿结核和由暗色岩屑构成细密条带　26.4m

（1）黄白色黏土岩　12.3m

---假整合---

下伏地层：峨眉山玄武岩组绿灰色黏土岩化玄武岩

3. 石炭系大塘阶旧司段（C₁dj）

在彝良县龙街打仗坡进行剖面的实际测量，岩性叙述如下。

上覆地层：上司段泥质灰岩

————————————————整合————————————————

旧司段：总厚　98.10m

（8）紫红、黄白等杂色页岩　14.60m

（7）黄灰色中厚层状泥质灰岩夹微粒灰岩及杂色页岩，含保存不好的珊瑚及腕足类　11.00m

（6）黑色碳质页岩夹粉砂岩及褐灰色含铁细粒石英砂岩，夹层厚　5~10cm　9.9m

（5）深灰－灰色厚层状微－细晶灰岩，含燧石团块或透镜体，顺层分布，顶部渐少　20.80m

（4）顶部为硅质层，仅厚5cm，余为黑色碳质页岩夹黑色碳质页岩，页岩中含植物碎片，且含大量植黄铁矿及菱铁矿结核　29.00m

（3）黄褐色厚层－块状中粒石英砂岩，斜层理发育　3.60m

（2）黑色碳质页岩，含黄铁矿结核并夹煤线，含植物碎片　5.40m

（1）浮土掩盖　3.80m

--假整合--

下伏地层：上泥盆统灰色厚层不等粒结晶灰岩

4. 下泥盆统边箐沟组（D₁pb）

在昭通市箐门边菁沟（103°48′ E，27°23′ N）进行剖面的实际测量，岩性叙述如下。

上覆地层：荆门组　生屑灰岩

————————————————整合————————————————

边箐沟组：总厚　96m

（2）灰绿、黄绿、黄灰色泥岩　58m

（1）砂质泥岩、粉砂岩夹泥质条带灰岩、灰岩　38m

————————————————整合————————————————

下伏地层：缩头山组　白云质灰岩

5. 中泥盆统红崖坡组（D$_2$h）

在昭通市箐门红崖坡（103°48′ E，27°23′ N）进行剖面的实际测量，岩性叙述如下。

上覆地层：曲靖组　生屑灰岩

――――――――――――整合――――――――――――

红崖坡组：总厚　240m

（2）白云质灰岩，紫红、灰绿泥岩　　80m

（1）白云质灰岩，紫红、灰绿粉砂岩、泥岩夹白云质灰岩　　160m

――――――――――――整合――――――――――――

下伏地层：缩头山组　白云质灰岩

6. 下志留统龙马溪组（S$_1$l）

在昭通市大关县黄葛溪进行剖面的实际测量，岩性叙述如下。

上覆地层：黄葛溪组　深灰色瘤状泥质灰岩

――――――――――――整合――――――――――――

龙马溪组：总厚　144.70m

（3）灰黑色页岩，粉砂质页岩，二者组成不等厚互层，形成条带状构造，含笔石　50.40m

（2）灰黑色中薄层状粉砂质页岩与中薄层状泥质、钙质粉砂岩呈不等厚互层，每个互层在 2~10cm，部分层面上可见龟裂纹及波痕，含笔石、腕足类　85.0m

（1）黑色泥质石英钙质粉砂岩，水平微波状层理发育，有机质丰富，并可见分散的黄铁矿星点，岩石黑色可染手，化石多已炭化，保存不好，无法鉴定　9.30m

――――――――――――整合――――――――――――

下伏地层：观音桥组　黑色块状泥质、粉砂质生物碎屑灰岩

7. 下奥陶统湄潭组（O$_1$m）

在云南威信县玉京山―白果树（105°05′ E，27°53′ N）进行剖面的实际测量，岩性叙述如下。

上覆地层：十字铺组　鲕状、豆状灰岩

———————————整合———————————

湄潭组：总厚　215m

（3）灰、灰绿、黄绿、黄褐色页岩、粉砂岩夹细砂岩　105m

（2）灰岩透镜体　10m

（1）灰、灰绿、黄绿、黄褐色页岩、粉砂岩夹细砂岩　100m

———————————整合———————————

下伏地层：红花园组　生屑灰岩

8. 下寒武统牛蹄塘组（$\in_1 n$）（筇竹寺组（$\in_1 q$））

在昭通市镇雄县罗坎乡羊场村以西 2.50km 进行剖面的实际测量，岩性叙述如下。

上覆地层：明心寺组　灰绿、黄绿色细砂岩

———————————整合———————————

牛蹄塘组：总厚　180.10m

（14）深灰、黄褐色条带状细砂岩，中、上部各夹一层厚约 1.60m 的黑色含钙质页岩　14.00m

（13）灰黑、褐黄色条带状细砂岩夹灰黑色粉砂岩，底部夹黑色页岩，中部夹 0.10m 左右的灰岩透镜体　11.70m

（12）灰黑、褐黄色条带状粉砂岩夹黑色页岩及褐黄色细砂岩条带　13.90m

（11）褐黄、深灰色薄层细砂岩夹深灰色粉砂岩条带，含三叶虫碎片　10.70m

（10）深灰、灰黑色与褐黄色条带状细砂岩，底部为黑色页岩夹粉砂岩条带，含三叶虫碎片　13.20m

（9）浮土掩盖，顶部为深灰色薄层砂质页岩夹褐黄色砂岩，底部见深灰、黑色粉砂质页岩夹少量页岩　18.90m

（8）~（7）黑色页岩，上部夹深灰、褐黄色粉砂质页岩　22.10m

（6）灰、深灰色薄层粉砂岩夹薄层细砂岩，含较多的铁质结核，结核直径大者达 20cm，小者仅 4cm　26.70m

（5）褐灰、灰黑色薄层钙质粉砂岩夹深灰、灰褐色薄层细砂岩，上部含铁质结核，直径一般在 4cm 左右，大者达 14cm　26.70m

（4）灰黑、深灰色薄层钙质粉砂岩夹深灰、灰黄色细砂岩条带　13.60m

（3）灰黑、黑色粉砂岩夹黄、深灰色薄－中厚层状细砂岩，含少量铁质结核，结核直径 2~3cm 左右　7.60m

（2）灰－黑色粉砂质页岩夹灰黑色粉砂岩　6.70m

（1）灰黑－黑色薄层泥质粉砂岩，顶部为灰黑色粉砂质页岩 ＞2.50m

——————————整合——————————

下伏地层：梅树村组 磷块岩及少量含磷灰岩

　　总体来说，上三叠统须家河组粉砂质页岩、碳质页岩、煤层或煤线较为发育，且厚度较大，广泛发育于滇东北地区，为本次重点评价页岩层段，剖面介绍见重点目标层野外实测剖面章节（第三章第二节）；石炭系大塘阶泥页岩发育厚度变化较大，仅局部地区发育，厚度一般为数十米，平面展布方面达不到页岩气评价要求，不作为云南省资源潜力评价目的层段；下泥盆统边菁沟组灰岩居多，虽发育有泥页岩，但泥页岩主要为黄、黄绿色泥岩、砂质泥岩，与页岩气成藏条件中TOC指标相差较大，达不到页岩气目标层评价标准，不作为云南省资源潜力评价目的层段；中泥盆统红崖坡组厚度较大，虽发育泥页岩，但皆为紫红或灰绿色，达不到页岩气评价标准，不作为云南省资源潜力评价目的层段；下志留统龙马溪组泥页岩及粉砂岩在滇东北较为发育，颜色为灰、深灰、灰黑色，剖面介绍见重点目标层野外实测剖面章节；下奥陶统湄潭组主要为页岩、粉砂岩，但皆为灰、灰绿、黄绿、黄褐色页岩及粉砂质页岩，达不到页岩气目标层评价标准，不作为云南省资源潜力评价目的层段；下寒武统筇竹寺组页岩及粉砂岩颜色较深，厚度较大，作为本次评价重点层段，剖面介绍见重点目标层野外实测剖面章节。

　　综上所述，滇东北地区页岩气目标层重点评价上三叠统须家河组、下志留统龙马溪组与下寒武统筇竹寺组，其余设计层位因达不到评价基本要求，不作为云南省资源潜力评价目的层段（表3-2）。

表3-2　滇东北地区页岩气目标层调查遴选结果表

区块名称	工作区地层时代				本次研究情况
	系	统	组	代号	
滇东北区块	三叠系	上统	须家河组	T_3x	重点调查评价目标层
	二叠系	上统	宣威组	P_2x	重点调查评价目标层
	石炭系	下统	大塘阶	C_1dj	达不到评价基本要求，不做评价
	泥盆系	下统	边菁沟组	D_1pb	达不到评价基本要求，不做评价
		中统	红崖坡组	D_2h	达不到评价基本要求，不做评价
	志留系	下统	龙马溪组	S_1l	重点调查评价目标层
	奥陶系	下统	湄潭组	O_1m	达不到评价基本要求，不做评价
	寒武系	下统	筇竹寺组	$\in_1q$	重点调查评价目标层

（三）滇东区块目标层调查

滇东区块初始设计富有机质泥页岩地层包括下寒武统筇竹寺组、下寒武统沧浪铺组、下寒武统龙王庙组、上志留统关底组、上志留统妙高组、上志留统玉龙寺组、下二叠统梁山组、上二叠统宣威组/龙潭组（与滇东北基本一致），按照从新到老的顺序分别进行叙述。

1. 下二叠统梁山组（P_1l）

在曲靖市沾益县天生坝进行剖面的实际测量，岩性叙述如下。

上覆地层：下二叠统栖霞组　灰黑色砂质灰岩

——————————整合——————————

下二叠统梁山组：总厚　39.50m

（5）灰黑色页岩及钙质页岩，上部夹泥灰岩　10.00m

（4）白色石英砂岩及灰黑色泥碳质页岩夹铁质碎屑岩及煤线　11m

（3）可采煤层　2.00m

（2）灰黑色页岩夹透镜体砂岩及煤线　3.50m

（1）灰色石英砂岩与页岩，底部为黏土质页岩　15.00m

---假整合---

下伏地层：上石炭统　灰－灰白色纯灰岩

2. 上志留统玉龙寺组（S_3y）

在曲靖市沾益县潇湘水库附近进行剖面的实际测量，岩性叙述如下。

上覆地层：下西山村组　灰黑色、灰绿色砂质灰岩

——————————整合——————————

玉龙寺组：总厚　339.10m

（5）黑色云母质页岩，页理发育，风化呈碎片状　27.20m

（4）灰绿色、灰黑色钙质页岩夹灰色薄层状泥灰岩，底部为一层厚5m的黑色薄板状泥砂质钙质页岩　81.20m

（3）灰黑色钙质页岩夹灰色薄层状、透镜状泥质灰岩，夹层厚1~10cm，底部泥灰岩具波状层理　168.30m

（2）灰、浅灰色薄层瘤状灰岩与钙质页岩互层，页岩为灰黑色及灰黄色48.10m

（1）黑色页岩夹薄层泥质灰岩，夹层厚 1cm 左右　14.30m
--假整合--
下伏地层：妙高组　灰色薄层瘤状灰岩夹灰色钙质页岩

3. 上志留统妙高组（S₃m）

在曲靖市岳家大山－妙高山（廖角山）（103°46′ E，25°29′ N）进行剖面的实际测量，岩性叙述如下。

上覆地层：玉龙寺组　黑色页岩
———————————————————整合———————————————————
妙高组：总厚　605.6m
（6）～（5）灰色钙质泥岩、粉砂岩夹厚层状泥灰岩，产腕足、珊瑚、三叶虫、双壳类　75.8m
（4）～（2）灰、灰绿、黄绿色钙质页岩夹泥灰岩、瘤状泥灰岩，产腕足类、双壳类、腹足类、珊瑚、三叶虫等　237.4m
（1）黄褐、灰绿色泥岩夹钙质泥岩及泥质粉砂岩，局部夹泥灰岩扁豆体，产介形类、双壳类、腹足类　292.4m
———————————————————整合———————————————————
下伏地层：关底组　紫红、灰紫、灰绿等杂色钙质泥岩

4. 上志留统关底组（S₃g）

在曲靖市城西潇湘水库进行剖面的实际测量，岩性叙述如下。

上覆地层：妙高组　浅灰色结晶灰岩
———————————————————整合———————————————————
妙高组：总厚　200m
（1）红褐、黄色页岩与粉砂岩互层　200m
--假整合--
下伏地层：沧浪铺组　砂岩、页岩

5. 下寒武统龙王庙组（€₁l）

在昆明市西山进行剖面的实际测量，岩性叙述如下。

上覆地层：中泥盆统海口组

---------------------------------------假整合--

下寒武统龙王庙组：总厚 106.3m

（3）灰白色块状结晶灰岩，底部为一层厚0.7m的暗灰色砂质页岩 16m

（2）灰色块状不纯灰岩 53m

（1）暗绿、灰色泥质灰岩、灰岩（局部含鲕粒），下部夹2层黄灰色页岩，含三叶虫 37.3m

---------------------------------------整合--

下伏地层：下寒武统沧浪铺组

6. 下寒武统沧浪铺组（ϵ_1c）

在曲靖市马龙县进行剖面的实际测量，岩性叙述如下。

上覆地层：下寒武统龙王庙组

-------------------------------------平行不整合--

下寒武统沧浪铺组乌龙菁段：厚 141.2m

（7）黄绿、灰绿色云母砂质页岩、泥质页岩夹细砂粉砂岩，含三叶虫、腕足类 39.2m

（6）灰绿、黄色细粒长石石英砂岩，石英砂岩与粉砂岩互层夹少量页岩 65.8m

（5）黄绿色粉砂质页岩夹石英砂岩，具波痕，含三叶虫 31.4m

（4）白色粗粒砂岩夹含砾砂岩及少量页岩，含腕足类 4.8m

---------------------------------------假整合--

下寒武统沧浪铺组红井哨段：厚 205.9m

（3）灰、红色细粒石英砂岩与页岩互层，富含三叶虫 33.3m

（2）紫红、黄绿色粉砂质页岩夹粉砂岩，底部有厚5m的岩屑石英砂岩 56.4m

（1）灰绿及少量紫红色页岩、粉砂质页岩夹砂岩，底部有厚2m的岩屑杂砂岩，含三叶虫 116.2m

---------------------------------------整合--

下伏地层：下寒武统筇竹寺组

7. 下寒武统筇竹寺组（ϵ_1q）

在宣威市德泽乡瓜棚山进行剖面的实际测量，岩性叙述如下。

上覆地层：沧浪铺组红井哨段　灰色中厚层状细粒钙质石英砂岩与黄绿色、紫灰色钙质页岩互层

―――――――――――整合―――――――――――

筇竹寺组：厚　362.80m

（8）黄绿色泥灰岩夹少量泥质页岩　33.60m

（7）青灰色薄－中厚层状细粒钙质长石石英砂岩夹黄绿色砂泥质页岩，砂岩单层厚5~15cm，含三叶虫　16.00m

（6）黄绿色含砂质钙质页岩与青灰色薄层状砂质白云质灰岩互层　21.00m

（5）灰色、灰绿色泥质页岩，上部含三叶虫　146.70m

（4）黄绿色、灰色含钙质水云母页岩与灰色薄板状灰色砂质页岩互层，底部为黑色页岩与深灰色薄层白云岩互层　32.30m

（3）黑色水云母页岩　66.30m

（2）紫灰色泥质粉砂岩　23.80m

（1）风化为黄色、土黄色的泥质粉砂岩夹少量黑色砂质水云母页岩　23.10m

―――――――――――整合―――――――――――

下伏地层：渔户村组　灰色磷块岩与灰黑色含磷硅质岩互层

　　总体来说，上二叠统宣威组/龙潭组普遍含煤，页岩发育较好，且多为砂岩与页岩互层，可以作为云南省资源潜力重点评价目的层段；下二叠统梁山组为含煤沉积，煤层段于中上部，上部或下部含铝土矿，页岩发育厚度变化较大，仅在零星地区能达到评价要求，但面积较小，达不到页岩气目标层评价标准，不作为云南省资源潜力评价目的层段；上志留统玉龙寺组泥页岩发育厚度较大，为灰黑、黑色页岩，为本次重点评价页岩层段，剖面介绍见重点目标层野外实测剖面章节（第三章第二节）；上志留统妙高组发育灰、灰绿、黄绿色钙质页岩夹泥灰岩、瘤状泥灰岩，达不到页岩气目标层评价标准，不作为云南省资源潜力评价目的层段；上志留统关底组以红褐、黄色页岩与粉砂岩互层，达不到页岩气目标层评价标准，不作为云南省资源潜力评价目的层段；下寒武统龙王庙组主要为岩性灰岩、白云岩，达不到页岩气目标层评价标准，不作为云南省资源潜力评价目的层段；下寒武统沧浪铺组分布较广，遍及滇东地区，岩性稳定，为一套灰绿、黄绿夹少量紫红色砂泥质沉积物，局部夹灰岩薄层，达不到页岩气目标层评价标准，不作为云南省资源潜力评价目的层段；下寒武统筇竹寺组厚度大，发育灰黑色页岩，为本次重点评价页岩层段，剖面介绍见重点目标层野外实测剖面章节。

　　综上所述，滇东地区页岩气目标层重点评价下寒武统筇竹寺组、上志留统玉龙寺组与上二叠统宣威组/龙潭组，其余设计层位因达不到评价基本要求，不作为

云南省资源潜力评价目的层段（表3-3）。

表3-3 滇东地区页岩气目标层调查遴选结果表

| 区块名称 | 工作区地层时代 | | | | 本次研究情况 |
	系	统	组	代号	
滇东区块	二叠系	上统	宣威组	P_2x	重点调查评价目标层
		下统	梁山组	P_1l	达不到评价基本要求，不做评价
	志留系	上统	玉龙寺组	S_3y	重点调查评价目标层
			妙高组	S_3m	达不到评价基本要求，不做评价
			关底组	S_3g	达不到评价基本要求，不做评价
	寒武系	下统	龙王庙组	ϵ_1l	达不到评价基本要求，不做评价
			沧浪铺组	ϵ_1c	达不到评价基本要求，不做评价
			筇竹寺组	ϵ_1q	重点调查评价目标层

（四）滇东南区块目标层调查

滇东南区块初始设计富有机质泥页岩地层包括下泥盆统坡脚组、上二叠统龙潭组以及中三叠统法郎组，按照从新到老的顺序分别进行叙述。

1. 中三叠统法郎组（T_2f）

在罗平县菜子塘－牛补歹（104°33′ E，24°59′ N）进行剖面的实际测量，岩性叙述如下。

上覆地层：把南组 中层石英砂岩、石英粉砂岩

————————整合————————

法郎组：总厚 850.20m

（11）黄褐色薄层泥质粉砂岩，上部为粉砂质泥岩，含瓣腮类 279.10m

（10）灰黄色块状石英砂岩 12.60m

（9）灰绿、黄褐色薄层石英砂质泥岩，含瓣腮类 36.10m

（8）灰黄色块状石英砂岩，下部浅灰色中厚层状石英砂岩夹 52m 的粉砂岩 259.00m

（7）灰、灰褐色粉砂质泥岩，含瓣腮类 29.50m

（6）灰褐色、黄褐色中厚层状细粒石英砂岩，下部夹泥质粉砂岩，粉砂岩、泥质粉砂岩中含瓣腮类 112.50m

（5）青灰、黄褐色粉砂质石英砂岩，底部为灰褐色薄层粉砂岩，含瓣腮类

11.20m

 （4）黄褐色细粒泥质石英砂岩夹粉砂岩，含植物化石碎片　20.00m

 （3）黄褐色粉砂质泥岩夹泥质粉砂岩，含菊石和瓣腮类　58.80m

 （2）黑色薄层碳质泥质灰岩，含菊石　25.60m

 （1）灰褐色含碳质泥质生物碎屑灰岩夹泥质灰岩，含菊石和腕足类　18.40m

————————————————整合————————————————

下伏地层：个旧组　深灰色块状含泥质隐晶灰岩

2. 上二叠统龙潭组（P_2l）

 在云南省文山县者黑冲（104°08′ E，23°23′ N）进行剖面的实际测量，岩性叙述如下。

上覆地层：长兴组

————————————————整合————————————————

上二叠统龙潭组：总厚　34m

 （3）黑色页岩为主夹薄层灰岩及细砂岩，含腕足类　14m

 （2）黄褐色厚层长石石英砂岩、铝土质泥岩、页岩夹煤层，含植物　8m

 （1）深灰色砂、页岩互层，顶见含䗴灰岩　12m

- -假整合- -

下伏地层：峨眉山玄武岩组

3. 下泥盆统坡角组（D_1p）

 在广南县达莲塘细长沟（105°08′E，24°08′N）进行剖面的实际测量，岩性叙述如下。

上覆地层：达莲塘组

————————————————整合————————————————

坡角组：总厚　160m

 （2）深灰色中－厚层灰岩　40m

 （1）以灰、灰绿色泥岩为主　120m

————————————————整合————————————————

下伏地层：坡松冲组

总体来说，中三叠统法郎组厚度较大，但主体为灰岩，泥岩多为灰色、灰绿、紫红、黄绿色，达不到页岩气目标层评价标准，不作为云南省资源潜力评价目的层段；上二叠统龙潭组普遍含煤，虽然煤层厚度小，但页岩发育较好，可以作为云南省资源潜力重点评价目的层段；下泥盆统坡角组泥岩以灰色与灰绿色为主，达不到页岩气目标层评价标准，不作为云南省资源潜力评价目的层段。

综上所述，滇东南地区页岩气目标层重点评价上二叠统龙潭组，其他设计层位因达不到评价基本要求，不作为云南省资源潜力评价目的层段（表3-4）。

表3-4　滇东南地区页岩气目标层调查遴选结果表

区块名称	工作区地层时代				本次研究情况
	系	统	组	代号	
滇东南区块	三叠系	中统	法郎组	T_2f	达不到评价基本要求，不做评价
	二叠系	上统	龙潭组	P_2l	重点调查评价目标层
	泥盆系	下统	坡脚组	D_1p	达不到评价基本要求，不做评价

（五）滇中区块目标层调查

滇中区块初始设计富有机质泥页岩地层包括上震旦统灯影组、上三叠统马鞍山组、上三叠统祥云组、上三叠统干海子组以及上三叠统舍资组，按照从新到老的顺序分别进行叙述。

1. 上三叠统舍资组（T_3s）

在峨山县磨柯山盆地西差河进行剖面的实际测量，岩性叙述如下。

上覆地层：冯家河组　粉砂质页岩、页岩

————————————整合————————————

舍资组：总厚　1023.30m

（12）浅灰、紫红色泥质粉砂岩　27.90m

（11）浅灰、紫红、浅灰绿色页岩夹泥质粉砂岩，底部页岩产瓣腮类　113.30m

（10）浅灰色泥岩，灰黄色中、厚层状含云母泥质粉砂岩，部分掩盖　33.00m

（9）浅灰黄色块状中粒岩屑砂岩夹砂质页岩　145.80m

（8）浅灰白、浅灰黄色厚层块状中细粒岩屑砂岩，底部为灰白色条带状岩屑砂岩夹粉砂岩，部分被掩盖　89.60m

（7）灰、浅灰、深灰色薄层状云母石英粉砂岩夹砂质页岩、细砂岩条带及透镜体，粉砂岩中部见不清晰的交错层理　55.90m

（6）浅灰、浅褐色、灰黄色中、细粒岩屑砂岩，细砂岩，中粒长石石英砂岩

夹页岩，部分掩盖　37.70m

　　（5）浅黄白、浅黄褐色岩屑砂岩，含长石云母砂岩　187.50m

　　（4）浅灰、灰绿色厚－块状中粒长石石英砂岩夹细砂岩、页岩，中粒长石石英砂岩中偶见交错层理　82.00m

　　（3）黄绿色中－细粒、细粒含云母砂岩夹粉砂质页岩、粉砂岩　123.00m

　　（2）浅紫红色粉砂岩夹细粒云母砂岩、泥质页岩　69.20m

　　（1）黄绿色中粗粒长石石英砂岩、细粒石英砂岩和细粒含云母砂岩　58.40m

―――――――――――――――整合―――――――――――――――

下伏地层：干海子组　灰黑色页岩

2. 上三叠统干海子组（T₃g）

在峨山县磨柯山盆地西差河进行剖面的实际测量，岩性叙述如下。

上覆地层：舍资组　黄绿色中粗粒长石石英砂岩

―――――――――――――――整合―――――――――――――――

干海子组：总厚　244.20m

　　（5）灰黑色页岩夹粉砂岩、细砂岩、含云母石英砂岩，盛产瓣腮类　149.90m

　　（4）灰、浅灰、灰黑色页岩、粉砂岩夹薄层状粗砂岩透镜体，底部为含粒砂岩　52.80m

　　（3）浅灰色泥岩、泥质粉砂岩，石英砂岩夹无烟煤 3 层　17.80m

　　（2）褐黄色粉砂岩夹含粒细砂岩、泥岩，局部相变为细粒岩状体　23.70m

　　（1）石英质砾岩夹泥岩及中细粒砂岩　7.80m

―――――――――――――――整合―――――――――――――――

下伏地层：普家村组　浅灰、灰褐色粉砂岩

3. 上三叠统祥云组（T₃x）

在楚雄三街进行剖面的实际测量，岩性叙述如下。

上覆地层：干海子组　灰黑色细砂岩

―――――――――――――――整合―――――――――――――――

祥云组：总厚　1449.00m

　　（5）上部为黑色页岩，下部为灰、褐灰色细－中粒中厚层状石英砂岩　99.00m

　　（4）顶部为黑色页岩，含劣煤，中上部为灰色细－粗粒含长石石英砂岩，具大型斜层理，中下部为灰黑、黑色薄－中厚层状粉砂岩，石英细砂岩，层面上见流水波痕，底部为灰色粗－巨粗粒，厚层－块状巨粒石英砂岩，具大型斜层理235.00m

（3）灰－深灰细－粗粒薄层－巨厚层状含长石石英砂岩，夹黑色粉砂岩，页岩薄层　292.00m

（2）灰黑－黑色细粒薄－中厚状石英砂岩，上部为黑色粉砂岩小层　109.00m

（1）下至深灰色，中至粗粒厚层状长石石英砂岩为主，夹细砂岩、粉砂岩小层，见河流相大型斜层理，波状、断续状层理，层面上见流水波痕，产瓣腮类化石，底部砂岩变粗　714.00m

——————————————整合——————————————

下伏地层：马鞍山组　黑色板状页岩

4. 上三叠统马鞍山组（T₃m）

该地层由于出露较少，仅进行了路线观察。其与上、下地层均为整合接触。

5. 上震旦统灯影组（Zz₂dn）

在云南晋宁王家湾（102°44′ E，24°34′ N）进行剖面的实际测量，岩性叙述如下。

上覆地层：牛蹄塘组　灰质页岩

---假整合---

上震旦统灯影组：
（3）灰白色中－厚层状白云岩，含燧石层及燧石团块
（2）黑色薄层含沥青质灰岩，含燧石条带及结核
（1）灰白色碎屑白云岩

---假整合---

下伏地层：陡山沱组　页岩

总体来说，上三叠统舍资组发育灰黑色粉砂、页岩，为重点评价页岩层段，剖面介绍见重点目标层野外实测剖面章节（第三章第二节）；上三叠统干海子组页岩发育较好，为本次重点评价页岩层段，剖面介绍见重点目标层野外实测剖面章节；上三叠统祥云组、马鞍山组及上震旦统灯影组，达不到页岩气目标层评价标准，不作为云南省资源潜力评价目的的层段。

综上所述，滇中地区页岩气目标层重点评价上三叠统舍资组与上三叠统干海

子组，其余设计层位因达不到评价基本要求，不作为云南省资源潜力评价目的层段（表3-5）。

表3-5 滇中地区页岩气目标层调查遴选结果表

区块名称	工作区地层时代				本次研究情况
	系	统	组	代号	
滇中区块	三叠系	上统	舍资组	T_3s	重点调查评价目标层
			干海子组	T_3g	重点调查评价目标层
			祥云组	T_3x	达不到评价基本要求，不做评价
			马鞍山组	T_3m	达不到评价基本要求，不做评价
	震旦系	上统	灯影组	Zz_2dn	达不到评价基本要求，不做评价

（六）滇西区块目标层调查及遴选结果

滇西区块初始设计富有机质泥页岩地层包括上寒武统保山组、下奥陶统仁和桥组、下奥陶统施甸组、下奥陶统潞西组、下二叠统梁山组以及上二叠统龙潭组，按照从新到老的顺序分别进行叙述。

1. 上二叠统龙潭组（P_2l）

在云南省景谷县正兴乡通达河进行剖面的实际测量，岩性叙述如下。

上覆地层：长兴组 灰色厚层块状隐晶质灰岩

———————————————整合———————————————

龙潭组：总厚 1568.60m

（13）紫红色板岩与紫色粉砂质板岩互层 103.90m

（12）紫红、暗紫红色绢云母板岩夹粉砂质板岩及粉砂岩 91.70m

（11）掩盖 33.50m

（10）上部为紫红色板岩，下部为浅灰色薄层状泥质灰岩及紫红色蚀酸性泥灰岩 112.60m

（9）灰黑色板岩 48.10m

（8）灰、灰绿色粉砂质板岩夹粉－细砂岩，板岩含瓣鳃类 92.90m

（7）深灰色厚层－块状粉－细砂岩，局部夹粉砂质板岩 100.40m

（6）深灰色板岩夹少量同色粉砂质板岩，含瓣鳃类 161.80m

（5）紫色、灰紫色板岩、含粉砂板岩，内夹10m紫色酸性凝灰岩，局部夹灰色变质粉砂岩薄层 109.40m

（4）灰绿、灰黑色板岩，局部夹粉砂质板岩 460.90m

（3）灰—浅灰中—厚层状轻变质细粒石英砂岩 26.40m

（2）灰绿、灰黑色板岩，局部夹粉—细砂岩 199.10m

（1）灰绿、浅灰色板状细粒凝灰质石英砂岩 27.90m

--------------------------------------假整合--------------------------------------

下伏地层：二叠系下统 绿色板岩、粉砂岩

2. 下二叠统梁山组（P₁l）（拉巴组）

在普洱市澜沧县拉巴乡南畔进行剖面的实际测量，岩性叙述如下。

上覆地层：侏罗系花开左组下段 紫红色砂砾岩

--------------------------------------假整合--------------------------------------

梁山组：总厚 1231.20m

（12）灰色细粒岩屑石英砂岩，黄色含泥质岩屑石英砂岩夹黑色硅质岩 >87.70m

（11）紫红、黑色硅质岩，夹黑色硅质页岩和紫红、黄红色页岩，含牙形刺、瓣腮类、腹足类等 292.30m

（10）黄绿、紫红色页岩夹细粒石英砂岩，含牙形刺、瓣腮类、腹足类等 >102.40m

（9）黄绿色页岩、砂质板岩夹灰黑色硅质岩，含瓣腮类、腹足、海百合茎和放射虫类等 >122.30m

（8）黄褐、紫红色页岩，夹少量细粒变质石英砂岩 32.10m

（7）黄绿色夹白、紫红色变质细粒岩屑石英砂岩 82.50m

（6）黄绿色中细粒变质石英砂岩夹页岩，含植物 57.00m

（5）灰黑色硅质岩、黄绿色页岩和黄绿色变质细粒岩屑石英砂岩 97.10m

（4）紫红色页岩夹黄绿色泥灰岩、深灰色生物碎屑灰岩扁豆体 20.40m

（3）黄绿色页岩与石英砂岩互层，顶部夹泥灰岩扁豆体，页岩中含牙形刺 119.80m

（2）黄绿色页岩，含放射虫硅质岩夹泥灰岩透镜体，灰岩中含蜓 168.80m

（1）灰白色长石石英砂岩、黏板岩、泥质砂质黏板岩 >48.80m

断层

下伏地层：下石炭统南段组上段

3. 下奥陶统潞西组（O_1l）

在潞西县弯腰树（98°37′ E，24°25′ N）进行剖面的实际测量，岩性叙述如下。

上覆地层：仁和桥组　灰黑色笔石页岩

——————————————————整合——————————————————

上寒武统保山组：总厚　84m

深灰色薄－中层含砂泥质白云岩、灰岩，夹少量泥质粉砂岩及页岩

--------------------------------------假整合--------------------------------------

下伏地层：大矿山组　紫红色砂泥岩

4. 下奥陶统施甸组（O_1s）

在施甸县仁和桥－小水井（99°09′ E，24°46′ N）进行剖面的实际测量，岩性叙述如下。

上覆地层：蒲缥组

——————————————————整合——————————————————

上寒武系统保山组：总厚　1198m

（1）浅色（灰、灰白、灰绿色等）泥页岩，夹砂岩、粉砂岩、泥灰岩

--------------------------------------假整合--------------------------------------

下伏地层：老尖山组

5. 下志留统下仁和桥组（O_1r）

在保山市施甸县响水凹水库南侧进行剖面的实际测量，岩性叙述如下。

上覆地层：上仁和桥组　泥质网文灰岩

——————————————————整合——————————————————

下仁和桥组：总厚　148.00m

（3）灰色、灰紫色黏土质页岩夹硅质粉砂岩，顶部夹泥灰岩扁豆体，含笔石化石　43.00m

（2）黑－黑灰色薄层碳质及粉砂质页岩，含笔石化石　92.00m

（1）黑色粉砂质页岩夹硅质页岩及白色薄层石英细砂岩，含笔石化石　13.00m

--------------------------------------假整合--------------------------------------

下伏地层：上蒲缥组 灰黄色泥岩、粉砂质页岩

6. 上寒武统保山组（$\in_3 b$）

在保山市水箐乡大官市－冷水菁（99°07′ E，25°00′ N）进行剖面的实际测量，岩性叙述如下。

上覆地层：老尖山组

———————————————————整合———————————————————

上寒武系统保山组：　总厚：1198m

（3）泥质条带灰岩

（2）页岩、粉砂质页岩、粉砂岩及少量灰岩、泥质条带灰岩

（1）灰岩

---假整合---

下伏地层：沙河厂组

总体来说，上二叠统龙潭组在滇西南部地区普遍含煤，页岩发育较好，可以作为云南省资源潜力评价目的的层段；下二叠统梁山组为含煤沉积，煤层段位于中上部，上部或下部含铝土矿，页岩发育厚度变化较大，仅在零星地区能达到评价要求，但面积较小，达不到页岩气目标层评价标准，不作为云南省资源潜力评价目的的层段；下奥陶统潞西组分布范围小，泥页岩发育厚度变化较大，且为黄、灰绿色，达不到页岩气目标层评价标准，不作为云南省资源潜力评价目的的层段；下奥陶统施甸组虽然厚度较大，但主要为细砂岩及粉砂岩，泥页岩发育较少，达不到页岩气目标层评价标准，不作为云南省资源潜力评价目的的层段；下志留统仁和桥组在滇西分布范围广，发育泥页岩厚度大，为重点评价页岩层段，剖面介绍见重点目标层野外实测剖面章节（第三章第二节）；上寒武统保山组虽发育厚度较大页岩，但皆为灰、灰绿、紫红、黄绿泥页岩，达不到页岩气目标层评价标准，不作为云南省资源潜力评价目的的层段。

综上所述，滇西地区页岩气目标层重点评价下志留统仁和桥组和上二叠统龙潭组，其余设计层位因达不到评价基本要求，不作为云南省资源潜力评价目的的层段（表3-6）。

（七）调查评价目标层遴选结果

结合资料调研分析，对云南省出露地表页岩层进行实地调查，遴选评价目标层如表3-7所示。认为研究应将重点放在下寒武统筇竹寺（牛蹄塘）组、下志留

统龙马溪（仁和桥）组、上志留统玉龙寺组、上二叠统龙潭组以及上三叠统干海子组和舍资组（须家河组）。各组主要分布及岩性描述如下。

表 3-6　滇西地区页岩气目标层调查遴选结果表

区块名称	工作区地层时代				本次研究情况
	系	统	组	代号	
滇西区块	二叠系	上统	龙潭组	P_2l	重点调查评价目标层（南部）
		下统	梁山组	P_1l	海陆过渡相调查评价目标层
	志留系	下统	仁和桥组	S_1r	重点调查评价目标层
	奥陶系	下统	潞西组	O_1l	达不到评价基本要求，不做评价
			施甸组	O_1s	达不到评价基本要求，不做评价
	寒武系	上统	保山组	$\in_1b$	达不到评价基本要求，不做评价

表 3-7　云南省页岩气目标层调查遴选结果综合表

区块名称	工作区地层时代				遴选评价情况
	系	统	组	代号	
滇东北	三叠系	上统	须家河组	T_3x	重点调查评价目标层
	二叠系	上统	宣威组	P_2x	重点调查评价目标层
	志留系	下统	龙马溪组	S_1l	重点调查评价目标层
	寒武系	下统	筇竹寺组	$\in_1q$	重点调查评价目标层
滇西	志留系	下统	下仁和桥组	S_1r	重点调查评价目标层
滇东	二叠系	上统	宣威组	P_2x	重点调查评价目标层
	志留系	上统	玉龙寺组	S_3y	重点调查评价目标层
	寒武系	下统	筇竹寺组	$\in_1q$	重点调查评价目标层
滇中	三叠系	上统	舍资组	T_3s	重点调查评价目标层
			干海子组	T_3g	重点调查评价目标层
滇东南	二叠系	上统	龙潭组	P_2l	重点调查评价目标层

1. 下寒武统筇竹寺组（牛蹄塘组）

牛蹄塘组岩性特征表现为：在云南仅分布于镇雄县羊场以西老房子至河沟头一段。岩性主要由深灰、灰黑、黑色薄层粉砂岩、细砂岩及页岩组成。下部以粉砂岩为主，以含灰质及黄铁矿结核为特征；中部以页岩为主；上部为薄层细砂岩与粉砂岩组成条带状互层。本组仅上部层段出露于地表，曾有钻井羊 1 号、羊 2 号揭露该组地层总计为 365.1m。

筇竹寺组岩性特征表现为：在云南大部分地区分布；岩性为一套灰黑－灰绿色页岩及粉砂岩，下部黑色粉砂岩常含白云质；厚度均大于 100m；在昆明筇竹寺组厚 251.2m，晋宁县梅树村往北至武定县－会泽县地区厚 200~400m，华宁县厚 165.6m，曲靖地区厚 402.5m，滇东北永善县－巧家县地区，在金沙厂厚度大于 200m，巧家县新店子至小河街一带最薄，厚仅 100m 左右。

2. 下志留统龙马溪组（下仁和桥组）

龙马溪组岩性特征表现为：主要分布于镇雄县、盐津县、昭通市等地区；厚度由东北往西南逐渐变薄；永善县三道水厚 189m，盐津县城北厚 191m，彝良县牛街厚 85m；岩性为深灰、灰黑、黑色含钙质、粉砂质、碳质页岩和粉砂岩，局部含硅质；北部的永善县、盐津县、威信县含碳质较高，均为灰黑、黑色薄层状含碳质粉砂质页岩，含黄铁矿晶粒，镇雄县南部、昭通市西部地区为白云质粉砂岩、粉砂质页岩夹薄层状泥灰岩、灰岩，含碳质较少，颜色较浅，为灰、深灰、灰黑色。

下仁和桥组岩性特征表现为：分布于保山市、泸水市、凤庆县、施甸县、镇康县一带；岩性主要为灰黑、深灰色泥质、粉砂质、碳质笔石页岩，顶部偶夹泥灰岩透镜体，区域上保山市老尖山一带为紫红、灰色条带状粉砂岩、页岩，泸水市一带为黑色硅质笔石页岩，镇康县一带页岩较少，粉砂岩夹层稍多；厚度以施甸县为中心向南北增厚，施甸县厚 75~232m，保山市、泸水市厚 256~315m，镇康县厚 194~459m。

3. 上志留统玉龙寺组

玉龙寺组岩性特征表现为：主要见于曲靖市、马龙县、沾益县、宜良县一带，元江县有零星分布，以曲靖市之西和西南一带出露最完整；以灰黑、黑色页岩、水云母页岩为主，中部夹泥灰岩、瘤状泥质灰岩，局部呈互层状；厚度以曲靖市城区附近为中心向四周逐渐减薄，变化范围为 183~339m。

4. 上二叠统宣威组（龙潭组）

滇东北分区上二叠统发育较为稳定，在威信－镇雄一带发育长兴组、龙潭组和峨眉山玄武岩，在其他大部分地区发育宣威组和峨眉山玄武岩，本次调查将同时期的长兴组和龙潭组均划入宣威组进行评价。

宣威组岩性特征表现为：分布于丘北县打铁寨、姑祖寨，文山县者黑冲、焦煤厂，富源县余家老厂和威信县等地；呈北东向展布，北厚南薄，厚 29.2~372.39m，南部靠近屏马古陆文山县望城坡，含煤较差，夹硅质岩，厚 33.9m。丘北县姑祖寨一带下部硅质岩夹凝灰质砂岩、粉砂岩和少量生物灰岩，上部为黄、紫红色粉砂岩、硅质岩夹煤，厚 262.7m。富源县余家厂下部为块状灰岩、白云质灰岩，上部为黄绿、深灰色粉砂岩，细砂岩和砂质、碳质、泥质页岩，黏土岩夹灰岩，菱铁矿和 26 层煤，厚 372.39m。

5. 上三叠统干海子组和舍资组（须家河组）

须家河组岩性特征表现为：广泛分布于滇东北地区，在会泽县鲁贝地层厚141m，底部为灰白色中粒长石岩屑砂岩，偶夹煤线，向上为灰黄色石英砂岩、粉砂岩夹粉砂质页岩、碳质页岩，偶夹煤线及劣煤。南至会泽县耳格箐厚 113m，底部为黄棕色石英砂岩夹煤层，向上为黄棕色长石岩屑砂岩与粉砂岩页岩互层。北至永善县鲁溪厚度增至 443m，底部为褐黄色砾岩、粗砂岩，向上为灰黄、黄绿、灰黑色含岩屑石英砂岩、粉砂质页岩夹碳质页岩、煤线等。最北部绥江县、水富县一带，岩性变化不大，厚度增至 574~680m。

舍资组岩性特征表现为：在禄丰县一平浪地区厚 496m，为灰绿、黄绿色砂岩与泥岩交替呈互层，夹碳质页岩，上部常见紫红色泥岩夹层。北至元谋县洒芷，厚度增至 671m。中下部以灰白、黄绿色中粗粒石英砂岩为主，夹少量碳质页岩；上部为灰绿色泥岩与粉砂岩互层。南至峨山县塔甸厚度增至 1596m，由灰黄、灰黑色砂岩、粉砂岩、页岩组成。

干海子组岩性特征表现为：在禄丰县一平浪地区厚为 496m，下部为灰绿、黄绿、灰黑色细砂岩夹页岩、砾岩及多层煤层，上部为灰绿、灰黑色长石石英砂岩夹砾岩、泥岩、碳质页岩。北至元谋县洒芷，厚度增至 777m。中下部以灰白、黄绿色长石石英砂岩及长石砂岩为主，夹含砾砂岩、砾岩，上部以灰绿、灰黑色页岩为主，夹粉砂岩。南至峨山县塔甸厚度减至 252m，下部为浅灰、灰黑色石英砂岩、粉砂岩夹页岩、煤层和煤线，中部为灰黑色页岩夹粉砂岩及含砾砂岩，上部为灰黑色页岩夹粉砂岩。

第二节 重点目标层实测剖面

一、下寒武统筇竹寺组调查

（一）实测剖面概况

下寒武统筇竹寺组野外实测剖面共 21 条，完整见底见顶剖面 5 条。昭通市发育筇竹寺组岩性主要为薄、中厚层黑色碳质页岩、灰黑色钙质页岩间夹灰岩条带，呈竹叶状风化，发育黑色页岩最小厚度为 15m，最大厚度大于 33m；曲靖市发育筇竹寺组岩性为深灰、灰黑色页岩夹薄层灰黄色砂岩、黑色中厚层碳质粉砂岩、薄层泥岩，发育黑色页岩最小厚度为 21m，最大厚度可达 73m；昆明市发育筇竹寺组岩性为深灰、灰黑色页岩夹薄层粉砂岩、灰黑－灰绿色薄层页岩、粉砂岩，发育黑色页岩最小厚度为 18m，最大厚度大于 73m；玉溪市筇竹寺组本次只有一个实测剖面，岩性主要为浅黄、灰绿色粉砂岩、页岩，发育有灰黑、黑色页岩层，发育黑色页岩厚度大于 17.53m。具体剖面信息见表 3-8。

表 3-8 下寒武统筇竹寺组（牛蹄塘组）剖面统计表

剖面地点	剖面编号	起点坐标			终点坐标		
		E	N	H/m	E	N	H/m
昭通市永善县团结乡 ϵ_1q 剖面	ZT	103°52′03″	28°12′11″	615	103°51′36″	28°11′51″	617
昭通市镇雄县蓼叶坝村 ϵ_1n 剖面	ZZ	104°36′17″	27°03′17″	1299	104°36′50″	27°36′50″	1096
昭通市鲁甸县牛栏江边 ϵ_1q 剖面	ZL	103°18′36″	27°01′34″	1172	103°18′40″	27°01′33″	1158
昭通市巧家县坪地村 ϵ_1q 剖面	ZX	103°15′47″	27°05′19″	2177	—	—	—
曲靖市马龙县大庄乡小安南村 ϵ_1q 剖面	II-5-10	103°29′08″	25°18′10″	2010	103°29′17″	25°18′17″	2008
昆明市宜良县九乡拖麦里村 ϵ_1q 剖面	II-5-11	103°20′47″	25°08′24″	1772	103°20′41″	25°08′22″	1810
玉溪市华宁县禄丰村 ϵ_1q 剖面	II-5-14	103°05′25″	24°33′44″	1321	103°05′36″	24°33′45″	1327
玉溪市华宁县青龙乡 ϵ_1q 剖面	I-YLLQ	102°57′06″	24°19′18″	1821	102°57′12″	24°19′18″	1811
昆明市宜良县团山乡 ϵ_1q 剖面	II-5-14	103°07′33″	24°37′01″	1457	103°07′35″	24°36′59″	1448
昆明市西山区棋盘山三家村水库 ϵ_1q 剖面	II-5-16	102°35′37″	25°02′26″	2207	102°35′30″	25°02′38″	2198
昆明市安宁县耳目村 ϵ_1q 剖面	II-5-17	102°26′11″	24°49′01″	1924	102°26′10″	24°48′49″	1913
昆明市西山区团结乡柏枝园 ϵ_1q 剖面	—	102°37′41″	25°06′41″	2120	—	—	—
昆明市东川区石板房村 ϵ_1q 剖面	05-10	103°12′15″	25°54′24″	2599	103°12′12″	25°54′36″	2540
昆明市东川区母夏村 ϵ_1q 剖面	—	103°17′09″	25°55′30″	2344	103°17′09″	25°55′31″	2362
昆明市东川区赖石窝村 ϵ_1q 剖面	III-5-13	103°14′47″	26°04′20″	2117	103°14′39″	26°04′11″	2079
昆明市东川区金牛村 ϵ_1q 剖面	III-5-13	103°16′13″	26°05′50″	2670	103°16′28″	26°05′48″	2653
曲靖市会泽县大海乡老林村 ϵ_1q 剖面	III-5-14	103°13′22″	26°16′36″	3005	103°13′28″	26°16′37″	3069

续表

剖面地点	剖面编号	起点坐标			终点坐标		
		E	N	H/m	E	N	H/m
曲靖市会泽县待补镇箐门村€₁q 剖面	III-5-16	103°21′05″	26°09′32″	2319	103°21′04″	26°09′32″	2311
曲靖会泽县待补镇聂家村€₁q 剖面	III-5-16	103°29′03″	26°12′47″	2371	103°29′06″	26°12′05″	2368
楚雄彝族自治州武定县狮山镇€₁q 剖面	II-PM8	102°22′02″	25°31′41″	2142	—	—	—
楚雄彝族自治州禄劝县普渡镇€₁q 剖面	II-PM9	102°34′59″	25°29′33″	1662	102°34′50″	25°29′43″	1623

（二）剖面特征分述

（1）昭通市永善县团结乡€₁q 剖面（见底未见顶）：位于昭通市永善县团结乡县道旁，见底未见顶。该剖面出露筇竹寺组岩性为薄－中厚层黑色碳质页岩、灰黑色钙质页岩，剖面终点为第四系覆盖，覆盖处局部可见黑、灰黑中厚层粉砂岩夹泥灰岩，剖面中黑色页岩厚 33.99m（图 3-1）。

（a）震旦系灯影组与寒武系筇竹寺组分界　　　（b）筇竹寺组薄层黑色碳质页岩

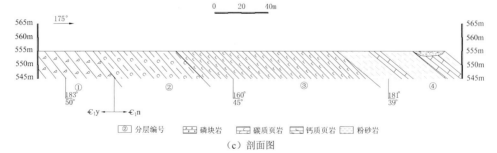

（c）剖面图

图 3-1　昭通市永善县团结乡€₁q 剖面照片及剖面图

（2）昭通市镇雄县蓼叶坝村ϵ_1n剖面（见顶未见底）：位于昭通市镇雄县蓼叶坝村公路旁，见旧铅锌矿址，见顶未见底。该剖面牛蹄塘组（筇竹寺组）薄层灰黑色钙质页岩主要位于下段，上段主要为灰、灰黑色细砂岩、粉砂岩（图3-2），偶见灰岩条带，其中灰黑色页岩22.2m。

（a）下段薄层灰黑色钙质页岩　　　　　　　　（b）上段薄－中厚层灰黑色细砂岩

图3-2　昭通市镇雄县蓼叶坝村ϵ_1n剖面照片

（3）昭通市鲁甸县牛栏江边ϵ_1q剖面（未见顶、底）：位于昭通市鲁甸县牛栏江边公路旁，剖面未见顶、底，终点为第四系覆盖。该剖面出露的筇竹寺组岩性主要为薄－中厚层黑色钙质页岩夹灰岩条带，呈竹叶状风化（图 3-3），向上发育的灰岩条带逐渐减少，页岩厚度有所减薄，其中黑色页岩厚23.92m。

（4）昭通市巧家县新店乡坪地村ϵ_1q剖面（见底未见顶）：位于昭通市巧家县新店乡坪地村路旁，见底未见顶。筇竹寺组岩性为薄层碳质页岩，表面风化成土黄色，可见球状风化，但新鲜断面可见薄层碳质页岩，易染手（图 3-4），其中黑色页岩厚6.65m。

（a）钙质页岩竹叶状风化　　　　　　　　　　（b）薄－中厚层黑色钙质页岩

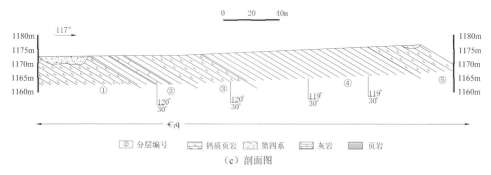

図中图例：②分层编号　钙质页岩　第四系　灰岩　页岩

（c）剖面图

图3-3　昭通市鲁甸县牛栏江边€₁q剖面照片及剖面图

（a）黑色碳质页岩（风化）　　　　　　　（b）黑色碳质页岩（易染手）

图中图例：②分层编号　白云岩　白云质灰岩　泥质灰岩　白云质砾块岩　粉砂岩　石英砂岩　页岩　粉砂质页岩　钙质灰岩　碳质页岩　泥岩

（c）剖面图

图3-4　昭通市巧家县新店乡坪地村€₁q剖面照片及剖面图

（5）曲靖市马龙县大庄乡小安南村€₁q剖面（见底未见顶）：位于曲靖市马龙县大庄乡小安南村田野路边，剖面见底未见顶。剖面出露筇竹寺组为深灰、灰黑色页岩夹薄层灰黄色砂岩（图3-5），局部覆盖，其中灰黑色页岩厚21.41m。

（6）昆明市宜良县九乡拖麦里村€₁q剖面（完整）：位于昆明市宜良县九乡拖麦里村路旁，剖面见底见顶。该剖面出露筇竹寺组岩性为深灰、灰黑色页岩，夹薄层粉砂岩（图3-6），风化表面为土黄色，挖开新鲜断面可见黑色页岩，剖面终点第四系覆盖，黑色页岩厚35.51m。

（a）筇竹寺组地层出露

（b）筇竹寺组黑色页岩

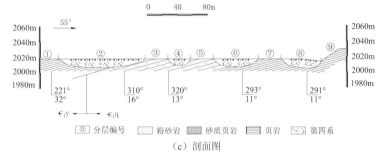

（c）剖面图

图 3-5 曲靖市马龙县大庄乡小安南村$\epsilon_1 q$ 剖面照片及剖面图

（a）筇竹寺组黑色页岩

（b）黑色页岩夹薄层粉砂岩

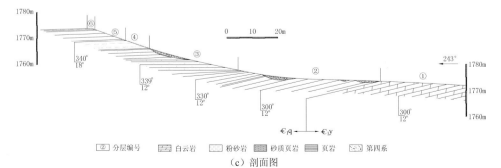

（c）剖面图

图 3-6 昆明市宜良县九乡拖麦里村$\epsilon_1 q$ 剖面照片及剖面图

（7）玉溪市华宁县禄丰村ϵ_1q剖面（未见顶、底）：位于玉溪市华宁县禄丰村公路旁，剖面未见顶、底。剖面出露筇竹寺组岩性为浅黄、灰绿色粉砂岩、页岩，发育有灰黑、黑色页岩层（图 3-7），剖面终点为第四系覆盖，黑色页岩厚17.53m。

（a）筇竹寺组灰黑色页岩　　　　　　　　　　（b）筇竹寺组新鲜断面

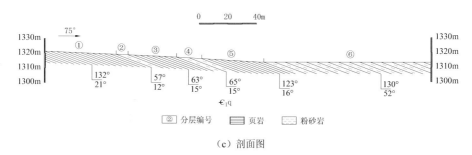

（c）剖面图

图 3-7　玉溪市华宁县禄丰村ϵ_1q剖面照片及剖面图

（8）玉溪市华宁县青龙乡ϵ_1q剖面（未见顶、底）：位于玉溪市华宁县青龙乡，剖面未见顶、底。剖面出露筇竹寺组岩性为浅黄、灰绿色粉砂岩、页岩，发育有灰黑、黑色页岩层，剖面总长84m，其中黑色页岩厚57m。

（9）昆明市宜良县团山乡ϵ_1q剖面（未见顶、底）：位于昆明市宜良县团山乡公路旁，剖面未见顶、底。该剖面出露筇竹寺组岩性为灰绿、灰黑、黑色薄层页岩（图 3-8），其中黑色页岩厚23.97m。

（10）昆明市西山区棋盘山三家村水库ϵ_1q剖面（见顶未见底）：位于昆明市西山区棋盘山三家村水库公路旁，剖面见顶未见底。该剖面出露筇竹寺组岩性为灰黑色薄层页岩，灰黑、灰绿色粉砂岩，剖面遇到断层，见挤压揉皱现象。剖面筇竹寺组黑色页岩厚66.82m（图 3-9）。

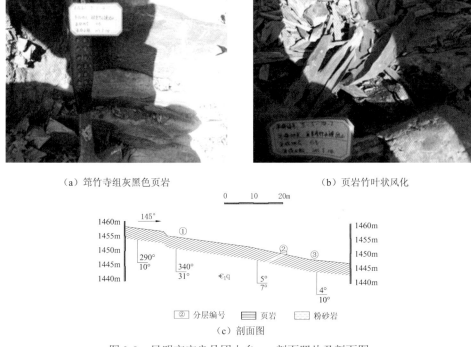

（a）筇竹寺组灰黑色页岩　　　　　　　　　　　　（b）页岩竹叶状风化

（c）剖面图

图 3-8　昆明市宜良县团山乡$\epsilon_1 q$剖面照片及剖面图

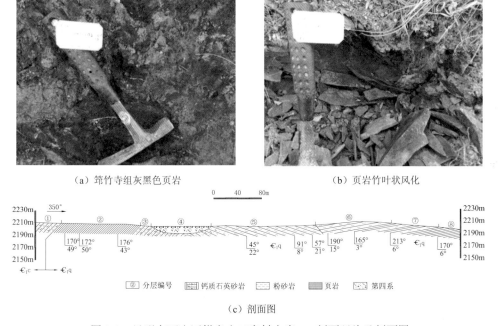

（a）筇竹寺组灰黑色页岩　　　　　　　　　　　　（b）页岩竹叶状风化

（c）剖面图

图 3-9　昆明市西山区棋盘山三家村水库$\epsilon_1 q$剖面照片及剖面图

（11）昆明市安宁县耳目村$\text{\Cambrian}_1q$剖面（完整）：位于昆明市安宁县耳目村山坡公路旁，剖面见顶见底。该剖面出露筇竹寺组岩性为灰绿、紫红色页岩、粉砂质页岩，发育灰黑色页岩层，见三叶虫及腕足类化石（图3-10），其中灰黑色页岩厚18.14m。

（a）三叶虫化石　　　　　　　　　　（b）筇竹寺组灰黑色页岩

（c）剖面图

图3-10　昆明市安宁县耳目村$\text{\Cambrian}_1q$剖面照片及剖面图

（12）昆明市西山区团结乡柏枝园$\text{\Cambrian}_1q$剖面（未见顶、底）：位于昆明市西山区团结乡柏枝园公路旁，为寒武系标准剖面。出露筇竹寺组灰黑色页岩厚25.5m，剖面前段岩性为灰绿、紫红色页岩，剖面后段岩性为灰黑色页岩夹薄层粉砂岩，剖面为在修公路，破坏严重（图3-11）。

（13）昆明市东川区石板房村$\text{\Cambrian}_1q$剖面（见底未见顶）：位于昆明市东川区石板房村盘山公路旁，顶部追索未见分界标志。剖面出露地层厚100.46m，页岩厚73.39m，见底未见顶；剖面为直立剖面，下部白云岩及白云质灰岩较为发育，向上发育厚层黑色页岩。

（a）剖面风化、破坏严重　　　　　　　　　（b）筇竹寺组灰黑色页岩

图 3-11　昆明市西山区团结乡柏枝园$\epsilon_1 q$剖面照片

（14）昆明市东川区母戛村$\epsilon_1 q$剖面（未见顶、底）：位于昆明市东川区母戛村，追索剖面顶、底未寻找到分界标志，但在该区有两个磷矿。剖面出露地层厚 43.93m，页岩厚 10.46m，局部页岩出露极好，灰黄色页岩、灰黑色泥质粉砂岩互层，风化严重，极为破碎（图 3-12）。

（a）实测剖面出露破碎的黑色泥页岩　　　　　　（b）剖面出露情况

图 3-12　昆明市东川区母戛村$\epsilon_1 q$剖面照片

（15）昆明市东川区赖石窝村$\epsilon_1 q$剖面（未见顶、底）：位于东川区赖石窝村，未见筇竹寺组顶、底分界，但出露的黑色泥页岩较好（图 3-13），属定点采样剖面，未详细实测。

（16）昆明市东川区金牛村$\epsilon_1 q$剖面（完整）：位于昆明市东川区金牛村，实测剖面出露情况好，见顶见底。剖面出露筇竹寺组岩性为黑色碳质泥岩及黑色粉砂岩，其中黑色页岩厚 65.99m（图 3-14）。

（a）实测采样点，表面风化为土黄色　　　　　　　　（b）实测剖面出露情况

图 3-13　昆明市东川区赖石窝村$\in_1$q 剖面照片

（a）剖面实测段情况　　　　　（b）黑色碳质泥岩　　　　　（c）下部磷质条带

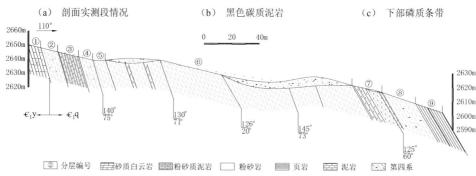

（d）剖面图

图 3-14　昆明市东川区金牛村$\in_1$q 剖面照片及剖面图

（17）曲靖市会泽县大海乡老林村$\in_1$q 剖面（完整）：位于会泽县大海乡老林村盘山公路附近，见底见顶。剖面出露筇竹寺组以灰黑色粉砂岩、泥质粉砂岩为主（图 3-15），中段发育不规则分布的泥煤，下段为磷矿条带及泥灰岩互层，岩石硬度很高，风化不明显，其中黑色页岩厚 73.48m。

（18）曲靖市会泽县待补镇箐门村$\in_1$q 剖面（未见顶、底）：位于会泽县待补镇箐门村，未见顶、底，出露筇竹寺组岩性主要为黑色中厚层碳质粉砂岩、薄层泥岩、黑色含砂质泥岩、灰绿色页岩等（图 3-16），其中页岩厚 5m。

（a）剖面出露黑色页岩　　　　　　　　　　（b）风化为碎块状页岩

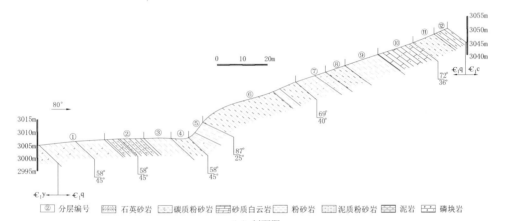

（c）剖面图

图 3-15　曲靖市会泽县大海乡老林村$\in_1 q$剖面照片及剖面图

（a）风化为土黄色的页岩　　　　　　　　（b）风化为碎片状、竹叶状页岩

图 3-16　曲靖市会泽县待补镇箐门村$\in_1 q$剖面照片

（19）曲靖市会泽县待补镇聂家村$\in_1 q$剖面（见底疑见顶）：位于会泽县待补镇聂家村，在盘山公路一侧，剖面总体出露情况较好，见底疑见顶，出露地层厚 77.93m，页岩厚 58.61m，底部白云岩、磷矿条带、暗色泥页岩，向上页岩层发育（图 3-17）。

（a）风化为土黄色的页岩　　　　　　（b）风化为碎片状、竹叶状页岩

②分层编号　泥质白云岩　粉砂质白云岩　粉砂岩　泥质粉砂岩　碳质粉砂岩　第四系

（c）剖面图

图3-17　曲靖市会泽县待补镇聂家村$\in_1 q$剖面照片及剖面图

（20）楚雄彝族自治州武定县狮山镇$\in_1 q$剖面（未见顶、底）：位于楚雄彝族自治州武定县狮山镇，剖面总体出露情况较好，未见顶、底，出露地层厚28.9m，页岩厚17.83m，岩性主要为黑色中厚层碳质粉砂岩、薄层泥岩、黑色含砂质泥岩、灰绿色页岩等。

（21）楚雄彝族自治州禄劝县普渡镇$\in_1 q$剖面（见顶、底）：位于楚雄彝族自治州禄劝县普渡镇六合村公所，剖面总体出露情况较好，见顶、底，剖面出露地层厚268.24m，页岩厚42.28m，岩性主要为黑色中厚层碳质粉砂岩、薄层泥岩、黑色含砂质泥岩、灰绿色页岩等（图3-18）。

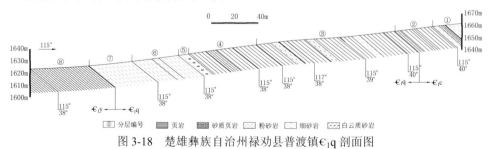

②分层编号　页岩　砂质页岩　粉砂岩　细砂岩　白云质砂岩

图3-18　楚雄彝族自治州禄劝县普渡镇$\in_1 q$剖面图

二、下志留统龙马溪组调查

（一）野外实测剖面

下志留统龙马溪组野外实测剖面共有 3 条，其中完整见底见顶剖面 1 条。位于昭通市的龙马溪组岩性为：下段为黑色钙质页岩、碳质页岩，富含笔石化石，笔石多为细长形态，可见弯曲耙笔石；中上段主要为灰绿色钙质页岩、粉砂质页岩、灰黑色泥灰岩，笔石化石含量渐少，分布稀疏，笔石形态长短不一。发育黑色页岩厚度最小为 16m，最大厚度可达 80m。

下仁和桥组共有剖面 8 条，其中完整见底见顶剖面 3 条，采样 58 件，照片 97 张。位于临沧市的下仁和桥组岩性为黑色页岩，发育黑色页岩厚度最大大于 97m。位于保山市的下仁和桥组岩性为黑色页岩，发育黑色页岩厚度最大大于 54m。位于六库市的下仁和桥组岩性为黑色页岩，发育黑色页岩厚度最大大于 126m。位于芒市的下仁和桥组岩性为黑色页岩，发育黑色页岩厚 38m。具体剖面见表 3-9。

表 3-9　下志留统龙马溪组（下仁和桥组）剖面统计表

剖面地点	剖面编号	起点坐标			终点坐标		
		E	N	H/m	E	N	H/m
昭通市永善县殷家湾村 S_1l 剖面	ZM	103°38′01″	27°59′12″	1811	103°38′05″	27°58′58″	1871
昭通市盐津县豆沙关柿子乡 S_1l 剖面	ZY	104°13′17″	27°57′35″	647	104°13′24″	27°57′24″	611
昭通市大关县墨翰乡 S_1l 剖面	ZDg	103°44′56″	27°49′07″	1101	103°45′07″	27°49′05″	1090
临沧市镇康县勐堆乡 S_1r 剖面	I-LM-1	98°53′31″	23°55′10″	927.8	98°53′34″	23°55′14″	931
保山市施甸县姚关乡水平村 S_1r 剖面	I-BSP-1	99°18′16″	24°35′14″	1736.9	99°18′19″	24°35′51″	1727
怒江傈僳族自治州老窝乡 S_1r 剖面	I-NL-1	98°58′04″	25°51′46″	1124.1	98°58′09″	25°51′48″	1125
保山市施甸县仁和乡保场村 S_1r 剖面	I-BRH-1	99°09′23″	24°46′39″	1563.7	99°09′03″	24°46′37″	1554
保山市杨柳乡新寨村 S_1r 剖面	I-BX-1	99°02′27″	25°09′36″	2262.2	99°02′20″	25°09′31″	2263
云南省芒市厂河寨 S_1r 剖面	I-MCH-1	98°38′45″	24°28′18″	1166.3	98°38′43″	24°28′20″	1186
保山市施甸县菖蒲塘村 S_1r 剖面	I-BC-1	99°08′57″	24°39′14″	2073.3	—	—	—
临沧市永德县勐板乡 S_1r 剖面	I-LMB-1	99°09′32″	24°04′40″	1214.3	99°09′29″	24°04′40″	1203

（二）剖面特征分述

（1）昭通市永善县黄华镇殷家湾村 S_1l 剖面（完整剖面）：位于云南省昭通市永善县黄华镇殷家湾村，剖面沿公路边，见底见顶，间有第四系覆盖。该剖面出露龙马溪组下段岩性为黑色钙质页岩、碳质页岩，富含笔石化石，笔石多为细长形态，可见弯曲耙笔石；中上段主要为灰绿色钙质页岩、粉砂质页岩，笔石化石含量渐少，分布稀疏，笔石形态长短不一，其中黑色页岩厚 80.95m（图 3-19）。

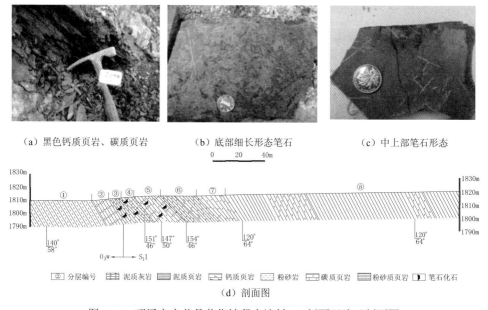

（a）黑色钙质页岩、碳质页岩　　　（b）底部细长形态笔石　　　（c）中上部笔石形态

（d）剖面图

图 3-19　昭通市永善县黄华镇殷家湾村 S_1l 剖面照片及剖面图

（2）昭通市盐津县豆沙关镇柿子乡 S_1l 剖面（见底未见顶）：位于昭通市盐津县豆沙关镇柿子乡公路旁，见底未见顶。剖面中龙马溪组出露厚度为 173.44m，其中黑色页岩厚 41.45m。龙马溪组中上段岩性主要为厚层灰黑色泥灰岩，下段岩性主要为中—厚层灰黑色页岩，间夹灰岩透镜体，植被覆盖较严重（图 3-20）。

（a）龙马溪组下段灰黑色页岩　　　（b）下段页岩间夹透镜体　　　（c）中上段厚层灰黑色泥灰岩

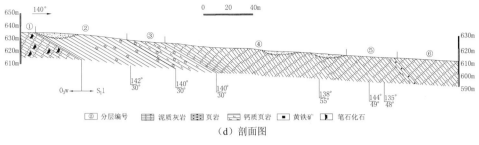

图 3-20　昭通市盐津县豆沙关镇柿子乡 S_1l 剖面照片及剖面图

（3）昭通市大关县墨翰乡 S_1l 剖面（见顶未见底）：位于昭通市大关县墨翰乡公路旁，风化严重，见顶未见底。该剖面出露龙马溪组主要为薄层黑色页岩，风化严重，表面风化成土黄色，间有碎石及第四系覆盖，顶部夹薄层灰岩条带（图 3-21），灰岩条带逐渐增多，其中黑色页岩厚度为 16.38m。

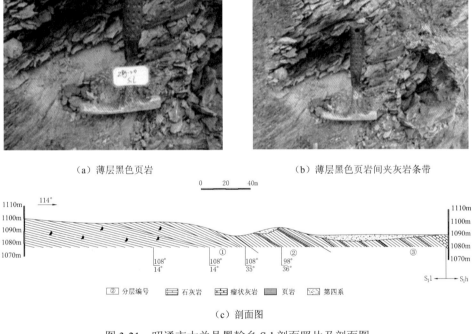

图 3-21　昭通市大关县墨翰乡 S_1l 剖面照片及剖面图

（4）临沧市镇康县勐堆乡 S_1r 剖面（未见顶、底）：位于临沧市镇康县勐堆乡公路旁，剖面未见顶、底。剖面下仁和桥组地层出露厚 97.24m，其中黑色页岩厚 97.24m（图 3-22）。

（a）下仁和桥组黑色页岩　　　　　　　　　　（b）下仁和桥组黑色页岩

图 3-22　临沧市镇康县勐堆乡 S_1r 剖面照片

（5）保山市施甸县姚关乡水平村 S_1r 剖面（完整）：位于保山市施甸县姚关乡水平村土路旁，剖面见顶见底。剖面下仁和桥组地层出露厚 37.62m，其中黑色页岩厚 37.62m（图 3-23）。

（a）下仁和桥组黑色页岩新鲜断面　　　　　　（b）下仁和桥组黑色页岩表面风化

图 3-23　保山市施甸县姚关乡水平村 S_1r 剖面照片

（6）怒江傈僳族自治州老窝乡 S_1r 剖面（见底未见顶）：位于怒江傈僳族自治州老窝乡公路旁，剖面见底未见顶。剖面下仁和桥组地层出露厚 126.31m，其中黑色页岩厚 126.31m。剖面底部含笔石化石，为黑色笔石页岩，局部被第四系覆盖（图 3-24）。

（7）保山市施甸县仁和乡保场村 S_1r 剖面（未见顶、底）：位于保山市施甸县仁和乡保场村墓地旁，剖面未见顶、底。剖面下仁和桥组地层出露厚 103.72m，剖面本为黑色页岩，但严重风化，呈现浅灰白色（图 3-25）。

（a）下仁和桥组黑色页岩新鲜断面　　　　　　（b）下仁和桥组黑色页岩表面风化

图 3-24　六库市怒江傈僳族自治州老窝乡 S_1r 剖面照片

（a）下仁和桥组黑色页岩严重风化　　　　　　　（b）下仁和桥组黑色页岩

图 3-25　保山市施甸县仁和乡保场村 S_1r 剖面照片

（8）保山市杨柳乡新寨村 S_1r 剖面（完整）：位于保山市杨柳乡新寨村公路旁边，剖面见顶见底。剖面中下仁和桥组地层出露厚 76.7m，其中黑色页岩厚 54.8m（图 3-26）。

（a）下仁和桥组黑色页岩　　　　　　　　　（b）下仁和桥组黑色页岩表面风化

图 3-26　保山市杨柳乡新寨村 S_1r 剖面照片

（9）云南省芒市厂河寨 S_1r 剖面（完整）：位于云南省芒市厂河寨，剖面见顶见底。剖面中下仁和桥组地层出露厚 38.81m，其中黑色页岩厚 38.81m（图 3-27）。

　　　（a）下仁和桥组黑色页岩　　　　　　　　　（b）下仁和桥组黑色页岩含笔石化石

图 3-27　云南省芒市厂河寨 S_1r 剖面照片

（10）保山市施甸县菖蒲塘村 S_1r 剖面（见顶未见底）：位于保山市施甸县菖蒲塘村土路旁，剖面见顶未见底。剖面中下仁和桥组地层出露厚 75.87m，其中黑色页岩厚 26.59m（图 3-28）。

　　　（a）下仁和桥组黑色页岩　　　　　　　　　　　（b）下仁和桥组黑色页岩

图 3-28　云南省芒市厂河寨 S_1r 剖面照片

（11）临沧市永德县勐板乡 S_1r 剖面（见底未见顶）：位于临沧市永德县勐板乡公路旁，剖面见底未见顶。剖面中下仁和桥组地层出露厚 32.23m。剖面局部含笔石化石，且局部被第四系覆盖（图 3-29）。

（a）下仁和桥组页岩表面风化　　　　　　　（b）下仁和桥组黑色页岩中笔石化石

图 3-29　临沧市永德县勐板乡 S_1r 剖面照片

三、上志留统玉龙寺组调查

（一）野外实测剖面

上志留统玉龙寺组野外实测剖面共有 7 条，其中完整见底见顶剖面 3 条。位于曲靖市的玉龙寺组岩性顶、底皆为黑色薄层易剥页岩，含三叶虫化石，中段为黑色薄层钙质页岩间夹灰岩条带，并发育有灰岩透镜体，富含腕足类化石。发育黑色页岩厚度最小为 20m，最大厚度大于 57m，位于昆明市的玉龙寺组岩性为灰黑、黑色页岩，呈竹叶状风化，岩石表面可见方解石填充裂隙，黑色页岩厚度达 52m。玉龙寺组剖面详细信息如表 3-10 所示。

表 3-10　上志留统玉龙寺组剖面统计表

剖面地点	剖面编号	起点坐标			终点坐标		
		E	N	H/m	E	N	H/m
曲靖市沾益县水冲村 S_3y 剖面	4-30	103°42′51″	25°47′01″	2085	103°43′48″	25°46′59″	—
曲靖市沾益县麻拉乡 S_3y 剖面	QM	103°33′15″	25°39′02″	2053	103°33′24″	25°38′51″	2085
曲靖市面店村 S_3y 剖面	5-02	103°41′43″	25°28′42″	2002	103°41′44″	25°28′43″	2039
曲靖市马龙县王家庄镇 S_3y 剖面	QWJZ	103°27′42″	25°29′31″	2144	103°27′42″	25°29′23″	2075
曲靖市马龙县马过河镇 S_3y 剖面	QMGH	103°27′21″	25°27′21″	1907	103°23′21″	25°27′17″	1908
曲靖市马龙县小龙井村 S_3y 剖面	5-04	103°34′17″	25°31′11″	2012	103°34′12″	25°31′06″	2048
昆明市宜良县新工业园区 S_3y 剖面	II-5-12、II-5-13	103°12′05″	25°00′13″	1642	103°11′28″	25°00′22″	1582

（二）剖面分述特征

（1）曲靖市沾益县水冲村 S_3y 剖面（完整）：位于曲靖市沾益县菱角乡水冲村公路旁，剖面见顶见底。该剖面玉龙寺组顶、底皆为黑色薄层易剥页岩，含三叶虫化石，中段为黑色薄层钙质页岩间夹灰岩条带，并发育有灰岩透镜体，富含腕足类化石，局部被第四系覆盖，其中黑色页岩厚 38.3m（图 3-30）。

（a）玉龙寺组黑色钙质页岩夹灰岩透镜体　　　　（b）玉龙寺组页岩富含腕足类化石

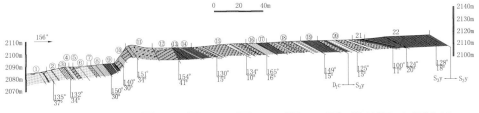

（c）剖面图

图 3-30　曲靖市沾益县水冲村 S_3y 剖面照片及剖面图

（2）曲靖市沾益县麻拉乡 S_3y 剖面（完整）：位于曲靖市沾益县麻拉乡章西村公路旁，剖面见顶见底。该剖面玉龙寺组岩性为黑色薄层页岩，局部被第四系覆盖，其中玉龙寺组黑色页岩厚 29.31m（图 3-31）。

（3）曲靖市面店村 S_3y 剖面（未见顶、底）：位于曲靖市面店村面店坡公路旁，未见顶、底。剖面地层出露厚度为 22.6m，全为黑色薄层钙质页岩。该剖面玉龙寺组岩性为黑色薄层钙质页岩夹灰岩条带，表面见球状风化，岩石风化表面呈灰黑色（图 3-32）。

（a）玉龙寺组地层出露　　　　　　　　　（b）玉龙寺组黑色薄层页岩

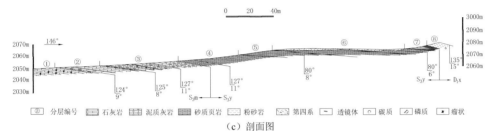

（c）剖面图

图 3-31　曲靖市沾益县麻拉乡 S_3y 剖面照片及剖面图

（a）地层平缓，间夹灰岩条带　　　　　　　（b）玉龙寺组黑色钙质页岩

图 3-32　曲靖市面店村 S_3y 剖面照片

（4）曲靖市马龙县王家庄镇 S_3y 剖面（未见顶、底）：位于曲靖市马龙县王家庄镇山坡上，剖面未见顶、底。剖面玉龙寺组出露黑色页岩厚度为 26.27m，玉龙寺组岩性为黑色薄层页岩，呈竹叶状风化，风化表面岩石较碎（图 3-33）。

|（a）剖面出露情况|（b）玉龙寺组黑色页岩|

图 3-33　曲靖市马龙县王家庄镇 S_3y 剖面照片

（5）曲靖市马龙县马过河镇 S_3y 剖面（见底未见顶）：位于曲靖市马龙县马过河镇公路旁，剖面见底未见顶。剖面出露地层中玉龙寺组黑色页岩厚度为57.89m，该剖面玉龙寺组岩性为灰黑色薄层页岩，底部岩石受挤压可见揉皱现象（图 3-34）。

|（a）玉龙寺组黑色薄层页岩|（b）玉龙寺组底部地层挤压变形|

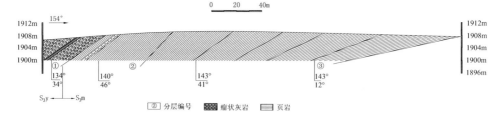

（c）剖面图

图 3-34　曲靖市马龙县马过河镇 S_3y 剖面照片及剖面图

（6）曲靖市马龙县小龙井村 S_3y 剖面（见顶未见底）：位于曲靖市马龙县小龙井村路旁山坡，剖面见顶未见底。剖面出露玉龙寺组地层厚为 30.4m，其中黑色页岩厚 20.44m。该剖面玉龙寺组岩性为灰黑色薄层钙质页岩，表面风化严重，呈土黄色，地表覆盖严重（图 3-35）。

　　　（a）玉龙寺组灰黑色页岩　　　　　　　　（b）表面风化呈土黄色

图 3-35　曲靖市马龙县小龙井村 S_3y 剖面照片

（7）昆明市宜良县新工业园区 S_3y 剖面（完整）：位于昆明市宜良县新工业园区公路旁，见底见顶。剖面出露玉龙寺组黑色页岩厚度为 52.67m，该剖面玉龙寺组岩性为灰黑、黑色页岩，呈竹叶状风化，岩石表面可见方解石填充裂隙，局部覆盖第四系及人工碎土（图 3-36）。

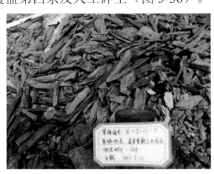

　（a）玉龙寺组黑色页岩竹叶状风化　　　　　（b）黑色页岩中瓣鳃类化石

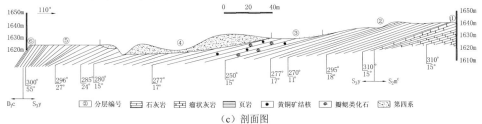

（c）剖面图

图 3-36　昆明市宜良县新工业园区 S_3y 剖面照片及剖面图

四、上三叠统调查

（一）野外实测剖面

上三叠统野外实测剖面共有 9 条。位于楚雄彝族自治州的干海子组岩性主要为黑色页岩夹石英砂岩，发育黑色页岩厚度大于 60m；位于楚雄彝族自治州的马鞍山组岩性主要为黑色页岩，发育黑色页岩厚度大于 160m；位于大理白族自治州的麦初箐组岩性上下段以黑色页岩为主，中段发育厚层灰岩，发育黑色页岩大于 136m；位于丽江市的松桂组岩性主要为浅灰色石英砂岩与黑色页岩互层，夹碳质泥岩，发育黑色页岩厚度大于 30m。具体剖面信息见表 3-11。

表 3-11　上三叠统野外剖面统计表

剖面地点	剖面编号	起始坐标			终点坐标		
		E	N	H/m	E	N	H/m
楚雄彝族自治州双柏县绿汁江 T_3g 剖面	I-LZJ-1	101°32′36″	24°14′26″	598	101°32′33″	24°14′23″	600
楚雄彝族自治州双柏县西舍路 T_3m 剖面（马鞍山组）	I-CXSL-1	101°04′16″	24°39′43″	1285	101°04′29″	24°39′41″	1292
大理白族自治州南涧县一街河岔口 T_3m 剖面（麦初箐组）	I-DSL-1	100°44′34″	25°05′52″	1289	100°44′13″	25°05′53″	1295
丽江市宁蒗县朱家村 T_3sn 剖面	I-LZJ-1	100°42′51″	27°10′59″	2624	100°42′39″	27°10′43″	2651
玉溪市新平县嘎洒镇 T_3g 剖面（干海子组）	I-YGS	101°36′32″	24°01′05″	514.9	101°36′55″	24°01′03″	518.7
普洱市墨江县坝溜乡 T_3l 剖面（路马组）	I-PMTL	101°48′32″	23°04′59″	1766.4	101°48′31″	23°05′03″	1775.1
玉溪市新平县大开门乡 T_3g 剖面（干海子组）	I-YDKM	102°11′12″	24°01′52″	1093.2	102°11′15″	24°01′49″	1080.4
曲靖市罗平县长底乡 T_3h 剖面（火把冲组）	IV-LXT	104°33′17″	25°01′45″	1383	104°33′17″	25°01′43″	1388
曲靖市开远县果口乡 T_3h 剖面（火把冲组）	IV-KGT	103°22′42″	23°42′02″	1805	103°22′45″	23°42′02″	1780

（二）剖面特征分述

（1）楚雄彝族自治州双柏县绿汁江 T_3g 剖面（未见顶、底）：位于楚雄彝族自治州双柏县绿汁江与礼社江交汇处，发育地层为三叠系上统干海子组，剖面未见顶、底，出露地层厚 80.36m，黑色页岩厚 60.87m，岩性主要为黑色页岩夹石英砂岩（图 3-37）。

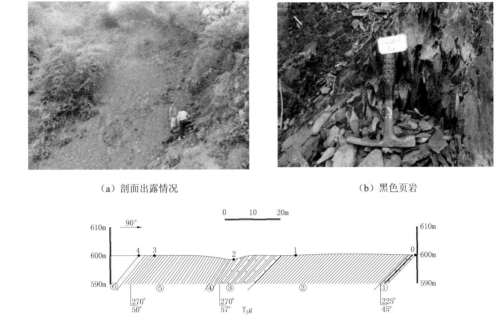

（a）剖面出露情况　　　　　　　　　　　　　　　　　（b）黑色页岩

图 3-37　楚雄彝族自治州双柏县绿汁江 T₃g 剖面照片及剖面图

（2）楚雄彝族自治州双柏县西舍路 T₃m 剖面（见底未见顶）：位于楚雄彝族自治州双柏县西舍路，发育地层为三叠系上统马鞍山组，剖面见底界分界灰岩，未见顶界，出露地层厚 163.56m，黑色页岩厚 160.76m，剖面部分被第四系覆盖（图 3-38）。

（a）剖面出露黑色页岩　　　　　　　　　　　　　（b）剖面出露黑色页岩

图 3-38　楚雄彝族自治州双柏县西舍路 T₃m 剖面照片

（3）大理白族自治州南涧县一街河岔口 T_3m 剖面（未见顶、底）：位于大理白族自治州南涧县一街河岔口，发育地层为三叠系上统云南驿组（麦初箐组），剖面未见顶、底，出露地层厚 318.58m，黑色页岩厚 136.56m，上、下段以黑色页岩为主，中段发育厚层灰岩（图 3-39）。

（a）剖面出露情况　　　　　　　　　　　　　（b）富集的生物化石

图 3-39　大理白族自治州南涧县一街河岔口 T_3m 剖面照片

（4）丽江市宁蒗县朱家村 T_3sn 剖面（未见顶、底）：位于丽江市宁蒗县朱家村，发育地层为三叠系上统松桂组，未见顶、底，出露地层厚 243.90m，黑色页岩厚度大于 30m，主要为浅灰色石英砂岩与黑色页岩互层，夹碳质泥岩（图 3-40）。

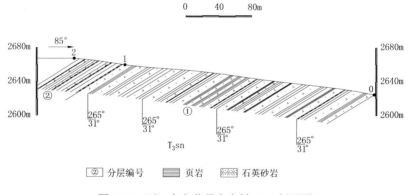

图 3-40　丽江市宁蒗县朱家村 T_3sn 剖面图

（5）玉溪市新平县嘎洒镇 T_3g 剖面：位于玉溪市新平县嘎洒镇，发育地层为三叠系上统干海子组，剖面出露不全，出露地层厚 72.26m，黑色页岩厚 32.69m，岩性主要为黑色页岩夹石英砂岩。

（6）普洱市墨江县坝溜乡 T_3l 剖面：位于普洱市墨江县坝溜乡，发育地层为三叠系上统路马组，剖面出露不全，出露地层厚度 50.86m，黑色页岩厚 31.79m，岩性主要为黑色页岩。

（7）玉溪市新平县大开门乡 T$_3$g 剖面：位于玉溪市新平县大开门乡，发育地层为三叠系上统干海子组，剖面出露不全，出露地层厚 61.96m，黑色页岩厚 37.93m，岩性主要为黑色页岩夹石英砂岩。

（8）曲靖市罗平县长底乡 T$_3$h 剖面：位于曲靖市罗平县长底乡，发育地层为三叠系上统火把冲组，剖面出露不全，出露地层厚 55.72m，黑色页岩厚 9.49m。

（9）曲靖市开远县果口乡 T$_3$h 剖面：位于曲靖市开远县果口乡，发育地层为三叠系上统火把冲组，剖面出露不全，出露地层厚 47.14m，黑色页岩厚 25.29m，岩性以灰黑色页岩为主。

第三节　钻探工程

钻井工程以滇东下寒武统筇竹寺组和上二叠统长兴组与龙潭组、滇中上三叠统干海子组及舍资组（须家河组）、滇西下仁和桥组等富有机质泥页岩层为重点层位展开。共施工调查井 12 口（表 3-12）。其中曲地 1 井、曲地 2 井、曲地 4 井、曲地 5 井、曲地 6 井、曲地 7 井由华能澜沧江水电有限公司投资；炎方页 1 井由云南省能源投资集团有限公司投资；马页 1 井由北京资丰域博能源投资管理有限公司投资；曲页 1 井属于中国地质调查局油气资源调查中心在云南实施的页岩气地质调查井。

表 3-12　云南页岩气资源调查评价施工钻井一览表

孔号	开孔层段	终孔层段	井深/m	目的层
ZK2	沧浪铺组（$\in_1$c）	渔户村组（$\in_1$y）	210.66	筇竹寺组（$\in_1$q）
YYQ1	第四系（Q）	灯影组（Zz$_2$dn）	162.10	筇竹寺组（$\in_1$q）
YYQ3	舍资组（T$_3$s）	普家村组（T$_3$p）	501.10	干海子组（T$_3$g）
YYQ4	志留系上统（S$_3$）	上蒲缥组（O$_3$p）	478.02	下仁和桥组（S$_1$r）
ZK204	第四系（Q）	玄武岩（P$_2$β）	702.73	长兴组（P$_3$ch）、龙潭组（P$_2$l）
曲地 1 井	沧浪铺组（$\in_1$c）	灯影组（Zz$_2$dn）	1308.88	筇竹寺组（$\in_1$q）
曲地 2 井	下西山村组（D$_1$x）	妙高组（S$_3$m）	335.85	玉龙寺组（S$_3$y）
曲地 4 井	沧浪铺组（$\in_1$c）	灯影组（Zz$_2$dn）	202.95	筇竹寺组（$\in_1$q）
曲地 5 井	宰格组（D$_3$zg）	渔户村组（$\in_1$y）	963.46	筇竹寺组（$\in_1$q）
曲地 6 井	第四系（Q）	灯影组（Zz$_2$dn）	421.47	筇竹寺组（$\in_1$q）
曲地 7 井	筇竹寺组（$\in_1$q）	渔户村组（$\in_1$y）	553.40	筇竹寺组（$\in_1$q）
炎方页 1 井	第四系（Q）	黄龙组（C$_2$hn）	302.57	梁山组（P$_1$l）

ZK2 井，位于曲靖市麒麟区三宝镇温泉村；坐标 103°50′29″E， 25°23′20″N；构造位置在上扬子地层分区滇东台褶带弥勒－师宗断裂北部，与沾益－马龙页岩气勘查区属同一海相沉积体系。ZK2 井于 2013 年 8 月 8 日开钻，开孔层段为下寒武统沧浪铺组，终孔层段为下寒武统渔户村组，目标钻取岩心为下寒武统筇竹寺组，孔深为 210.66m，取心 144.94m（图 3-41）。钻井实施中，随钻气测录井资料见多处气显现象，并经过含气量测试分析，证明目标层筇竹寺组存在页岩气。

图 3-41　ZK2 钻井施工及钻取岩心照片

YYQ1 井，位于昭通市巧家县新店乡坪地村马路社附近；坐标：103°15′55″E，27°06′09″N，H=1940.442m；构造上处于扬子陆块南部被动边缘褶-冲带，威宁－昭通褶-冲带中部。开孔层位为第四系，目的层为筇竹寺组，终孔层位为灯影组。筇竹寺组埋深介于 7.90~18.10m，地层倾角介于 10°~11°，平均为 11°，发育泥中砂岩、页岩、粉砂岩、细砂岩等，岩层中节理较为发育，地层视厚为 10.20m，真厚度 10.04m。暗色泥页岩视厚为 10.20m，真厚度为 10.04m。该井由于钻遇断层，未能达到很好的预定目的，未进行测井。

YYQ3 井，位于云南省玉溪市塔甸镇；坐标： 102°06′54″E， 24°12′55″N，H=1769.534m。目的层为舍资组及干海子组；干海子组埋深介于 158.10~483.20m，地层倾角介于 21°~49°，平均为 29°，钻井揭示岩性上段为灰黑色含炭粉砂质泥岩、细砂岩、含炭泥岩、薄煤层，中段为灰黑色泥岩夹薄煤层，下段为砾岩、灰－黑色碳质粉砂岩、泥质粉砂岩，岩层的节理裂隙较发育，地层视厚 325.10m，真厚 283.77m。有效页岩段视厚为 68.00m，真厚度为 51.06m。

YYQ4 井，位于云南省保山市杨柳乡；坐标： 99°03′15″E， 25°12′51″N，H=2447.068m；目的层为下仁和桥组（S_1r）。下仁和桥组埋深介于 149.04~463.73m，地层倾角介于 40°~75°，平均为 60°，钻井揭示岩性主要为灰色、灰黑色、灰色碳质粉砂质页岩，泥质页岩夹泥灰岩凸镜体，含丰富的笔石化石，岩层中节理裂隙较发育，裂隙被方解石充填，地层视厚为 328.98m，真厚度为 146.84m。有效页岩段视厚为 21.00m，真厚度为 9.47m。

ZK204 井，位于云南省曲靖市富源县大河镇挑担村西约 2000m 处；坐标：

104°23′59″E，25°33′41″N，H=2001.28m。开孔层位为第四系，终孔层位为上二叠统峨眉山玄武岩，目的层位为上二叠统长兴组、龙潭组。钻遇层位依次为第四系，下三叠统飞仙关组、卡以头组，上二叠统长兴组、龙潭组、峨眉山玄武岩。长兴组、龙潭组埋深介于 321.00~642.87m，地层倾角介于 5°~40°，平均为 23°，岩性主要为灰、深灰、黑色粉砂质泥岩、泥质粉砂岩、煤、碳质泥岩等，节理较为发育，裂缝多被方解石填充。岩石见植物根茎化石，地层视厚 321.87m，真厚度为 292.89m。有效页岩段真厚度为 137.99m。

　　曲地 1 井，位于曲靖市马龙县王家庄镇吴官田村东偏南 1.3km 处，距昆明 130km，距曲靖 32km；坐标：103°50′29″E，25°23′20″N，H=1999.020m；有国道相通，交通便利。构造位置位于滇东台褶带复式背斜曲靖－水城褶-冲带。曲地 1 井主要目的层为筇竹寺组，埋深介于 826.39~1245.36m，地层倾角介于 12°~25°，平均为 16°，发育泥质粉砂岩、粉砂岩、粉砂质泥岩、黑色页岩、碳质页岩和砂质页岩等，岩层中水平纹层和节理较为发育，地层视厚为 418.97m，真厚度 400.56m。有效页岩段视厚度为 101.46m，真厚度为 97.10m。

　　曲地 2 井，位于云南省曲靖市马龙县王家庄街道大山村南东 2km 处，距昆明 130km，距曲靖 40km；坐标：103°31′00″E，25°33′16″N，H=2122.47m；有国道相通，交通便利。曲地 2 井主要目的层为玉龙寺组，埋深介于 30.83~291.25m，地层倾角介于 10°~25°，平均为 12°，发育黑灰色－灰黑色、黑色页岩、钙质页岩、灰色泥质灰岩、泥灰岩等，岩层中水平层理和节理裂隙稍发育，裂隙多被方解石充填，地层视厚为 260.42m，真厚度为 254.01m。富有机质页岩段视厚 20.40m，真厚度为 19.89m。

　　曲地 4 井，位于云南省曲靖市沾益县大坡乡渣子树村北西约 1km 处，井位距昆明 170km，距曲靖市约 40km；坐标：103°31′49″E，25°40′17″N，H=1871.286m；井场位置有乡道连接，交通较为方便。曲地 4 井主要目的层为筇竹寺组，埋深介于 80.21~171.55m，地层倾角介于 9°~35°，平均为 19°，上部为灰、绿灰色粉砂质页岩、含砂质页岩，下部为灰色－灰黑色页岩，岩层中水平层理和节理裂隙较发育，裂隙被方解石充填，地层视厚为 91.34m，真厚度为 85.10m。暗色泥页岩视厚为 33.91m，真厚度为 31.56m。

　　曲地 5 井，位于云南省曲靖市沾益县德泽乡富冲村边；坐标：103°38′25″E，25°58′02″N，H=1842.79m；有乡道相通，交通便利。曲地 5 井主要目的层为筇竹寺组，埋深介于 572.67~955.00m，地层倾角介于 5°~44°，平均为 18°，发育泥质粉砂岩、粉砂岩、粉砂质泥岩、黑色页岩、碳质页岩和砂质页岩等，岩层中水平纹层和节理较为发育，地层视厚为 382.33m，真厚度为 358.73m。有效页岩段视厚为 166.58m，真厚度为 145.13m。

　　曲地 6 井，位于云南省曲靖市沾益县德泽乡左水冲－二道石坎村边；坐标：

103°34′54″E, 26°00′25″N, H=1905.808m；有乡道相通，交通便利。构造位置位于滇东台褶带复式背斜曲靖－水城褶-冲带。曲地6井主要目的层为筇竹寺组，埋深介于13.34~361.48m，地层倾角介于3°~60°，一般小于20°，发育泥质粉砂岩、粉砂岩、粉砂质泥岩、黑色页岩、碳质页岩和砂质页岩等，岩层中水平纹层和节理较为发育，地层视厚为348.14m，真厚度为323.47m。有效页岩段视厚为254.19m，真厚度为229.73m。

曲地7井，位于云南省曲靖－宣威市会泽县上村乡自扎村；坐标：103°37′24″E，26°03′15″N，H=1652.209m；有乡道相通，交通便利。构造位置处于滇东台褶带曲靖－水城褶-冲带－复式背斜及其伴生的北东走向的断裂构造边缘上。曲地 7井主要目的层为筇竹寺组，埋深介于13.35~481.48m，地层倾角介于10°~75°，平均为40°，发育泥质粉砂岩、粉砂岩、粉砂质泥岩、黑色页岩、碳质页岩和砂质页岩等，岩层中水平纹层和节理较为发育，地层视厚为468.13，真厚度为260.51m。有效页岩段视厚为272.00m，真厚度为137.09m。

炎方页1井，位于曲靖市沾益县炎方乡西河村西侧村边，距离炎方乡6.8km、沾益县54.8km；坐标：104°02′31″ E，25°57′48″ N；井场有简易公路与宣天一级公路连接，交通较为便利。构造位置处于扬子陆块南部被动边缘褶-冲带，曲靖－水城褶冲带偏北。炎方页1井主要目的层为梁山组，埋深介于98.53~139.43m，地层倾角介于5°~10°，平均为7°，岩性主要为灰黑－黑色粉砂质页岩、泥质粉砂岩、碳质页岩、薄煤等，节理较为发育，裂缝多被石英质或方解石填充，见腕足动物化石，地层视厚为40.90m，真厚度为40.25m。有效页岩段真厚度为17.14m。

马页1井，位于云南省曲靖市马龙县旧县镇高堡村东800m公路边，东距曲靖市42km，西距昆明市70km；坐标：103°22′02″E，25°21′29″N，H=1970m。区内有G56杭瑞高速、G320国道、贵昆铁路东西贯通，各县、乡均有公路相连，形成互相连接的公路交通网络。

曲页1井，位于昆明市寻甸县小新村，2014年10月26日开钻，2015年1月 7 日完钻，完钻层位为南沱组，完钻井深 1091.15m。筇竹寺组位于井深219.05~600.20m之间，视厚为381.15m，倾角较小，层内含多处破碎带。

筇竹寺组9口钻井中，ZK2井筇竹寺组真厚为157.87m，YYQ1井筇竹寺组真厚为10.04m，曲地1井筇竹寺组真厚为400.56m，曲地6井筇竹寺组真厚为323.47m，曲地7井筇竹寺组真厚为260.51m，曲地4井筇竹寺组真厚为86.36m，曲地5井筇竹寺组真厚为358.73m，马页1井筇竹寺组视厚为362.22m，曲页1井筇竹寺组视厚为381.15m。通过对岩心观察分析，曲地1井、曲地5井、马页1井、曲页1井钻穿目标层，获得筇竹寺组总厚度数据；曲地6井及曲地7井缺失部分筇竹寺组顶部地层，使得厚度较总厚度有所减小；ZK2井、YYQ1井及曲地4井在筇竹寺组下段受构造作用的影响，使得筇竹寺组与渔户村组或震旦系不整合接触，在钻进过程中缺失大段筇竹寺组下段地层，导致与总厚度值相差较大。其中，曲地 1 井筇竹寺组厚度最大，真厚度达 400.56m。根据岩相古地理图可知，筇竹寺组钻井均位于台盆相，自曲地 1 井至曲地 5 井方向直至昭通市，沉积环境从台盆相过渡为深水盆地相，由于曲地 1 井厚度大于曲地 5 井，推测在曲地 1 井附近可能受沉积基底影响，从而导致其厚度变化。筇竹寺组作为重点评价目的层，根据钻孔资料程度及地层完整性，主要对曲地 1 井、曲地 5 井、曲地 6 井、曲地 7 井、ZK2 井进行综合分析。

滇西区块下志留统下仁和桥组与滇东北区块下志留统龙马溪组层位对应，本次在保山市实施一口下仁和桥组钻孔 YYQ4，本组真厚 142.29m，结合野外实测剖面，可见滇西地区自保山市至临沧市下志留统下仁和桥组厚度具有薄－厚－薄的变化特征。而滇东北下志留统龙马溪组厚度由于无钻孔控制，根据野外露头剖面数据，本组分布于镇雄－彝良－炎山以北地区，且厚度变化趋势为主体向北逐渐增厚，且云南省最大厚度大于 350m。下仁和桥组（龙马溪组）为重点评价目的层。

上志留统玉龙寺组仅分布于沾益－马龙－宜良－建水一线，呈北北东向展布，现有玉龙寺组钻井一口，位于马龙县北西方，钻遇真厚 254m。根据野外实测地层剖面，上志留统玉龙寺组最大厚度位于曲靖市西部，厚度达 333.9m。玉龙寺组为重点评价目的层。

滇西地区上三叠统干海子组和舍资组与滇东北地区须家河组层位对应。位于玉溪市西部的 YYQ3 钻井钻遇干海子组与舍资组厚度为 443.52m，根据野外剖面实测资料，上三叠统干海子组与舍资组在云南省大范围内均有分布，且厚度变化较大，沉积中心分别位于景东、德钦及香格里拉等地，且自昆明至昭通，厚度逐渐增大。上三叠统地层为重点评价目的层。

位于曲靖市沾益县炎方乡西河村的炎方 1 井钻探目标层位为梁山组，钻井钻遇梁山组厚度为 40.25m，埋深介于 98.53~139.43m。根据野外实测地层剖面实测资料，下二叠统梁山组在云南省大范围内均有分布，厚度变化较大，埋深相对较浅。梁山组不作为重点评价目的层进行研究。

位于云南省曲靖市富源县大河镇挑担村的 ZK204 钻井钻探目标层位为长兴组和龙潭组，钻井钻遇长兴组和龙潭组厚度为 292.89m，其中长兴组和龙潭组暗色泥岩厚度合计为 137.99m，根据野外剖面及露头分析，长兴组和龙潭组在云南省的分布范围较上述地层明显较小，埋深相对较浅，风氧化严重。长兴组、龙潭组不作为重点评价目的层进行研究，建议考虑"页岩气与煤层气一体化共采模式"研究。

第四章 沉积环境与空间展布规律

第一节 区域沉积演化特征

1995 年，云南省地质矿产局组织编制了《云南省岩相古地理图集》。该编图采用了野外和室内相结合的方法，共实测各时代岩相剖面 118 条，共计 205km，实地观察剖面 388km，采集测试样品 4938 件，编制岩相地理图 42 张，是迄今为止对云南省岩相古地理最为系统和深入的总结。本书主要在此基础上进一步分析和总结目标层沉积环境特征。

早、中元古代，云南皆为地槽型沉积。晚元古代－古生代，云南东、西部的分布局面明朗化，滇东上扬子地区为地台型沉积；晚古生代在滇西却存在活动中兼夹稳定型沉积的环境变化，同时，在西缘腾冲－保山地区，出现了冈瓦纳相冰海沉积和生物组合，其余地区仍属特提斯生物区。三叠纪沉积类型多样，地层分区极为复杂，地槽型沉积在西部仍较发育，但范围缩小；滇东南及滇西北的部分地区，也发育有地槽型沉积；扬子区仍为地台型沉积。

晚古生代－三叠纪，是云南火山活动最强烈的时期，遍及全省，但多集中在深、大断裂带及其旁侧，并在空间分布上具有陆相向海相环境的变迁。三叠纪以后，云南地槽型沉积基本上全面结束，海相沉积基本消失。侏罗纪、白垩纪多以陆相红色碎屑沉积为主，古新世沉积范围缩小，有较好的膏盐沉积。上新世－渐新世，全省各地发育一套磨拉石建造，并普遍不整合于下伏地层之上。中新世和上新世全为山间含煤建造，局部尚有火山岩。第四纪沉积类型多样，分布广泛；北部和西北部高山地区冰川堆积广泛；腾冲地区出现了多期火山活动；河流阶地广泛发育；古人类化石与古文化遗迹丰富。

根据《云南省岩相古地理图集》及本次调研结果，云南省页岩气目标层共有 5 层，包括早寒武世筇竹寺组、早志留世龙马溪组、晚志留世玉龙寺组、早二叠世宣威组及晚三叠世瑞替组，寒武纪、志留纪、二叠纪及三叠纪沉积环境及演化概述如下：

（1）寒武纪时期的地层在云南分布较广，扬子区的滇东、滇东北地区自下统到上统发育完整，尤其是昆明周围的下寒武统和滇东南的中上寒武统出露十分齐全；滇西保山地区的上寒武统亦发育较好。早寒武世梅树村中晚期沉积属于海侵体系，自早寒武世中期开始显示海退过程，古陆范围逐渐扩大。早寒武世早期良好的大地构造环境、适宜的古地理位置造就了闻名遐迩的云南磷矿。

（2）早志留世扬子区滇黔桂古陆北侧仅滇东北北部和滇西北有海水浸漫。原属于云岭－无量山带东侧的大理－金平地区，自晚奥陶世开始直到21世纪，其沉积环境已转化稳定，此后的沉积演化与扬子稳定区已基本一致。大致以金沙江－哀牢山－藤条河断裂为界，其西侧整个志留系均为浅槽盆相沉积，以墨江、绿春为代表，显示了剧烈沉降的构造背景。

（3）晚志留世，沿元江－宜良－曲靖一线形成一条为滨浅海充盈的狭长"海湾"，海水显然来自云岭－无量山海槽。滇西区仍如晚奥陶世一样，仅保山地区接受沉积，耿马为可能沉积区。临沧、腾冲仍为古陆。

（4）晚二叠世宣威期（龙潭期、长兴期），由于东吴运动的影响，云南海域范围缩小。昆明－宁蒗区东部海水退缩到罗平八大河－丘北－文山－麻栗坡一线，西界退到华坪永兴－大理喜洲一带；腾冲－保山区整体上升成陆，中甸－德钦－思茅区基本保持早二叠世面貌。二叠纪沉积建造复杂，既有地台型碳酸盐岩、含煤碎屑岩等，又有地槽型复理石或类复理石建造，并广泛发育陆相－海相的基性火山岩。

（5）三叠纪沉积盆地演化明显受到印支阶段古构造活动的控制。原扬子稳定区海陆轮廓与晚二叠世相似。唯晚三叠世中晚期滇中古陆逐渐为近海河湖盆地和内陆盆地所代替。云岭－无量山带早三叠世绝大部分隆起为陆，中晚三叠世又逐步被海水淹没。滇西地区已与扬子大陆连为一体，开始形成统一的沉积盖层，但于晚三叠世早期沿怒江又有新的扩张带形成。由于各地区沉积盆地正处于构造演化转折时期，所以沉积相和沉积类型极其复杂多样。

第二节　目标层沉积环境及演化

一、早寒武世筇竹寺期岩相古地理

早寒武世筇竹寺期，海陆配置格局具有剥蚀区上升明显、陆源碎屑充沛的总体特征，盆地内不均衡升降与前一时期比较，发生了较大变化，沉降中心明显东移到曲靖－宜良－澄江一线。牛头山岛东南侧滇东南及滇东北海域大部分属深水环境（图 4-1）。本期沉积以砂、粉砂和泥质沉积为主，碳酸盐岩沉积较少，碎屑岩含量高达82%以上，古气候似由潮湿温暖向潮湿炎热转化。

（一）滇东北、滇东、滇东南沉积区

滇东北沉积区筇竹寺组（牛蹄塘组）黑色页岩发育厚度超过100m，《云南省岩相古地理图集》一书将滇东北主要沉积相划归为潮坪相，沉积砂泥岩为主，但

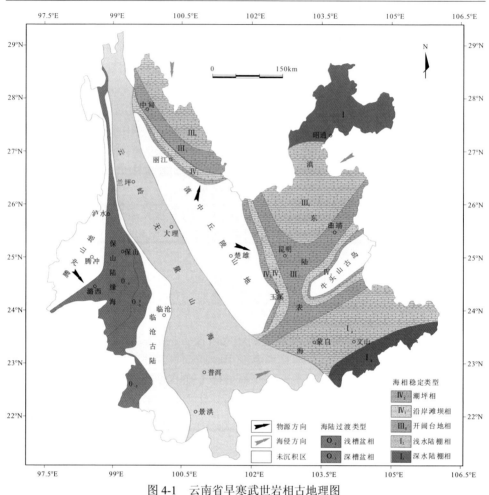

图 4-1　云南省早寒武世岩相古地理图

是根据本次野外地质调查情况取得的实验结果及文献调研，将滇东北划为深水陆
棚相，昭通以南至昆明划为浅水陆棚相，昆明至开远划为开阔台地相，开远至文
山划为浅水陆棚相，文山以南划为深水陆棚相。

（1）深水陆棚相：沉积以泥页岩为主，发育硅质岩，根据昭通 Z5 井页岩测
井相（李延钧等，2013）显示，其筇竹寺组发育黑色、灰黑色泥页岩和碳质泥页
岩，表明此时处于水体非常安静的低能环境，沉积相标志包括铁矿莓状体、岩屑
流、结核体、等深流等，泥页岩中几乎不含砂，测井曲线表现为自然伽马极高值
（150~400API），底部突变接触，顶部渐变接触，呈齿状高平型沉积（图 4-2）。
该期古扬子海自北向南入侵，实测 TOC 含量较高，高含量的有机质说明此时滇东
北地区有机质供给充足，野外少见三叶虫化石，多见菌藻类、海绵骨针等，说明
此时水体较深，文山以南其特征与昭通北部类似，华南海由南向北入侵，此期在

滇东海盆与扬子海连通，结合野外实际踏勘资料及文献调研结果，将昭通以北、文山以南划为深水陆棚相。

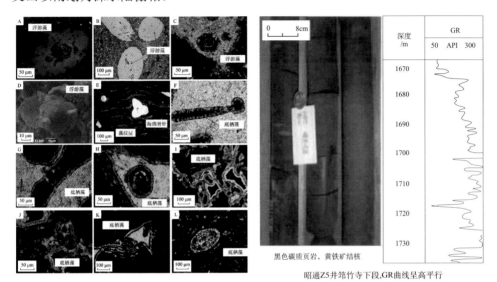

昭通Z5井筇竹寺下段,GR曲线呈高平行

图 4-2　筇竹寺组古生物化石及昭通 Z5 井测井岩心图（李苗春等，2013；李延钧等，2013）

（2）浅水陆棚相：沉积物以泥页岩为主，且砂质含量随水体变浅逐渐增多，筇竹寺期古陆张裂，华南海、扬子海分别由南、北两侧入侵，首先浸没了滇东南海槽，而后经过开远海峡进入滇东海盆，此时滇东海盆由南向北逐渐扩张，至滇东北与上扬子海盆相连，滇东北水体相对较深，至昆明附近水体相对变浅，但整体沉积环境仍然有利于页岩的发育。

（3）开阔台地相：发育钙质成分相当高的碳酸盐岩、泥灰岩、钙质泥页岩，主要夹持在牛头山古岛和滇中丘陵山地之间，成环带状分布，范围有限。

（4）沿岸滩坝相：以砂质碎屑岩沉积为主要特征，且砂岩粒度具有显著差异。

（5）潮坪相：沉积物以中细砂岩、粉砂岩及泥岩为主，沿古陆呈环带分布，发育范围十分有限。

综合岩性柱状以及相关测井曲线，结合已有资料，依据沉积学相关理论认为滇东地区曲地 1 井、曲地 4 井、曲地 5 井、曲地 6 井、曲地 7 井目的层沉积相为陆棚相沉积，并且在不同的层段沉积亚相与微相之间具有一定的差异。

曲地 1 井筇竹寺组底部岩性主要为泥岩，泥岩中碳质含量高，且含有一定量的硅质成分，水平层理较为发育，此外还可见大量黄铁矿条带与磷质，表明该微相水体较深，处于相对还原环境利于有机质的保存，其自然伽马测井曲线值很高，进一步说明泥岩含量极高，综合推断其沉积亚相为深水陆棚相，微相为泥质深水陆棚微相；其他层段多发育灰－灰黑色砂质泥岩、粉砂岩、砂岩，水深相对较浅，测井曲线值响应与岩性特征相吻合，泥质含量明显偏低，推断其沉积亚相为浅水陆棚相，进一步根据岩性差异判断水深相对深浅，分为砂质浅水陆棚相、砂泥质浅水陆棚相、泥质浅水陆棚相三种类型微相（图4-3）。

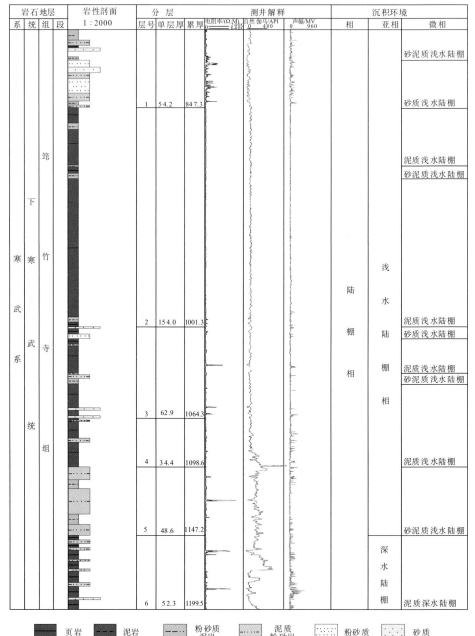

图4-3 曲地1井沉积相分析柱状图

　　曲地 4 井勘探目标层位并不完整，这是由于目标层形成以后地质构造运动使得勘探区产生断裂，下伏地层在构造作用控制下与筇竹寺组中下段直接相接。因此，该岩性柱状仅到筇竹寺组中下部位。对其沉积环境进行研究，发现该区筇竹寺组中下段岩性泥质含量较高，以黑色泥岩、粉砂质泥岩为主。泥岩中碳质含量较高，自然伽马测井曲线值也偏高，推断其沉积亚相为浅水陆棚相，微相为泥质浅水陆棚微相；上部层段多发育灰－灰黑色砂质泥岩、粉砂岩、砂岩，水深相对较浅，自然伽马测井曲线值也偏低，泥质含量明显偏低，推断其沉积亚相为浅水陆棚相，进一步根据岩性差异判断水深相对深浅，分为砂质浅水陆棚相、砂泥质浅水陆棚相、泥质浅水陆棚相三种类型微相（图 4-4）。

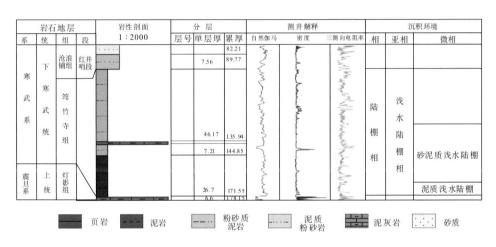

图 4-4　曲地 4 井沉积相分析柱状图

　　曲地 5 井钻井柱状解释筇竹寺组底部以及中下部局部层次岩性泥质含量较高，以黑色泥岩、粉砂质泥岩为主（图 4-5）。泥岩中碳质含量高，底部夹有硅质条带且有磷质矿物和黄铁矿，指示其沉积时水体较深，推断其沉积亚相为深水陆棚相，微相为泥质陆棚微相；其他层次多发育灰－灰黑色砂质泥岩、粉砂岩、砂岩，其水深相对较浅，推断其沉积亚相为浅水陆棚相，进一步根据水深相对深浅分为砂质陆棚、砂泥质陆棚、泥质陆棚三种类型微相。

　　曲地 6 井显示筇竹寺组岩性主要以粉砂质泥岩为主，间夹数层泥质粉砂岩，偶见粉砂岩，各层段均发育水平层理，水深较浅，推断沉积亚相为浅水陆棚，沉积微相为砂泥质陆棚及砂质陆棚（图 4-6）。

　　曲地 7 井钻井揭示该区域地层主要以浅灰－灰黑色粉砂质泥岩及粉砂岩为主，水平层理较发育。根据岩性推断沉积亚相为浅水陆棚相，沉积微相主要为砂泥质陆棚相及砂质陆棚相（图 4-7）。

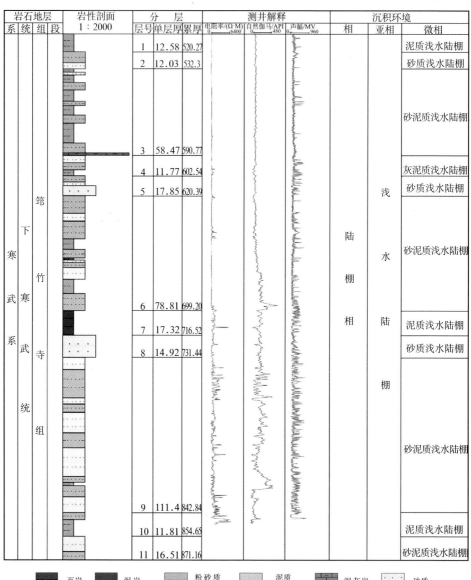

图 4-5　曲地 5 井沉积相分析柱状图

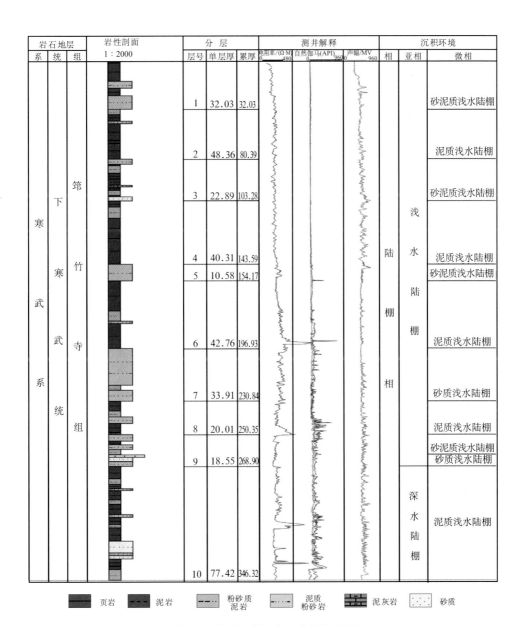

图 4-6　曲地 6 井沉积相分析柱状图

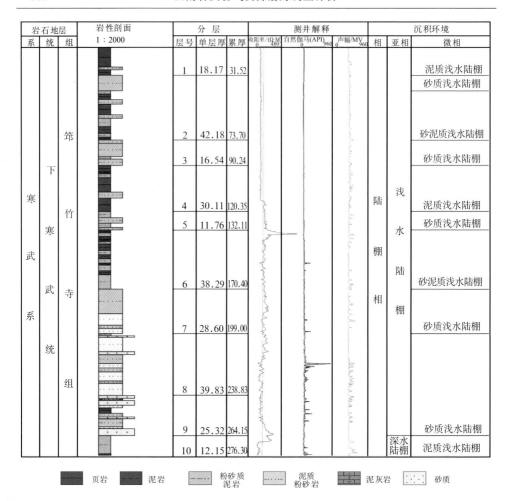

图 4-7　曲地 7 井沉积相分析柱状图

（二）滇西北沉积区

沉积环境以台地相、台盆相为主，近陆发育小范围的潮坪沉积，岩性以粉砂岩、泥页岩为主，夹灰岩、白云质灰岩，泥岩中钙质含量较高。

二、早志留世龙马溪期岩相古地理

早志留世龙马溪期，滇黔桂古陆向滇东北有所扩展，海水后撤至彝良、镇雄一线以北，古陆仍为丘陵地貌，在海水时常进退区域则近于平原地貌（图 4-8）。

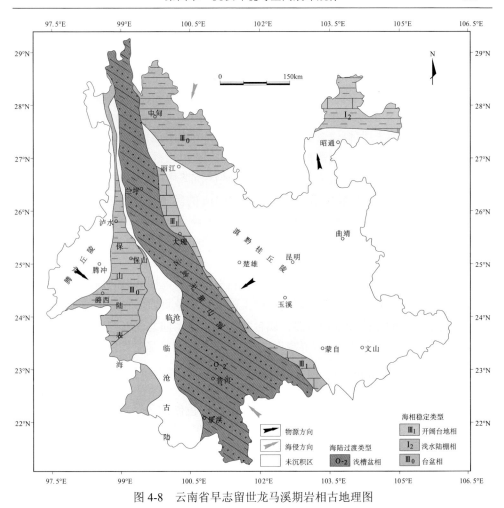

图 4-8　云南省早志留世龙马溪期岩相古地理图

（一）滇东、滇西北沉积区

1. 浅水陆棚相沉积

　　滇东地区海域属上扬子陆表海的西南缘，海水由北东进入，早志留世龙马溪组沉积物横向变化大，以笔石页岩相占优势的浅水陆棚相为主。龙马溪组由一套深色的泥质、粉砂质泥岩夹碳质、砂泥质碳酸盐岩薄层组成，向东碳质增多、砂质减少，向南有砂质增多趋势，水平层理、纹层发育，普遍含黄铁矿晶粒，化石单调，以笔石为主，局部含少量腕足类、三叶虫和珊瑚，大致以盐津、大关一带为中心，其中上部碳酸盐含量增高，出现较多的微晶灰岩、泥灰岩等；南部的镇雄两河口一带出现较多砂质岩石（如白云石化粉砂岩、长石石英白云石细砂岩等），显示近岸特点。因此，本区沉积物以滞流还原环境的浅水陆棚相沉积为主。

2. 台盆相沉积

台盆相沉积分布于滇西北宁蒗、三江口及中甸一带。宁蒗地区以泥质沉积为主，间有粉砂质和硅质沉积。生物群仅产笔石，沿层面杂乱排列，厚 35~115m。水平层理及水平纹层发育，含黄铁矿晶粒，属滞留静水还原环境的台盆相带。宁蒗北东省界外侧的盐源柱立湾剖面，下部出现含放射虫硅质岩、含黄铁矿硅质岩层（其上部夹深色泥晶白云岩薄层），说明该区沉降中心应在宁蒗以东一带。向北至三江口之北的贡岭地区，为一套厚 133~191m 的黑色笔石页岩层。岩性为灰、黑色富炭、硅质的板岩与硅质岩互层，夹碳酸盐岩（具砾状、鲕状的砂质灰岩及白云岩），局部夹粉砂岩，底部出现含火山角砾的中基性凝灰岩，仅见少量笔石化石，具水平及平行板状层理。

中甸银厂沟一带下部为一套中、细粒长石石英砂岩，属滨海陆屑滩相沉积，说明当时附近的古陆曾大量供给碎屑物；中上部则为深色页岩、粉砂岩，顶部夹灰岩透镜体而向中统的碳酸盐沉积过渡，属台盆相沉积物。向北进入四川后为碳酸盐台地相区，二者的界线推测应在省界附近，上述地区沉积特征显示均以台盆相占优势。

3. 开阔台地相沉积

大理一带的下志留统为厚约百余米的灰、深灰色砂质条带灰岩、白云质灰岩，夹网纹状含石英砂微晶灰岩、含铁石英砂质微晶灰岩等，其陆屑含量 15%~35%，由棱角状、次棱角状的方解石、石英和长石等组成，产牙形石化石。上述特征反映本区属近陆开阔台地相带。金平地区未确切划分出下志留统，从已有资料（包括下伏岩系）分析，该区应存在与大理一带相似的沉积物。

（二）兰坪－思茅沉积区

兰坪－思茅沉积区以浅槽盆相沉积为主，分布于兰坪－思茅区东南侧墨江、绿春等地。沉积物为砂（长石、石英）、泥质交替，堆积速度快，沉降幅度大的类复理石沉积。生物群以笔石为主，偶见植物碎片及介形虫类。由长石石英砂岩、粉（细）砂岩、粉砂质板岩及泥质板岩组成，具浊积岩特征，可见鲍马序列 a~d 段，a 段粒度分析，标准方差为 0.72~1.24，说明分选程度中等－较差，显示浅槽盆相的沉积特征。表明志留纪开始，金沙江－哀牢山断裂即为一活动性很强的同沉积断裂，对其两侧沉积相有明显控制作用。

（三）滇西沉积区

滇西沉积区以台盆相沉积为主。沉积物以泥质为主，含少量的粉砂质。生物群几乎全为笔石，沿层杂乱分布，仅晚期于镇康县见少量腕足类，厚49~457m。水平层理及纹层发育，普遍含黄铁矿晶粒，表明其形成于弱还原－还原环境，属较深水滞流宁静还原环境之沉积物。结合其上、下地层的沉积环境分析，本区的下志留统应属台盆相沉积。

三、晚志留世玉龙寺期岩相古地理

晚志留世玉龙寺期，除滇东北因海退而使绥江、永善及威信、镇雄等地露出海面成陆外，其余地区均保持原有格局。沉积相多数为台地相，墨江、绿春为浅槽盆相，滇东北区由于海退形成潮坪沉积区（图4-9）。

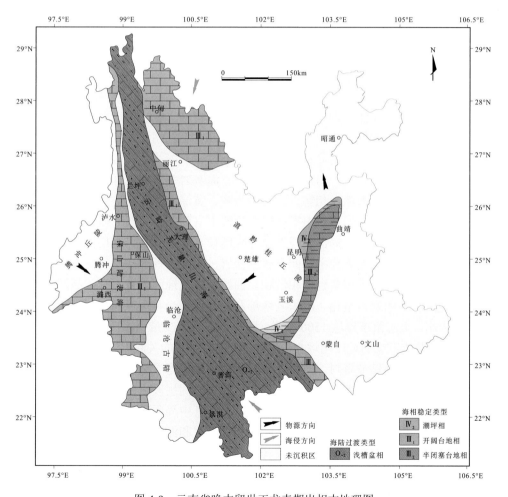

图4-9　云南省晚志留世玉龙寺期岩相古地理图

（一）滇东、滇西北沉积区

滇东、滇西北沉积区以陆地边缘相沉积、半闭塞台地相沉积和开阔台地相沉积为主。

1. 陆地边缘相沉积

滇东北地区晚志留世海退明显,海水变浅。地层为一套含生物较少的紫红色、灰绿色泥岩、砂质泥岩层,个别地区如盐津一带夹泥质灰岩,含石膏、赤铁矿;巧家县一带夹泥砂质灰岩,砂质白云岩层厚9~306m,偶见泥砾及透镜状层理。上述特点说明当时属炎热干燥的潮坪潟湖环境。大关县岔河列吉利铺、黄荆坝一带夹一层厚度不足 1m 的灰绿、灰白色块状不等粒含铜石英砂岩层,可能属局部出现的弱还原环境的产物。

2. 半闭塞台地相沉积

曲靖－宜良－元江一带与中志留世海域范围相似,晚志留世地层三分为关底组、妙高组和玉龙寺组。沉积区海底不平,水流亦不甚畅通。从早期－晚期沉积环境亦有若干变化,规律明显。早期之初为紫红、灰绿等色泥岩、钙质泥岩、粉砂质泥岩及钙质粉砂岩等,局部夹泥质灰岩、泥灰岩等,具泥砾、波痕及痕迹化石,显示水体极浅滨海潮坪相特点;其后为灰、黄绿等色泥岩、钙质泥岩夹泥灰岩、砂质灰岩、生屑灰岩等。中期则以生物群丰富的灰、灰黑色瘤状碳酸盐、泥质及钙泥质等沉积为主,局部出现泥晶介壳鲕粒灰岩及礁灰岩夹层,应属浅水陆棚沉积。晚期以黑色泥岩为主,间夹碳酸盐岩,水平层理、水平纹层发育,含黄铁矿及痕迹化石,属半闭塞台地相沉积。曲靖、沾益地区尚有石盐假晶及石膏出现,属晚期的半闭塞台地相。沉积区西部及北部边缘尚有少量潮坪相沉积,如元江东立吉组,上志统厚达 1500 余米,除中下部出现少量钙泥质沉积外,余均属砂、粉砂及泥质组成的近岸潮坪相,嵩明一带仅见早期的关底组,亦属潮坪沉积。

根据曲地 2 井钻井资料,对玉龙寺组沉积环境进行了分析。分析认为:晚志留世玉龙寺组属于局限海湾沉积相沉积物,根据不同层段岩性特征可进一步分为局限碳酸盐岩台地和局限碎屑岩盆地沉积亚相。其中局限碳酸盐岩台地亚相岩性主要为碳酸盐岩,岩性柱状显示该沉积亚相以灰岩和泥灰岩为主,由于海湾与广海之间的联系较弱,其水动力条件较弱;局限碎屑岩盆地亚相岩性则主要为黑色泥岩和粉砂质泥岩（图4-10）。

3. 开阔台地相沉积

宁蒗、石鼓、大理、金平等地晚志留世均发育碳酸盐沉积。宁蒗和石鼓区均

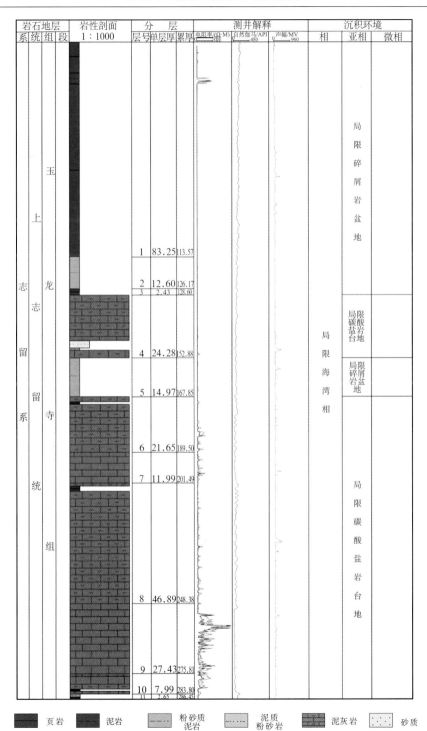

图 4-10　曲地 2 井沉积相分析柱状图

以结晶白云岩为主，厚49~714m（宁蒗）、402~600m（石鼓），上部出现含藻纹层状白云岩（宁蒗）或含泥质、砂质白云岩（石鼓）而显其浅水特征，后者局部出现紫红色及肉红色更说明其有时呈潮上－潮间环境，推断这些晶质白云岩均属后期白云岩化的结果。大理、金平区为厚至1200m的富含层孔虫、珊瑚、腕足类和牙形石等化石的碳酸盐沉积（灰岩为主，少量白云岩化灰岩），局部含硅质条带。以上特征表明，它们均属开阔台地相沉积。

（二）兰坪－思茅沉积区

兰坪－思茅沉积区以浅槽盆相沉积为主。墨江、绿春一带出露的上志留统仅有一个顶、底不全的剖面，沉积物以砂、泥质快速交替沉积为主，偶含碳酸盐，生物稀少。成岩后为由灰、灰黑色泥质粉砂质板岩、中厚层至块状石英砂岩、含长石石英砂岩、石英粉砂岩夹黑色薄层状灰岩、碳质灰岩组成的粗细交替的复理石地层，厚792m以上，仍显浅槽盆特征。

（三）滇西沉积区

滇西沉积区以开阔台地相沉积为主。保山、潞西地区沉积物以泥质碳酸盐为主，间有少量泥、砂质。生物群有头足类、腹足类、腕足类、海林檎、三叶虫、牙形石、海百合、介形虫、笔石等。成岩后为紫红色、灰色等含生屑微晶灰岩、泥质网纹状灰岩、泥质条带状灰岩、含砂质泥灰岩及钙泥质粉砂岩、泥岩等，局部见长石石英砂岩（镇康勐堆），厚75~271m。岩层为薄－中厚层状，具豆荚状构造。全区由南往北，在岩性上有砂、泥质碎屑物减少趋势；岩层颜色上有紫红、灰黑相间－紫红夹灰绿－紫红、肉红色的变化。腾冲狮子山地区于早泥盆世之下尚有一套白云岩，可见厚度270m以上，底部不全，未采获化石，可能属晚志留世沉积。

云南志留纪沉积除云岭－无量山带的墨江、绿春地区发育一套过渡型半深海沉积外，扬子区（含大理、金平）及滇西区保山、潞西等地大都属陆地边缘－台地相区，表现出陆表海稳定型沉积特征。志留系与上奥陶统之间以及各统之间，除古陆边缘局部地区外，均为连续沉积，构造活动极其微弱，古陆的上升也是徐缓的。与此同时，云岭－无量山带，至少是墨江、绿春地区则显示剧烈的沉降，与大理－金平带早中奥陶世比较，浅槽盆相有向外迁移现象。晚奥陶世－志留纪时期大理－金平带抬升，而墨江、绿春地区于奥陶纪后继续下沉，显示了阶梯式沉降的特点。大理、金平和墨江、绿春地区奥陶系－志留系中均未发现火山岩，所以我们推断云岭－无量山带可能于早古生代时为扬子大陆的被动边缘。

四、晚二叠世长兴、龙潭期岩相古地理

上二叠统宣威组（长兴组、龙潭组）地层分属于晚二叠世长兴、龙潭期，由于沉积环境变化不大，现一并分析。晚二叠世龙潭期，扬子板块继续向西呈"蛇吞世"俯冲，川滇古陆隆升，仍处于剥蚀状态。滇东处于川黔滇拗陷沉积区西部。拗陷区西缘的甘洛－小江古断裂为控制边界，其东盘滇东地区持续缓慢下沉，由西向东依次发育山前冲积扇平原、河流冲积扇平原、三角洲平原与滨海平原，形成以陆相为主的陆岩碎屑岩含煤地层（图4-11）。与此同时，板块西南被动大陆边缘弥勒－师宗古断裂与南盘江断裂之间形成北东向的罗平断陷带，其中海陆交互相含煤沉积厚达1500m。

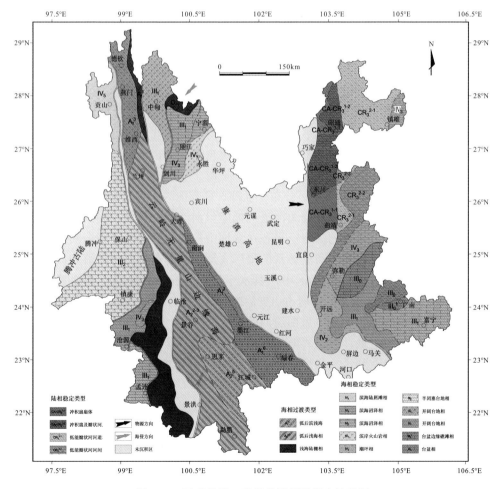

图4-11　云南省晚二叠世龙潭期岩相古地理图

（一）滇东沉积区

滇东沉积区指东川-宜良一线以东至弥勒-师宗之间的地区，为主要含煤盆地分布区。

（1）冲积扇-瓣状河相沉积：沿滇中古陆边缘昭通、东川一带发育，宽60~90km，其中以寻甸冲积扇规模大、发育好，延续从龙潭晚期至早三叠世，为一套较厚的砾岩沉积，砾石几乎全为玄武岩，呈滚圆状，不定向或略具定向排列，多呈块状构造，见强烈的冲刷面，由于气候、构造等因素的变化，常使冲积扇退积或进积，粗、细沉积层形成多个旋回，其发展后期或在其前缘带，多形成瓣状河相，故合称冲积扇-瓣状河相。

扇体和瓣状河河道的广大地区，如会泽、昭通等地，经常发育湖泊、漫滩沉积的细砂岩、粉砂岩、泥页岩，具微波状、水平纹层状层理，沼泽发育程度低或不发育，该相区中仅见少量植物根、茎化石。至长兴期，冲积扇已不发育，转为瓣状河相，保留下来的寻甸冲积扇沉积厚仅21m。河道较发育，向下游分叉明显。河道之间或与冲积扇体之间仍为沼泽发育的漫滩、小湖泊环境。经对该区砾岩中砾石最大扁平面产状及砂岩斜层理产状的统计所作的古河流向玫瑰花图，结合沉积环境的平面配置和岩相展布分析认为：海岸线为北北东方向延伸，古流向在滇东北为北东东方向（约85°），滇东及滇东南则垂直于海岸线为南东向（约110°~125°）。

（2）低能量瓣状河相沉积：分布于盐津、宣威地区。河流体系为具有多变弯道、穿过大片湿地的几条相互连通河道的低能量河流复合体系，因河道坡度小、弯度变化大，常导致频繁的溢岸泛滥和在湿地中粉砂和黏土的堆积，其上发育的泥岩沼泽、岸后沼泽占据了河流体系的最广大地段，与典型瓣状河流和曲流河均有较大的区别。据统计，该相区中，具水平层理的粉砂岩级以下的细碎岩屑占67%~75%；而细砂级以上粗碎屑占17%~23%，且多以几米左右具小型斜层理及缓波状层理的小砂体出现，少见曲流河的具大型板状、槽状交错层理的砂体，显示了该区河流能量之低，故以"低能量瓣河"称之。这种大片漫滩湿地，对植物生长、沼泽发育很有利，为成煤提供了良好的环境。该相区生物主要为华夏植物群及少量陆生介形类，无海相动物。

此种环境的形成原因，主要是基底平缓，气候湿润，来自滇中古陆的河流在长期发展中因填平补齐使曲流河等下游河流不发育，而利于上述河流的发育。

该相带是本区陆相环境中聚煤的最好环境，仅次于滨海沼泽相，由于未受海水影响，硫相特低，但受河流影响灰分较高。

（3）滨海沼泽相沉积：属陆地边缘相区，沿岸线呈带状展布，主要为受海水、河流共同作用影响的滨海沼泽，滨海陆屑状灰岩、泥灰岩等海相层，所占比例低于20%。具水平层理、板状层理、楔状层理、波状层理、平行层理及潮汐形成的透镜状、脉状层理。生物为海、陆相混生或交替产出。属本相的有两个聚煤区。

镇雄－威信区：海水曾经到达威信新街上、镇雄初都沟一线，沼泽发育较好，煤层硫分较高，生物除大量植物外，有海相半咸水至咸水双壳类、腕足类。

恩洪－老厂－圭山区：海水曾经到达富源庆云－恩洪－圭山－大庄一线，形成沿岸线分布的宽30~50km的长条形地带，龙潭晚期煤系沉积之初由于海侵，局部地区（如老厂）为潮坪-潟湖环境，沼泽发育差，但稍后则发育滨海沼泽相。本区处于与滇东南浅海沉积区的边缘交接地带，河流经此入海，海水进退频繁，早先形成的地貌曾经受到冲刷改造，趋于平坦，适宜沼泽发育；入海河流和海水带来大量养分，适宜植物繁殖，使之成为最好的聚煤带，构成晚二叠世聚煤中心，除植物外尚有腕足类、头足类、双壳类、蜓等共生。该区煤的硫分由低硫向中高硫变化，灰分为中灰－高灰。

（二）滇东南、滇西北沉积区

（1）滨海陆相泄滩沉积：沿康滇古陆南部边缘开远－个旧一带分布，宽几千米至几十千米，由于地势高差较大，河流径直入海，不利于沼泽发育，沉积物为砾石、中细砂岩、粉砂岩等，常含钙质结核。

（2）半闭塞台地相沉积：分布于文山一带。外侧为开阔台地，内侧为滨海带，北与罗平相邻，宽30~70km，仅局部地区发育小规模沼泽。海水与外海不甚畅通，循环受到一定限制，水体能量较弱，沉积物以泥质灰岩、白云质灰岩、页岩为主，少量泥质粉砂岩、硅质岩，化石种类单调，含较多小个体腕足类及少量有孔虫、蜓、苔藓虫、介形虫等。

（3）开阔台地相沉积：砚山－富宁地区海水与外海畅通，水体能量中等，灰岩占岩石总量的80%以上，主要由灰色泥晶灰岩、微晶灰岩、生物碎屑灰岩、骨屑灰岩、鲕粒灰岩组成，以大量正常海相化石蜓类、有孔虫、腕足类、海绵、珊瑚、双壳类、腕足类、藻类等为特征，沼泽基本不发育，仅个别点（如砚山干河）形成小规模沼泽，所形成的煤层薄、分布范围小。

（4）台盆边缘礁滩相沉积：广南一带由大量的藻屑、藻结核海绵、珊瑚等聚集成生物灰岩、块状灰岩、层滩灰岩形成一带状礁、滩，对那棱盆地起一定的障壁作用。

（5）台盆（凹槽台地）相沉积：罗平台盆为一北东向长条形陷陷凹槽，为罗平－师宗断裂与南盘江断裂之间不断下沉的断块。陆源物质及沿断裂溢出的火山物质大量供给形成厚大的碎屑岩沉积，最厚达178m（罗平构造一号井），属均衡补偿型台盆，由泥灰质粉砂岩、凝灰质泥岩、生物碎屑灰岩、灰岩组成。

广南那棱台盆和富宁以东的台盆水体滞留，沉积物供给极不充分，厚度一般为 50m，最厚 200m，以凝灰岩、硅质泥岩、放射虫硅质岩、粉砂岩为主，富宁以东局部夹结晶灰岩和玄武岩，为补偿不足型台盆。

台盆中多以浮游生物为主，边缘局部浅水区有底栖生物，如有孔虫、蜓类、棘皮类、介形类、腕足类、藻类等。

（6）滨海沼泽相沉积：位于滇中古陆北西侧永胜地区。龙潭期沉积底部均可见零至几十米厚的滨海相细砂岩、页岩，夹不稳定藻煤层，含腕足动物化石；上部为厚几十米至几百米的致密状、杏仁状玄武岩、玄武质凝灰岩、角砾岩，为峨眉山玄武岩喷发的延续，属滨岸火山岩。长兴期转为滨海沼泽相，沉积物为泥岩、粉砂岩、含海绿石砂岩，局部地带发育沼泽，生物主要为蜓类、腕足类、双壳类、头足类、腹足类、植物等。该相区沼泽发育较滇东区差。

（7）潮坪相沉积：上述相带外侧由于海水经常浸漫，对沼泽发育不利，仅局部地带如丽江窝木古、宁蒗许家坪、鹤庆黑泥哨等小规模的沼泽发育。此外，火山喷发带来大量的铜等有用组分，在有机质沉积的同时，被吸附成含铜的页岩、泥质灰岩等，形成该区火山-沉积铜矿（永胜米厘厂），除铜外，该带尚含有锰矿。含双壳类、头足类、腹足类、腕足类及植物等化石。

（8）开阔台地相沉积：分布于宁蒗宜底及西侧的石鼓地区。海底地形均向三江口地区倾斜。沉积了几百米至上千米厚的碳酸盐岩、碎屑岩及部分火山凝灰岩，石鼓地区玄武质火山碎屑岩占量较大。靠近三江口区尚有浅海火山熔岩相分布，范围较小，仅在中甸东坎附近发育，由玄武岩夹灰岩、砂岩组成，厚度在 1000~2000m，灰岩中含蜓类、腕足类等正常浅海生物化石，暂以开阔台地相示之。

（9）深槽盆相沉积：沿三江口—剑川断裂分布，为当时的扩张活动中心。以特殊的沉积组合区别于丽江和石鼓地区，沉积物为泥、粉砂、细砂，以及火山碎屑、凝灰质、玄武质、碳酸盐，相区北延部分，晚二叠世玄武岩具大洋拉斑玄武岩特征。局部地区含腕足类、蜓类、海百合等正常浅海相生物。

（三）兰坪—思茅沉积区

（1）孤岛浅海相火山-碎屑沉积：分布于澜沧江北段东侧燕门、南佐地区，相当于妥坝—南佐弧的南段。主要沉积物有页岩、砂岩、杂砂岩、玄武岩、安山岩、凝灰岩。生物有腕足类、海百合茎、植物。厚度大于 535m，其中所有火山岩具成熟的岛弧特征。局部地区含腕足类、蜓类、海百合等浅海相生物。

（2）岛弧次深海相火山-碎屑沉积：分布于德钦牛石布一带，由砂岩、粉砂质泥岩、钙质岩屑砂岩夹安山岩、结晶灰岩、硅质岩组成，部分地区可见玄武岩，厚 800~2000m。

（3）岛弧浅海相火山-碎屑沉积：景东太忠主要沉积物为砂岩、页岩、凝灰质砂、页岩、硅质岩、少量结晶灰岩、沉凝灰岩、玄武岩、安山岩等，含腕足类、棘皮类、腹足类、双壳类及植物等化石，厚度大于 3869m。

（4）岛弧滨海浅海相火山-碎屑沉积：分布于南涧、墨江、绿春地区，沉积物为细砂、粉砂、泥质、硅质沉积与安山岩、安山质英安岩、流纹岩、玄武岩、中酸性凝灰岩、少量碳酸盐岩夹薄煤层，含陆生植物，海相腕足类、双壳类、头足类、腹足类、海百合、苔藓虫等生物化石。

（5）弧后滨浅海相碎屑沉积：普洱、江城一带龙潭组为粉砂岩、页岩、岩屑砂岩夹少量凝灰质砂岩及薄煤层，长兴组则为灰岩，产腕足类、双壳类、珊瑚类、蜓类及植物（大羽羊齿）等，厚 600~1159m。

（6）弧后浅海相碎屑-碳酸盐沉积：分布于兰坪、景谷等广大地区。该区海底地形平缓，海水循环良好，有大量浅海相生物繁殖，并见较多华夏植物群分子，如维西阿独地、巍山歪古村等。该相区沉积物为砂岩、页岩、灰岩夹沉凝灰岩等。至长兴期碳酸盐增多而近似台地环境，范围亦向南扩展到江城地区。

（四）滇西沉积区

1. 腾冲－保山沉积区

半闭塞台地相沉积：主要沉积物为厚十几米至几百米的厚层块状白云岩、白云质灰岩，含有孔虫等生物，覆于下二叠统之上，其时限可达长兴期，此即原来划分为三叠纪"河湾街组"的下部层位。

2. 耿马沉积区

开阔台地相沉积：分布于澜沧江老厂等地区，主要由灰白色厚层状灰岩组成，含喇叭蜓，厚 200m，整合覆于含费伯克氏蜓、新希氏蜓等早二叠世碳酸盐岩之上，属开阔台地沉积。

滨海沼泽相：分布于耿马附近的局部地区。主要沉积物为砂、粉砂、泥质、硅质、钙质、含薄煤沉积，产植物瓣轮叶与海百合、牙形石等生物，属局部发育的小规模沼泽沉积。

3. 临沧沉积区

浅海陆盆相沉积：与早二叠世相似，继续形成岩屑石英砂岩，页岩夹放射虫硅质岩，含双壳类、腹足类及海百合茎等化石。

五、晚三叠世瑞替期岩相古地理

上三叠统须家河组及上三叠统干海子组与舍资组为本次页岩气资源潜力调查评价工作中选定的重点评价目标层之一，其所对层位相同，均属瑞替阶（表 4-1）。

瑞替期继续海退，滇中、滇东古地理格局有新的变化，滇东南隆起成为剥蚀区，向北扩展到曲靖以北；原滇中古陆全面下沉并与滇东北一起接受河流－湖泊沉积；临海地区则形成海陆交互相的近海湖或海漫湖泊沉积。云岭－无量山区仍有海相沉积。滇西区则发育陆相、海陆交互相沉积（图4-12）。

表 4-1　上三叠统诺利阶/瑞替阶地层划分对比表

地层	保山地层区	德钦－思茅地层区				中甸地层区	川滇地层区			滇东南地层区		南盘江地层区
		澜沧	思茅	兰坪绿春	云岭		丽江	滇中	滇东北	罗平	个旧	
瑞替阶	三岔河组	芒汇河组		麦初菁组	夺盖拉组	喇嘛垭组	新安村组	白土田组　太平场组　舍资组—干海子组	须家河组			
诺利阶	弯甸坝组	小定西组	大平掌组	挖鲁八组	阿堵拉组	拉纳山组	松桂组	花果山组　大荞地组	普家村组	火把冲组		

（一）滇中、滇东北沉积区

滇中、滇东北沉积区主要发育河湖沼泽相沉积、近海河湖沼泽相沉积、近海河湖沼泽－湖缘三角洲相沉积、海侵河湖沼泽相沉积和三角洲相沉积。

1. 河湖沼泽相沉积

河湖沼泽相沉积分布于元谋－绿汁江与东川－宜良之间、通海以北地区，宣威地区亦有少量分布。为灰黑、暗紫红色泥岩、粉砂岩夹细粒岩屑长石砂岩、石英砂岩或不等厚互层，局部夹碳质页岩、煤线、泥灰岩，底部普遍有厚度不等的砾岩层。其上与侏罗系连续过渡。厚 20~890m。砂岩具槽状交错层理、平行层理，泥岩水平层纹发育。生物为植物及淡水双壳类。另在该相区西北部元谋旦劳、哀小一带尚发育洪积扇，系一套分选、磨圆极差的复成分砾岩，其中尚夹劣质煤层。

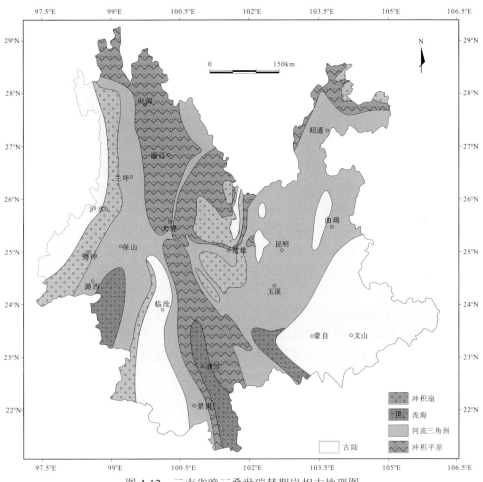

图 4-12　云南省晚三叠世瑞替期岩相古地理图

2. 近海河湖沼泽相沉积

近海河湖沼泽相沉积包括华坪、南华、石屏广大范围，为一套含煤沉积（干海子组+舍资组或新安村组），属近海河湖沼泽相沉积。干海子组为黑色泥岩、粉砂岩夹细－中粒砂岩、煤层及砾岩透镜体，或者为细－粗粒砂岩夹碳质页岩、煤层，厚 400~2330m，大致构成粗－细－粗完整旋回，其中次级正向韵律发育。舍资组为细－粗粒砂岩夹泥岩、粉砂岩，逐渐过渡到泥岩夹砂岩，局部夹煤线、泥灰岩，组成由粗至细沉积旋回。厚 400~1464m。上述砂岩常具大型单向斜层理、平行层理、板状交错层理、波状交错层理，粉砂岩和泥岩则具微细斜层理、水平层理发育，生物门类单调，见植物、双壳类（半咸水为主，少量正常海生）、介形类、叶肢介，以植物分布最普遍，双壳类在南部地区与植物交替或混生产出，北部则偶尔出现。上述特征显示属近海岸地带的河湖沼泽环境，与海水相通性较好。

3. 近海河湖沼泽－湖缘三角洲相沉积

近海河湖沼泽－湖缘三角洲相沉积指元谋洒芷至一平浪一带的干海子组、舍资组分布区。舍资组中上部为泥岩、碳质页岩与粉砂岩不等厚互层，夹细粒长石石英砂岩、薄煤层；下部为厚层块状中粗粒长石石英砂岩夹泥岩、粉砂岩，偶有细砾岩。干海子组上部为灰绿色粉砂岩、泥岩不等厚互层夹细砾岩、煤层，下部为砾岩、含砾中粗粒长石石英砂岩与粉砂岩、碳质泥岩、煤层不等厚互层，总厚 350~1447m。

两组各自构成由粗至细的沉积旋回，其中次级韵律非常发育；砂岩具大型板状、槽状、楔状交错层理，粉砂岩、泥岩微波状层理、水平纹层较发育；沿层理面分布菱铁矿结核、钙质结核以及植物根系化石，虫迹构造亦常见，生物以植物为主，兼有叶肢介、介形类、鱼鳞、腹足类、双壳类（淡水的，干海子组有半咸水的），在空间分布上，一平浪一带扇三角洲相特征明显。

属该相的还有宾川－祥云一带，白土田组岩石组合变化大，多以细－粗粒岩屑砂岩、长石石英砂岩为主，夹粉砂岩、页岩煤层，或者为上述两类岩石的韵律互层，上部还夹砾岩、透镜状煤层，厚513~850m，具大型板状、槽状、楔状交错层理及平行层理，垂直层面虫迹构造亦可见，生物以植物为主，兼有叶肢介及半咸水的双壳类。

4. 海侵河湖沼泽相沉积

海浸河湖沼泽相沉积分布于滇东北地区，须家河组岩性变化较大，主要为细－粗粒岩屑长石石英砂岩、石英砂岩夹粉砂岩、粉砂质页岩、碳质页岩和透镜状煤层、煤线。局部尚夹泥灰岩透镜体、黄铁矿、菱铁矿结核，底部常有厚薄不等的砾岩，厚 140~515m。各地剖面由 1~3 个从粗至细的旋回构成，其内次级韵律亦较发育。煤、铁质结核、泥灰岩一般出现于下部或底部。砂岩常见单向斜层理、波状层理、楔状交错层理及波痕，页岩水平层纹发育。生物单调，以植物为主，兼有叶肢介和介形类等，偶见海相或半咸水双壳类。上述诸特征表明其系短时遭海侵的河湖相沉积。

5. 三角洲相沉积

三角洲相沉积分布于宁蒗及其以北，属四川盐源三角洲相带的西延部分。其沉积组合分三部分简述。下部为细－中粒钙质长石石英砂岩、粉砂岩组成的逆粒序层；细屑组分发育波状、脉状、沙纹层理，粗屑组分发育大型板状、槽状交错层理，偶见平行层理；生物多为碎片，有植物、腕足类、双壳类等，垂直层面虫迹构造亦常见到。中部以石英粉砂岩、岩屑长石石英砂岩为主，夹泥岩及煤线，组成下粗上细正粒序结构，次级韵律亦较发育；粗屑组分以板状、槽状、楔状交错层理发育，细屑组分发育水平、沙纹层理，偶见不对称小型波痕；泥岩中植物根系普遍。上部由岩屑长石石英砂岩、粉砂岩、泥岩组成正粒序韵律，粗屑组分在韵律中有时达 2/3，底部冲刷面普遍，以发育板状、槽状交错层理为特点；细屑组分偶见沙纹、水平层理及细小不对称波痕。以植物碎片广泛发育为特点。据上述各特征分析其形成环境：早期以河流入海浅滩为主，中期属三角洲顶积层序中的水下平原，晚期发展到陆相网状河道沉积。

（二）兰坪－思茅沉积区

兰坪－思茅沉积区主要发育近海河湖相沉积和滨海平原沼泽相沉积。近海河湖相沉积分布于兰坪－思茅沉积区边缘局部地区。西部边缘于景东忙怀－景洪橄榄坝间的澜沧江沿岸，系火山物质及砂、砾、泥沉积（忙汇河组）。下部为岩屑砂岩、复成分砾岩、泥岩，局部夹酸性火山岩或火山碎屑岩；中部为中－基性火山岩和火山碎屑岩，偶夹岩屑砂砾岩；上部为紫红色复成分岩屑砾岩、岩屑砂岩、泥岩及其上的中－基性火山岩。上被侏罗系所覆盖，厚 1200~3500m。各地沉积岩显下粗上细正粒序结构，岩石组分、结构成熟度均低，常见单向斜层理、微细水平层理、波状层理及交错层理，以及波痕。生物以半咸水双壳类为主，兼有叶肢介、介形类、植物、鱼类。从沉积、生物特征分析，以河湖相沉积为主，兼有海相沉积物，东部边缘位于哀牢山西侧绿春一带（高山寨组上段），以紫红色页岩为主及泥质细砂岩、粉砂岩、中粒岩屑石英砂岩，少量砂砾岩和酸性火山岩。厚逾1100m，砂、泥岩比约 0.8∶1。生物有叶肢介、介形类、双壳类（正常海生、半咸水均有）。

滨海平原沼泽相沉积广布于兰坪－思茅地区，系砂泥含煤沉积（麦初箐组中上部或路马组上部）。以泥岩、粉砂岩与细粒长石石英砂岩、石英砂岩不等厚互层夹煤层，局部夹泥灰岩、泥质灰岩薄层及英安岩、英安质凝灰岩（德钦东侧），厚242~1341m。砂岩常具单向斜层理、平行层理、交错层理，以及波痕，泥岩显水平纹层。生物以双壳类为主，兼有介形类、腕足类及植物等，一般下部为正常海相及半咸水生物，向上渐为半咸水双壳类，至上部以植物为主，偶见半咸水双壳类。上述特征反映出海水较浅、局部沼泽化的滨海平原环境。

第三节　目标层空间展布规律

一、下寒武统筇竹寺组空间展布规律

下寒武统筇竹寺组在整个云南省各构造分区名称不一致，通过地层比对和资料分析，筇竹寺组在各区的地层分布对比如表 4-2。保山地层区为公养河群和勐统群，其岩性特征为一套厚度巨大的浅变质砂岩与泥板岩，夹少量硅质岩及灰岩，常具类复理石韵律；文山地区称为猫猫头组，主要发育粉砂岩、泥板岩、砂泥质灰岩等，遭受变质作用（发育泥板岩、绢云板岩等）影响较大，地层厚度 375.9~646m；中甸－昆明地层区为筇竹寺组或称牛蹄塘组，由灰黑色中薄层泥质、钙质粉砂岩及含钒、银的黑色碳质粉砂岩组成，底部富含多金属硫化矿物，局部夹石煤或油页岩，偶夹白云岩透镜体，厚 0~277m。为表述方便，本书将其统称为筇竹寺组。

表 4-2　云南省下寒武统筇竹寺组地层对比简表

地层	保山地层区		文山地层区	中甸－昆明地层区				
	保山	西盟		中甸	华坪	昆明	巧家	镇雄
下寒武统	公养河群	勐统群等	猫猫头组	?		筇竹寺组	玉案山段 八道湾段	牛蹄塘组

　　根据野外勘查获取的剖面信息、地层出露信息，结合云南省古地理特征及后期构造变动对先期沉积地层的影响，对云南省下寒武统筇竹寺组富有机质泥页岩在全区的分布特征进行了研究，其总体特征表现为：以云岭－无量山海为界，东西分区；滇东北及滇东南地区黑色页岩发育厚度整体较滇西大。早期印度洋、太平洋由滇东南向西北部、北部入侵，滇东海槽自南向北张裂使南部海侵与北部扬子陆表海汇合，滇中古陆形成的屏障阻隔了扬子海向西南的入侵，但是云岭－无量山裂陷张开使得印度洋－太平洋沿裂陷带向西北入侵，临沧古陆的存在又劈分了南来海侵，因此整个云南省筇竹寺期在滇东北扬子海及滇东南华南海入侵方向呈现黑色页岩逐渐增厚趋势。

　　研究区主要富有机质泥页岩的发育以古陆为中心向外逐渐增厚，值得注意的是，由于早寒武世整个云南省处于一个构造相对稳定期，准平原化作用使得陆表地势差异不大，全区范围内黑色页岩厚度均超过 30m。但是由于云岭－无量山海的裂陷作用，该区呈现一种深海－半深海环境，且后期持续沉积了巨厚地层覆盖其上，因此滇西地区筇竹寺组在地表没有出露，估算其埋深超过 10000m，保山地区由于后期构造作用使得目的层埋藏也较深，因此，两区埋深大的页岩储层目前可能难以勘探开发，因此本次研究对滇西地区筇竹寺组的研究需要有目的、有重点。整个云南省筇竹寺组分布规律如图 4-13 和图 4-14 所示。

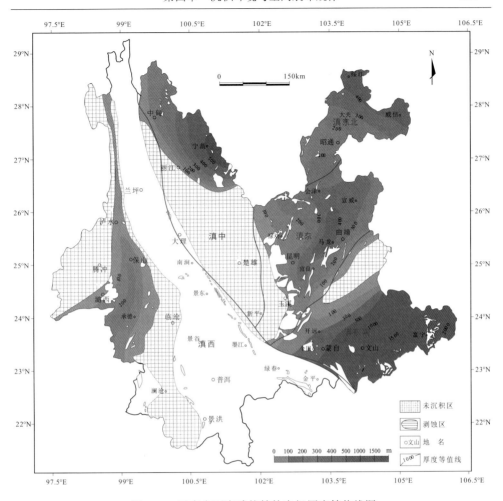

图4-13　云南省下寒武统筇竹寺组厚度等值线图

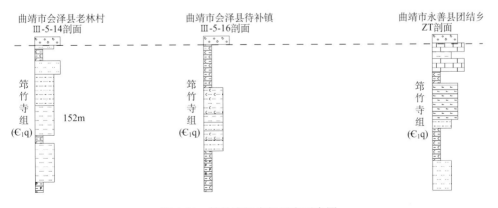

图4-14　筇竹寺组空间展布示意图

二、下志留统龙马溪组空间展布规律

下志留统龙马溪组在整个云南省各构造分区名称也不一致，通过地层比对和资料分析，龙马溪组在各区的地层分布对比见表 4-3，图 4-15。为表述方便，下志留统目标层以龙马溪组代称。

表 4-3　云南省志留系地层划分表

地层	保山	墨江	大理	宁蒗	曲靖	昭通
上志留统	上志留统	上志留统	宾川群	上志留统	玉龙寺组	
					妙高组	
					关底组　上段	菜地湾组
					下段	
中志留统	上仁和桥组	中志留统		中志留统	岳家山组	大路寨组
						牛滚凼组
下志留统	下仁和桥组	下志留统		下志留统		嘶风崖组
						黄葛溪组
						龙马溪组

该组在保山分区分布广泛，分布于保山市、泸水市、凤庆县、施甸县、镇康县一带，岩性主要为灰黑、深灰色泥质、粉砂质、碳质笔石页岩，顶部偶夹泥灰岩透镜体；区域上保山市老尖山一带为紫红、灰色条带状粉砂岩、页岩；泸水市一带为黑色硅质笔石页岩，镇康县一带页岩较少，粉砂岩夹层稍多。页岩中普遍发育有深浅色相间的水平层纹，且韵律层发育，含星点状及条带状黄铁矿，厚度以施甸县为中心向南北增厚，施甸县厚 75~232m，保山市、泸水市厚 256~315m，镇康县厚 194~459m，与上覆栗柴坝组灰、肉红色泥质网纹状灰岩及下伏蒲缥组杂色砂岩夹泥灰岩均为整合接触；墨江分区广泛分布于墨江－绿春一带，为灰绿、灰黑色粉砂质板岩，与灰、灰绿、偶见灰紫色中层－块状细粒石英砂岩、细粒含长石石英砂岩、粉砂互层，板岩中常含粉砂岩条带，厚 551~1158m，自西北向东南增厚。在中甸－昆明地层区仅分布于镇雄－彝良－炎山以北地区，岩性以上部为灰黑色中薄层粉砂质页岩与泥质、钙质粉砂岩不等厚互层，含笔石；下部为黑色泥质石英钙屑粉砂岩，水平微薄层理发育，含笔石，厚约 9.3m 为代表，唯镇雄两河口为薄层粉砂质灰岩、泥灰岩。厚 18~180m，由南往北、自东向西逐渐增厚。

龙马溪组在整个云南省的分布集中在滇东北、滇西北、云岭－无量山海及保山地区，该期沉积滇中、滇东为滇黔桂丘陵，未接受海侵，主要为云岭－无量山

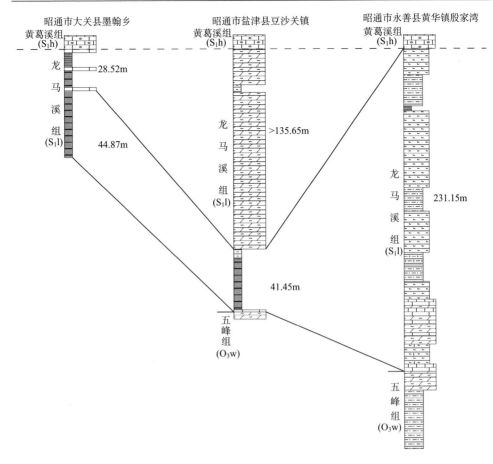

图 4-15　龙马溪组空间展布示意图

海沉积区、滇东北、滇西北提供陆源物质供给，临沧古陆收缩，云岭－无量山裂陷持续发育，张裂范围扩大明显，腾冲丘陵为保山陆表海提供物质供给（图 4-15、图 4-16）。

三、上志留统玉龙寺组空间展布规律

上志留统玉龙寺组在云南省发育较为局限，仅分布在曲靖、马龙、昆明、澄江一线，向南延伸至云岭－无量山海，该期云岭－无量山海进一步扩张，在西部地区与保山陆表海、中甸汇合，整个区域内沉积了大面积的碳酸盐岩及碎屑砂岩，富有机质泥页岩厚度发育较薄。各分区具体岩性特征：在中甸、昆明地层区分布岩性较稳定，顶、底皆以易剥页岩结束及出现为标志，仅在马龙县小姑姑以南夹黑色粉砂岩、粉砂质页岩，厚 24~633m；在保山地区，下部为笔石与介壳化石混合相沉积；上部为一套红色泥质碳酸盆沉积，以富含海林檎为特征。

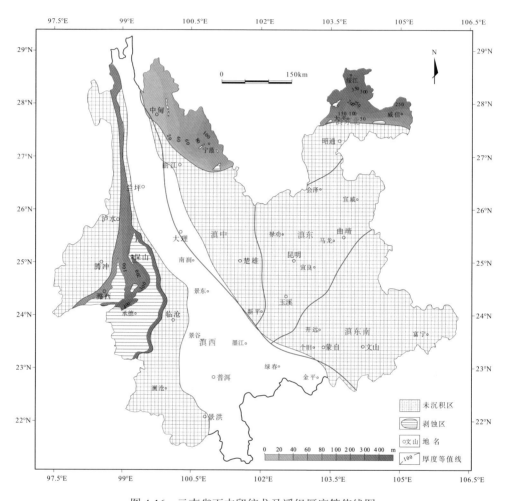

图 4-16　云南省下志留统龙马溪组厚度等值线图

　　岩性除剖面所列出的以外，在枯柯河以东、怒江以西为粉砂岩、细砂岩及页岩，厚 32~230m。此外，出露于哀牢山断裂西南侧的景东县牛街－元江县安定一带的浅变质岩系，为一套具复理石特征的灰、灰绿色板岩、千枚岩、变质砂岩、石英片岩，厚 4000~5000m，其上被上三叠统不整合覆盖，与区内志留系、泥盆系展布于同一构造带内，但岩性组合有别。图 4-17 和图 4-18 分别为玉龙寺组厚度等值线图及空间展布。

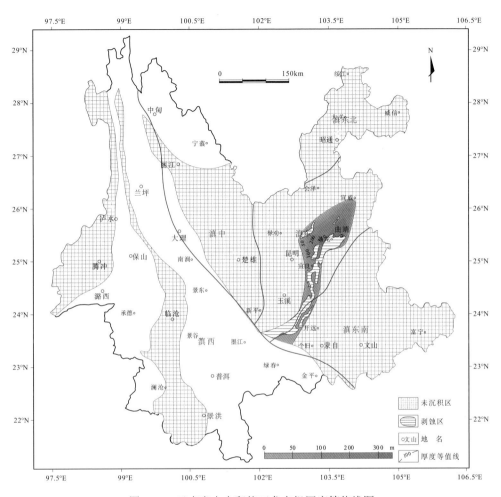

图 4-17　云南省上志留统玉龙寺组厚度等值线图

四、上二叠统宣威组空间展布规律

上二叠统宣威组在整个云南省各构造分区名称也不一致，通过地层比对和资料分析，宣威组（长兴组、龙潭组）在各区的地层分布对比见表 4-4 和图 4-19。为表述方便，上二叠统目标层以宣威组代称。

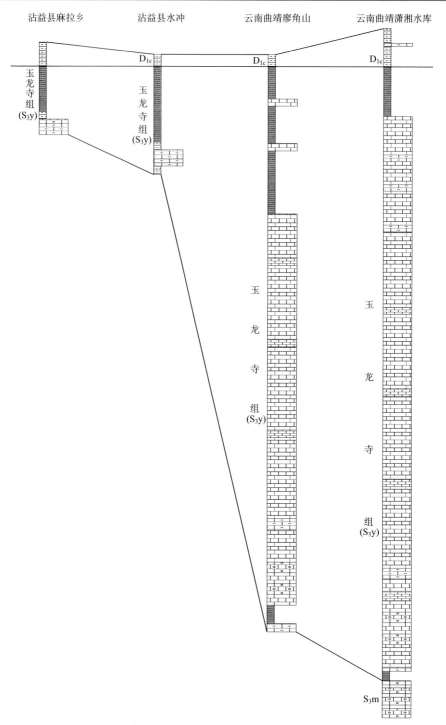

图 4-18　玉龙寺组空间展布示意图

表4-4　云南省上二叠统龙潭组地层划分表

地层区	腾冲－保山地层区		德钦－思茅地层区				中甸地层区			昆明－宁蒗区			
地层	腾冲	保山	耿马	德钦－景谷	云龙－勐腊	维西－墨江	中甸	三江口	永胜	昆明－宾川	宣威	镇雄－个旧	富宁
上二叠统	(见柱状线)	(见柱状线)	石佛洞组	沙木组　石佛洞组上段	石佛洞组上段	安山集块岩	冈达概组上段	聂尔唐刀组	长兴组	(见柱状线)	宣威组	长兴组	长兴组
			南皮河组	老段公寨下段	羊八寨组	羊八寨组	冈达概组下段		黑泥哨组			龙潭组	吴家坪组

该组在昆明－宁蒗地层区分布广泛，主要分布于滇东宣威市、富源县、镇雄县、威信县、富宁、永胜一带，岩性主要为灰－深灰色页岩、粉砂岩页岩、粉砂岩、砂岩夹煤层及煤线，局部以粉砂岩、硅质岩、灰岩为主。厚34~263m。与下伏地层呈假整合接触；在中甸地层区分布于中甸县然窝牛场、东坝、三井口一带，岩性主要为灰绿色致密状、豆状、杏仁状玄武岩。中部及下部夹少量灰岩、泥灰岩透镜体；上部夹砂岩、泥岩、煤层或煤线，厚2050m，含蜓类、腕足类等。与下伏地层整合接触；在德钦－思茅地层区分布于墨江、维西、勐腊、云龙、景谷、德钦一带。岩性主要为灰黑、灰黄色页岩、硅质岩、中酸性凝灰岩、安山岩、安山质英安岩、流纹斑岩、斑状玄武岩等夹煤层、煤线。其中煤层尖灭现象再现，火山岩的多少变化极大，厚286~3869m，含腕足类、植物、三叶虫、蜓类等。在腾冲－保山地层分区该地层无分布。

宣威组在整个云南省的分布集中在滇东、滇东北、广南县、海尾、里洋、板茂及麻栗坡铁厂乡等一带，另外在威信县、丽江也有出露，各地岩性不一，变化较大。

五、上三叠统干海子组空间展布规律

干海子组岩性主要为一套灰、灰黑、灰绿色砾岩、砂岩、页岩夹煤层组成的下粗上细的沉积旋回。底部砾岩与下伏普家村组砂泥岩呈平行不整合接触，顶部砂泥岩与上覆舍资组砂岩为整合接触。禄丰县－平浪厚496m，下部为灰绿、黄绿、灰黑色细砂岩夹页岩、砾岩及多层煤层；上部为灰绿、灰黑色长石石英砂岩夹砾岩、泥岩、碳质页岩，常构成下粗上细的多个小旋回。北至元谋县洒芷，厚度增至777m，中下部以灰白、黄绿色长石石英砂岩及长石砂岩为主，夹含砾砂岩、砾岩；上部以灰绿、灰黑色页岩为主，夹粉砂岩，显示下粗上细的沉积旋回。南至

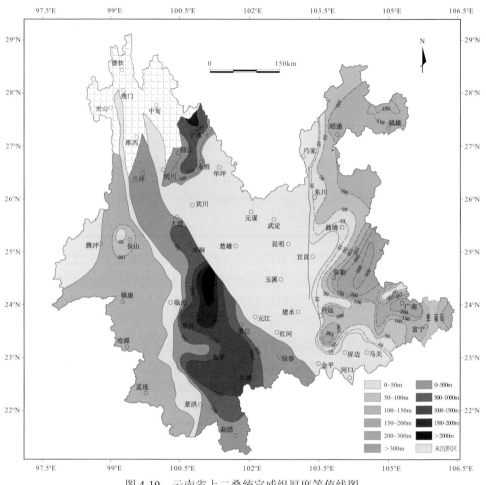

图 4-19　云南省上二叠统宣威组厚度等值线图

峨山县塔甸厚度减至 252m，下部为浅灰、灰黑色石英砂岩、粉砂岩夹页岩、煤层和煤线；中部为灰黑色页岩夹粉砂岩及含砾砂岩；上部为灰黑色页岩夹粉砂岩。

该组由北而南厚度变薄，下粗上细的旋回清楚，其中含多个次级小旋回。一平浪一带为河湖沼泽环境，其南、北均过渡为滨海沼泽环境。富含植物共计有 40 属 90 种，含双壳类、介形类等化石。

六、上三叠统舍资组空间展布规律

舍资组岩性主要为灰绿、黄绿色砂岩、粉砂岩、泥岩、碳质页岩，上部夹紫红色泥岩，显示下粗上细的沉积旋回。底部粗砂岩与下伏干海子组砂页岩为整合接触，顶部杂色砂泥岩与冯家河组紫红色泥岩为整合过渡。禄丰县一平浪厚 496m，为灰绿、黄绿色砂岩与泥岩交替呈互层，夹碳质页岩，上部常见紫红色泥岩夹层。北至元谋县洒芒，厚度增至671m，中下部以灰白、黄绿色中粗粒石英砂岩为主，夹少量碳质页岩；上部为灰绿色泥岩与粉砂岩互层。南至峨山县塔甸厚度增至1596m，由灰黄、灰黑色（顶部夹紫红）砂岩、粉砂岩、页岩组成的下粗上细的沉积旋回，其中含多个次级小旋回。

该组由一平浪向南、向北厚度迅速增厚，岩石粒度变粗。为河湖沼泽相，富含植物，但已远不及干海子组丰富，含半咸水双壳类、介形类等化石。图4-20展示了上三叠统干海子组、舍资组的空间展布及发育规律。

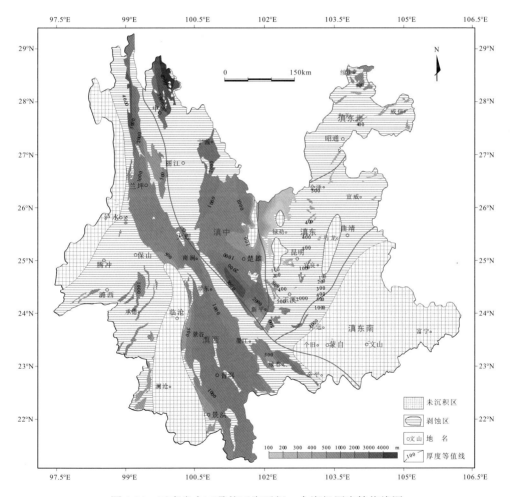

图4-20　云南省上三叠统干海子组、舍资组厚度等值线图

第五章 页岩气地球化学特征

第一节 有机质类型

在不同沉积环境中，由不同来源有机质形成的干酪根，其性质和生油气潜能差别很大。根据干酪根样品的碳、氧、氢元素的分析结果，干酪根类型按三类四分法可分为 I 型——腐泥型；II 型（II₁——腐殖腐泥型；II₂——腐泥腐殖型）和 III 型——腐殖型（戴鸿鸣等，2008）（表 5-1）。

表 5-1 有机质类型划分标准（戴鸿鸣等，2008）

类型	干酪根 $\delta^{13}C$/‰	干酪根显微组分 TI 值
I	<−29	>80
II₁	−29~−27	40~80
II₂	−27~−25	0~40
III	>−25	<0

I 型干酪根：以含类脂化合物为主，直链烷烃很多，多环芳烃及含氧官能团很少，具高氢低氧含量，主要来自藻类沉积物，也可能是由各种有机质被细菌改造而成，生油潜能大，每吨生油岩可生油约 1.8kg。

II₁/II₂ 型干酪根：氢含量较高，但较 I 型干酪根略低，为高度饱和的多环炭骨架，含中等长度直链烷烃和环烷烃较多，也含多环芳烃及杂原子官能团，来源于海相浮游生物和微生物，生油潜能中等，每吨生油岩可生油约 1.2kg。

III 型干酪根：具低氢高氧含量，以含多环芳烃及含氧官能团为主，饱和烃很少，来源于陆地高等植物，对生油不利，但埋藏足够深度时，可成为有利的生气来源。

目前烃源岩有机质类型评价方法主要为有机岩石学评价方法、干酪根碳同位素法以及干酪根元素分析法等三种方法。本节运用热解数据 Tmax-HI、TOC-S₂ 图谱来分析页岩中有机质类型（Espitalie et al., 1985；曾花森等，2010）及有机岩石学评价方法进行有机质类型划分。

依据热解数据 Tmax-HI 及 TOC-S₂ 图谱分析，三组页岩有机质类型均为III型干酪根，可能与样品野外强风化有关。郭伟等（2012）对滇东北牛蹄塘组和龙马溪组页岩利用 TTI 值 H/C-O/C 原子比三分法分析，结果为干酪根类型基本为III型，但其认为这并非源岩的真实干酪根类型，牛蹄塘组和龙马溪组均为下古生界海相沉积，源岩母质都为微生物体，没有高等植物，因此认为干酪根应该以混合型为主，少量腐泥型。本次依据热解数据 Tmax-HI 及 TOC-S_2 图谱来对干酪根类型进行确定仅供参考。

干酪根显微组分鉴定及类型划分，依据 SY/T 5125－1996《透射光－荧光干酪根显微组分鉴定及类型划分方法》，采用 Leica DM4500P 研究型显微镜，温度为 20℃，湿度为 40%。

（一）筇竹寺组

筇竹寺组有机质类型鉴定结果见表 5-2 和表 5-3，表明筇竹寺组样品有机质主要由腐泥组与镜质组组成，且均以腐泥无定形占主导，确定有机质类型分别为 I 型及 II_1 型。因此确定筇竹寺组有机质类型为 I~II_1 型。

表 5-2　筇竹寺组样品干酪根类型测试结果（中原油田分公司测试）

样品编号	腐泥组/%			壳质组/%	镜质组/%		惰质组/%	总计/%	干酪根	
	腐泥无定形	藻类体	腐泥碎屑体		结构镜质体	无结构镜质体			指数	类型
曲地 6	59.66	—	—	—	—	40.34	—	100	79.83	II_1
曲地 7	87.93	—	—	—	—	12.07	—	100	93.97	I

注：镜质组为镜状体（笔石表皮体）和沥青。

表 5-3　筇竹寺组样品干酪根类型测试结果（瑞华通正测试）

样品编号	显微组分组含量/%					干酪根类型指数（TI）	干酪根类型
	腐泥组	树脂体	壳质组	镜质组	惰性组		
曲地 5 井-46	92	—	8	—	—	96	I
曲地 5 井-79	95	—	5	—	—	97.5	I
曲地 5 井-115	65	—	33.5	—	0.5	80.25	I
曲地 5 井-132	90	—	10	—	—	95	I
曲 1-36	92	—	8	—	—	96	I
曲 1-74	96	—	4	—	—	98	I
曲 1-107	95	—	5	—	—	97.5	I
曲 1-135	98	—	2	—	—	99	I
曲 6-24	97	—	3	—	—	98.5	I
曲 6-129	92	—	8	—	—	96	I
曲 7-24	97	—	3	—	—	98.5	I
曲 7-91	92	—	8	—	—	96	I

注：依据标准：SY/T 5125－1996。"—"表示未检出。

（二）玉龙寺组

玉龙寺组有机质类型鉴定结果如表 5-4 所示，表明玉龙寺组样品有机质以腐泥质为主，仅含少量无结构镜质组，确定玉龙寺组有机质类型为 I 型。

表5-4 玉龙寺组样品干酪根类型测试结果（中原油田分公司）

样品编号	腐泥组/%			壳质组/%	镜质组/%		惰质组/%	总计/%	干酪根类型
	腐泥无定形	藻类体	腐泥碎屑体		结构镜质体	无结构镜质体			
曲地 2-16	100	—	—	—	—		—	100	I
曲地 2-58	100	—	—	—	—		—	100	I
曲地 2-补 7	99.47	—	—	—		0.53	—	99.74	I

注：镜质组为镜状体（笔石表皮体）和沥青。

（三）下仁和桥组

下仁和桥组有机质类型鉴定结果如表 5-5 所示，表明下仁和桥组样品有机质以腐泥质为主，含少量镜质组和惰质组，干酪根类型指数均在 80 以上，确定下仁和桥组有机质类型为 I 型。

表5-5 下仁和桥组样品干酪根类型测试结果

样品编号	显微组分组含量/%					干酪根类型指数（TI）	干酪根类型
	腐泥组	树脂体	壳质组	镜质组	惰性组		
YYQ4-B-1	94	—	—	3	3	88.75	I
YYQ4-B-82	95	—	—	2	3	90.5	I
YYQ4-B-18	90	—	—	6	4	81.5	I
YYQ4-B-13	91	—	—	5	4	83.25	I
YYQ4-B--41	97	—	—	2	1	94.5	I
YYQ4-B-45	93	—	—	4	3	87	I

注：依据标准：SY/T 5125－1996。"—"表示未检出。

（四）上三叠统

上三叠统干海子组和舍资组有机质类型鉴定结果如表 5-6 所示，表明干海子组和舍资组样品有机质以腐泥质为主，含少量镜质组和惰质组，干酪根类型指数均在 80 以上，确定上三叠统干海子组和舍资组有机质类型为 I 型。

表 5-6　上三叠统样品干酪根类型测试结果

样品编号	显微组分组含量/%					干酪根类型指数（TI）	干酪根类型
	腐泥组	树脂体	壳质组	镜质组	惰性组		
YYQ3-1	90	—	—	8	2	82	I
YYQ3-5	90	—	—	7	3	81.75	I
YYQ3-22	92	—	—	6	2	85.5	I
YYQ3-55	93	—	—	5	2	87.25	I
YYQ3-118	90	—	—	5	5	81.25	I
YYQ3-130	90	—	—	6	4	81.5	I
YYQ3-144	90	—	—	1	9	80.25	I

注：依据标准：SY/T 5125－1996。"—"表示未检出。

（五）长兴组、龙潭组

长兴组和龙潭组有机质类型鉴定结果如表 5-7 所示，表明长兴组、龙潭组样品有机质以壳质组、镜质组及惰性组为主，腐泥组含量极少，干酪根类型指数主要小于 0，确定长兴组、龙潭组有机质类型主要为III型。

表 5-7　长兴组、龙潭组样品干酪根类型测试结果

样品编号	显微组分组含量/%					干酪根类型指数（TI）	干酪根类型
	腐泥组	树脂体	壳质组	镜质组	惰性组		
ZK204-（11）	—	—	70	25	5	11.25	II$_2$
ZK204-（17）	—	—	50	15	35	−21.25	III
ZK204-（44）	5		15	20	60	−62.5	III
ZK204-（58）	5	—	30	35	30	−36.25	III

注：依据标准：SY/T 5125－1996。"—"表示未检出。

（六）梁山组

梁山组有机质类型鉴定结果如表 5-8 所示，表明梁山组样品有机质壳质组、镜质组最多，惰性组、腐泥组次之，干酪根类型指数分布于 4~20 之间，确定梁山组有机质类型主要为II$_2$型。

表 5-8　梁山组样品干酪根类型测试结果

| 样品编号 | 显微组分含量/% | | | | | 干酪根类型指数（TI） | 干酪根类型 |
	腐泥组	树脂体	壳质组（不含树脂体）	镜质组	惰性组		
YFY1-1-1	35	－	20	30	15	7.5	II₂
YFY1-1-4	20	－	50	20	10	20	II₂
YFY1-1-6	10	－	55	25	10	9	II₂
YFY1-1-8	12	－	51	30	12	4	II₂

注：依据标准：SY/T 5125－1996。"－"表示未检出。

第二节　有机质丰度

有机质丰度是评价烃源岩生烃能力的重要参数之一，在其他条件相近的前提下，岩石中有机质丰度越高，生烃能力越高，所用的指标主要有总有机碳（TOC）、氯仿沥青"A"、总烃和生烃潜量（S_1+S_2）。

对于有效烃源岩的有机碳下限值的问题，许多学者提出了不同的看法。梁狄刚等（2000）提出海相商业性烃源岩（包括泥质岩和碳酸盐岩）有机碳含量至少不低于 0.5%（高－过成熟区可降低至 0.4%）。张水昌等（2000）对国内外烃源岩评价进行了广泛的调研，认为在海相地层中评价烃源岩，沿用 0.5%作为有机质丰度下限是合适的，低丰度不能成为有效的烃源岩；海相烃源岩的评价可以按照 Peters（1994）提出的评价标准（表 5-9）；王顺玉等（2000）对于高－过成熟阶段非烃源岩的划分标准为 TOC 含量低于 0.16%（表 5-10）；赵靖舟（2001）及张渠等（2003）对泥质烃源岩的评价标准认识较为一致（表 5-11），对泥岩非烃源岩的划分标准为 TOC 含量低于 0.4%；秦建中等（2004）提出海相烃源岩有机质丰度评价标准（表 5-12），对于属于 I～II₁ 型的云南高－过成熟度页岩，差－非烃源岩 TOC 划分界限为 0.2%；黄第藩（1992）认为非烃源岩有机碳含量低于 0.4%（表 5-13）；钟宁宁等（2004）应用模拟实验和生烃动力学方法，提出了泥岩烃源岩丰度下限为 TOC 含量等于 0.4%；陈建平等（2012）将泥岩烃源岩的有机碳下限确定为 0.5%。对于海相烃源岩的有机质丰度下限问题，国内不同学者根据自己掌握的资料及不同的实验方法，提出的下限值在 0.16%~0.5%。

表5-9 烃源岩生烃潜力的地球化学指标（Peters，1994，略有修改）

生烃潜力	差	一般	好	很好	极好
TOC/%	0~0.5	0.5~1.0	1.0~2.0	2.0~4.0	>4.0

表5-10 高－过成熟地区海相烃源岩有机碳丰度评价标准（王顺玉等，2000）

烃源岩级别	泥质岩有机质丰度/%		碳酸盐岩有机质丰度/%	
	成熟阶段	高过成熟阶段	成熟阶段	高过成熟阶段
非烃源岩	<0.4	<0.16	<0.1	<0.04
差烃源岩	0.4~0.6	0.16~0.24	0.1~0.3	0.04~0.12
中等烃源岩	0.6~1.0	0.24~0.4	0.3~0.74	0.12~0.28
好烃源岩	1.0~2.0	0.4~0.8	0.74~1.7	0.28~0.68
最好烃源岩	>2.0	>0.8	1.7	>0.68

表5-11 烃源岩有机质丰度评价标准（赵靖舟，2001；张渠等，2003）

岩性	指标	很好烃源岩	好烃源岩	中等烃源岩	差烃源岩	非烃源岩
泥岩	TOC/%	>2	1.0~2.0	0.6~1.0	0.4~0.6	<0.4
碳质泥岩	TOC/%	35~40	18~35	10~18	6~10	<6
煤	"A"/%		5.5	2.0~5.5	0.75~2.0	<0.75
碳酸盐岩	TOC/%	>1.5	0.7~1.5	0.3~0.7	0.1~0.3	<0.1

表5-12 海相烃源岩有机质丰度评价标准（秦建中等，2004）

演化阶段	有机质类型	烃源岩有机质丰度/%			
		优质烃源岩	好烃源岩	中等烃源岩	差－非烃源岩
未成熟－成熟	Ⅰ－Ⅱ₁	>2	1~2	0.3~1	<0.3
	Ⅱ	>3	1.5~3	0.5~1.5	<0.5
高成熟－过成熟	Ⅰ－Ⅱ₁	>1.5	0.7~1.5	0.2~0.7	<0.2
	Ⅱ	>2.5	1.2~2.5	0.4~1.2	<0.4

因陈建平等（2012）是通过对云南禄劝等地发育的低成熟的海相泥岩以及煤系泥岩进行有机碳与热解生烃潜力实验，且考虑到生产应用的方便性与实用性，同时结合国外对海相烃源岩等级划分，更符合云南省真实情况，所以本次研究采

用陈建平等（2012）所提出的中国古生界海相烃源岩生烃潜力评价等级划分标准（表 5-14）。

表 5-13　烃源岩有机质丰度评价标准（黄第藩，1992）

烃源岩类别	有机地化指标			
	TOC/%	"A"/%	HC/$\times 10^{-6}$	S_1+S_2/（mg/g）
好	>1.0	>0.1	>500	>6.0
较好	1.0~0.6	0.05~0.1	200~500	2.0~6.0
较差	0.6~0.4	0.01~0.05	100~200	0.5~2.0
非烃源岩	<0.4	<0.01	<100	<0.5

表 5-14　中国古生界海相烃源岩生烃潜力评价等级划分标准（陈建平等，2012）

烃源岩等级	有机碳含量/%		
	下古生界	上古生界	上古生界（煤系）
非	<0.5	<0.5	<0.5
差	0.5~0.75	0.5~1.0	0.5~1.0
中	0.75~1.5	1.0~2.0	1.0~2.5
好	1.5~2.0	2.0~3.0	2.5~4.0
很好	2.0~4.0	3.0~5.0	4.0~7.0
极好	>4.0	>5.0	>7.0

一、总有机碳（TOC）

有机碳是指存在于页岩有机质中的碳，是页岩气聚集最重要的控制因素之一。TOC 含量越高，生烃潜力越大，单位面积内泥页岩的含气性也越高，一定程度上也有利于甲烷的吸附。有机碳含量作为页岩气研究的重要内容，不仅控制着页岩的物理化学性质，包括密度、颜色、强度和含硫量等，还在一定程度上控制着页岩裂缝发育程度储层的含气性，是决定黑色页岩储层发育的重要因素：①原始有机质成熟演化生气为储层提供丰富的气源；②通过有机酸、气体压力等方式形成裂缝孔洞，为气体储集增加空间；③有机质作为吸附气的良好载体，是低渗透低孔隙黑色页岩能够形成储层的重要因素。

（一）筇竹寺组 TOC 含量

云南省筇竹寺组见顶见底野外露头剖面共 5 条，分别为昆明市宜良县九乡拖麦里村$\epsilon_1 q$ 剖面、昆明市安宁县耳目村$\epsilon_1 q$ 剖面、昆明市东川区金牛村$\epsilon_1 q$ 剖面、曲靖市会泽县大海乡老林村$\in_1 q$ 剖面及曲靖市会泽县待补镇聂家村$\in_1 q$ 剖面；现有筇竹寺组页岩气钻井共 5 口，分别为 ZK2 井、曲地 1 井、曲地 5 井、曲地 6 井及曲地 7 井。通过野外露头剖面及钻井 TOC 实测值，可计算得到筇竹寺组 TOC 校正系数，方便除筇竹寺组钻井地区外其他区野外露头样品实测 TOC 值的校正。

曲靖市会泽县大海乡老林村$\in_1 q$ 剖面位于会泽县大海乡老林村，在盘山公路附近，剖面总体出露情况极好，上下追索均找到分界标志层，剖面出露地层厚150.52m，页岩厚 73.48m，见底见顶，顶部黄绿色分界砂岩，底部白云质灰岩夹磷条带均找到，剖面以灰黑色粉砂岩、泥质粉砂岩为主，中段发育不规则分布的泥煤，与整个滇东地区筇竹寺组情况类似，下段为磷条带及泥灰岩互层，岩石硬度很高，风化不明显；曲靖市会泽县待补镇聂家村$\in_1 q$ 剖面位于会泽县待补镇聂家村，在盘山公路一侧，剖面总体出露情况较好，见底疑见顶，出露地层厚 77.93m，页岩厚 58.61m，底部白云岩、磷条带、暗色泥页岩，向上页岩层发育。

通过观测 TOC 在垂向上的分布可以得出，筇竹寺组顶部 TOC 值普遍较小，向底部 TOC 值变大，且筇竹寺组底部 TOC 分布均呈现三段式分布，规律明显（图 5-1），利用底部三段 TOC 进行筇竹寺组页岩 TOC 校正系数的计算。

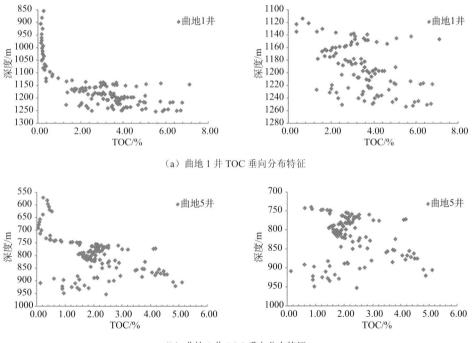

（a）曲地 1 井 TOC 垂向分布特征

（b）曲地 5 井 TOC 垂向分布特征

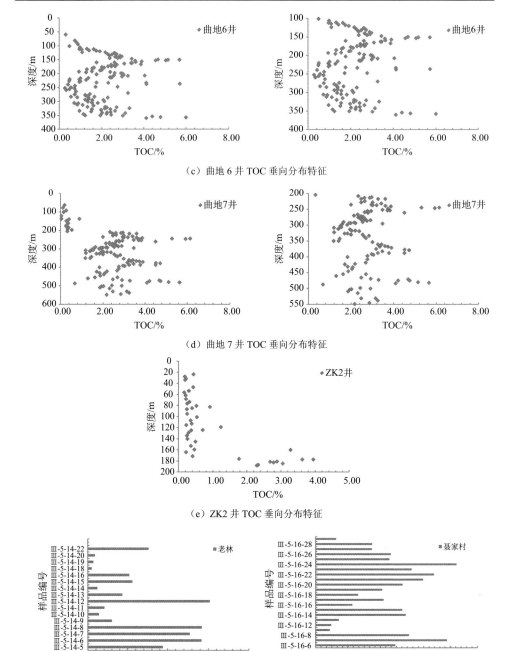

（c）曲地 6 井 TOC 垂向分布特征

（d）曲地 7 井 TOC 垂向分布特征

（e）ZK2 井 TOC 垂向分布特征

（f）野外剖面 TOC 分布（左：老林剖面；右：聂家村剖面）

图 5-1　筇竹寺组页岩 TOC 垂向分布特征

由于筇竹寺组底部 TOC 高值区呈现很好的三段式，计算时，将每一段所测试的所有 TOC 值取平均值，当作本段 TOC 值，见表 5-15。

表 5-15 剖面及钻井下部各段 TOC 平均值

剖面/钻井	第一段 TOC/%		第二段 TOC/%		第三段 TOC/%	
	平均值	最大值	平均值	最大值	平均值	最大值
老林剖面	0.68	1.52	1.14	3.04	1.83	2.84
聂家村剖面	3.09	5.23	1.77	3.35	2.36	4.88
曲地 1 井	2.71	7.13	3.39	6.79	4.12	6.71
曲地 5 井	2.19	4.16	2.70	4.59	2.15	5.11
曲地 6 井	2.52	5.72	1.71	5.72	2.30	6.00
曲地 7 井	2.78	6.14	2.69	4.72	3.01	5.64
ZK2 井	2.45	3.95	—	—	—	—

由于曲地 1 井筇竹寺组埋藏深度大，钻井未见断层破坏，TOC 未受风化作用影响，所以将曲地 1 井 TOC 作为标准，分别计算各剖面及钻井 TOC 平均值及各段 TOC 最大值的校正系数，见表 5-16。

表 5-16 各剖面及钻井 TOC 平均值及各段 TOC 最大值的校正系数

剖面/钻井	第一段校正系数		第二段校正系数		第三段校正系数		综合校正系数	
	平均值	最大值	平均值	最大值	平均值	最大值	平均值	最大值
老林剖面	3.99	4.69	2.97	2.23	2.25	2.36	2.61	2.30
聂家村剖面	0.88	1.36	1.92	2.03	1.75	1.38	1.51	1.59
曲地 1 井	1.00	1.00	1.00	1.00	1.00	1.00	1.00	1.00
曲地 5 井	1.24	1.71	1.26	1.48	1.92	1.31	1.47	1.50
曲地 6 井	1.08	1.25	1.98	1.19	1.79	1.12	1.62	1.18
曲地 7 井	0.97	1.16	1.26	1.44	1.37	1.19	1.20	1.26
ZK2 井	1.11	1.81	—	—	—	—	1.11	1.81

老林剖面第一段由于风化较严重，导致校正系数过大，在进行综合校正系数时未将第一段代入计算。

筇竹寺组现有 TOC 可分为 3 个层次，分别为剖面（老林剖面及聂家村剖面）、浅钻（曲地 5 井、曲地 6 井、曲地 7 井及 ZK2 井）及深钻（曲地 1 井），以深钻 TOC 当作标准值，分别计算剖面及浅钻 TOC 校正系数，见表 5-17。

表 5-17　剖面及浅钻 TOC 校正系数

类型	校正系数	
	平均值	最大值
剖面	2.06	1.94
浅井	1.35	1.44
深井	1.00	1.00

　　综上，露头样品由于受风化作用较为强烈，TOC 平均校正系数为 2.06，浅井由于保存条件逐渐变好，TOC 平均校正系数为 1.35；选取下部各段 TOC 最大值研究校正系数，与 TOC 平均值校正系数基本相当，所以，综合平均值与最大值校正系数，选取两者平均值作为校正系数，即剖面校正系数为 2.0，浅井校正系数为 1.40。参考前人对地表风化样的 TOC 校正系数，西宁盆地油页岩采用 2.25，羌塘盆地泥岩采用 2.20，沁水盆地泥岩采用 2.20，川西北中坝地区中三叠统地表样采用 2.1~3.9，云南省 TOC 校正系数值的选取基本相当。云南省资源潜力评估中野外露头剖面选取校正系数值为 2.0，浅井校正系数为 1.40，本书中出现的 TOC 数值均为实测结果校正后所得数据。在第四章钻井成果一节已经对钻井 TOC 进行了详细叙述，在此仅对野外露头样品的 TOC 进行研究。

　　本次滇东及滇东北地区筇竹寺组 TOC 含量实测剖面主要分布在昭通市、曲靖市及昆明市。从测试结果来看，昭通地区筇竹寺组页岩 TOC 含量主体位于 2%~8%，TOC 含量高于 2%，所占比例较大（图 5-2）。

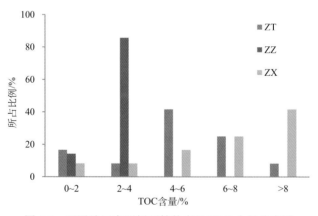

图 5-2　昭通地区实测剖面筇竹寺组 TOC 含量分布图

　　ZZ 剖面从河道开始实测，因此多数样品不仅受到风化作用，也可能受河水等淋滤作用影响，因此目前测得 TOC 含量在 2%~4%的较多，但整体显示昭通地区筇竹寺组页岩 TOC 含量较大。国外开发经验及国内研究成果都表明，TOC>2%是目前多数判断页岩气成藏的基本条件。昭通地区 ZT 及 ZZ 剖面 TOC 含量普遍较高，TOC 含量主体位于 2%~8%，尤其是 ZX 剖面，其仅 TOC>8%的就占 41.67%，因此具有很好的页岩气资源潜力。

　　昆明地区主要以西山区剖面采集样品测定 TOC，该区 TOC 含量在 0.02%~11.54%范围内，TOC>2%的样品占 72.22%，TOC>4%的样品占 55.56%，TOC>6%的样品占 33.33%（图 5-3），TOC 含量普遍较高，具备页岩气成藏条件，可以加大研究力度。

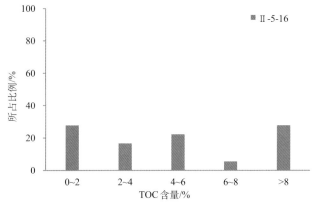

图 5-3　昆明地区实测剖面筇竹寺组 TOC 含量分布图

　　曲靖地区实测 TOC 含量剖面主要位于马龙县及会泽县，尤其是马龙县Ⅱ-5-10 剖面，TOC 含量整体都高于 2%，仅 TOC>6%的就占总体的 70.59%（图 5-4），其页岩 TOC 含量整体高，可以继续深入研究其页岩气成藏条件。而从会泽县两个剖面实测 TOC 含量来看，整体较马龙县页岩 TOC 含量低。Ⅲ-5-14 剖面 TOC>4%的仅占 36.84%，TOC>6%的仅占 21.05%，TOC 含量主体位于 0~4%之间，占 63.16%。Ⅲ-5-16 剖面 TOC>2%的占 75.00%，TOC>4%的占 62.50%，TOC 平均含量较高，TOC 含量主体位于 4%~8%，具有很好的页岩气潜力，可以深入研究。

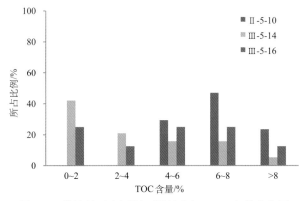

图 5-4　曲靖地区实测剖面筇竹寺组 TOC 含量分布图

总体来说，云南省筇竹寺组黑色页岩发育较好，有机质含量高，TOC 含量高的地区主要集中在滇东及滇东北地区（图 5-5）。滇东及滇东北地区广泛发育，以曲靖市及昭通市巧家县附近为两个中心，TOC 含量逐渐向中心增大。宁蒗地区 TOC 含量不高，由北西往南东有增大趋势，而滇西地区因为其上覆巨厚盖层，且没有筇竹寺组出露，未取到样品，无法测定其 TOC 含量。

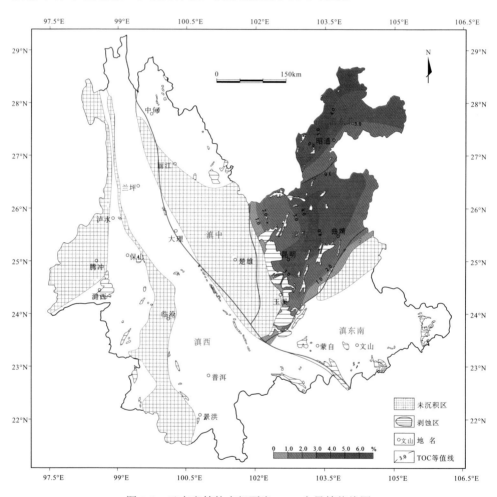

图 5-5　云南省筇竹寺组页岩 TOC 含量等值线图

（二）龙马溪组 TOC 含量

本次研究将滇西地区下仁和桥组中黑色页岩认为与滇东北地区龙马溪组黑色页岩相对应，因此对滇东北昭通市及滇西保山市、芒市野外实测剖面露头样品 TOC 含量进行测试。研究表明，滇东北龙马溪组实测 TOC 含量较低，受严重风化影响，对 TOC 进行校正后，ZY 剖面 TOC 含量在 0.32%~2.38%，TOC>2%的占 8.7%，TOC 含量普遍较低，但 ZM 剖面 TOC 含量较高，TOC>2%的占 60.9%，TOC>3%的占 34.8%（图 5-6），可以深入研究。

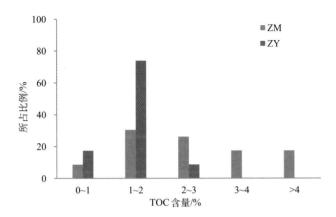

图 5-6　昭通地区实测剖面龙马溪组 TOC 含量分布图

　　下仁和桥组在滇西地区主要发育于保山地块及云岭－无量山沉积区，因滇西地形地貌复杂，部分剖面无法见顶见底，采样也相对较少，因此对现有样品测试进行频数统计分析。研究表明，滇西地区下仁和桥组 TOC 含量普遍较高，位于芒市的Ⅰ-MCH 剖面 TOC 含量主体位于 2%~8%，其中 TOC 含量>4%的样品占 60% 以上（图 5-7），其 TOC 含量最高达 6.48%，具备页岩气成藏条件。保山市下仁和桥组实测剖面 TOC 含量相对来说较低，多数低于 2%。但怒江傈僳族自治州泸水市Ⅰ-NL 剖面实测剖面 TOC 含量较高，后期可以考虑进一步研究。

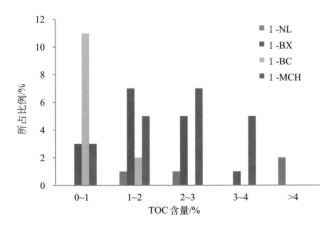

图 5-7　滇西地区实测剖面下仁和桥组 TOC 含量分布图

云南省龙马溪组（下仁和桥组）TOC 含量整体北东高，西南高，呈往中间降低趋势，滇东北地区由西南往北东 TOC 含量增大，宁蒗地区也有此趋势。滇西保山地区及云岭-无量山沉积区下仁和桥组 TOC 含量由东南方向往北西方向增大（图5-8）。

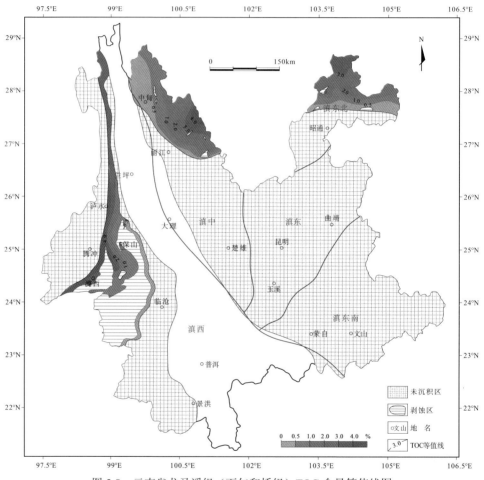

图 5-8　云南省龙马溪组（下仁和桥组）TOC 含量等值线图

根据 YYQ4 井钻井资料，下仁和桥组 TOC 含量相对较低，普遍在 1.0% 以下，平均为 0.66%（埋深 149.04~464.73m）。

（三）玉龙寺组实测 TOC 含量

曲靖地区玉龙寺组广泛发育，实测 TOC 表明，TOC 含量多低于 2%，但 4-29 编号系列样测得 TOC 含量高于 2%，但其为野外踏勘地质点采样非剖面样（图 5-9），说明该区 TOC 含量普遍较低，但局部地区有机质富集，TOC 含量较高，且主要位于曲靖地区，可以对局部小区域进行深入研究。云南省玉龙寺组主要发育于曲靖地区，呈北东方向展布的条带状区域，TOC 含量整体较低（图 5-10）。

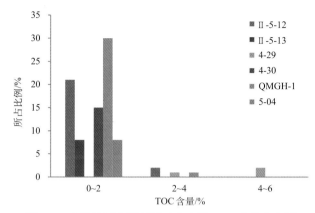

图 5-9　曲靖地区实测剖面玉龙寺组 TOC 含量分布图

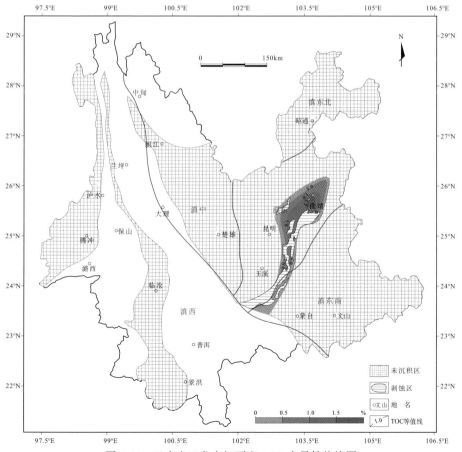

图 5-10　云南省玉龙寺组页岩 TOC 含量等值线图

　　根据曲地 2 井钻井资料，玉龙寺组 TOC 含量相对较低，参考筇竹寺组对于浅井和深井总有机碳的校正系数，玉龙寺组上段的 TOC 值主要位于 1%~2%。

（四）干海子组与舍资组实测 TOC 含量

　　结合钻井实测 TOC 及野外资料露头实测值，绘制干海子组与舍资组 TOC 含量等值线图（图 5-11），TOC 在楚雄盆地呈现高值，向东及向西逐渐减小。

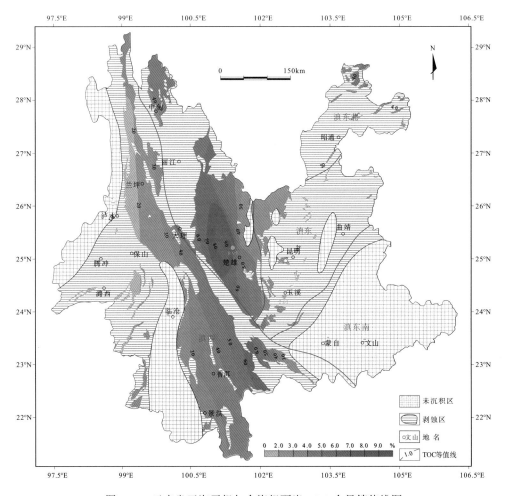

图 5-11　云南省干海子组与舍资组页岩 TOC 含量等值线图

（五）长兴组、龙潭组 TOC 含量

　　通过对富源 ZK204 以及富源 ZK201 样品 TOC 含量进行测试，研究表明，富源 ZK204 样品 TOC 含量在 1.15%~28.42%，平均值 4.13%，TOC>2% 的占 76.19%，

TOC 含量较高（图 5-12）。富源 ZK201 样品 TOC 含量在 1.49%~5.7%，平均值 3.33%，TOC>2%的占 80%，TOC 含量较高（图 5-13）。通过实验数据得知，富源 ZK204 以及富源 ZK201 样品 TOC 含量普遍较高，但纵向非均质性较强。

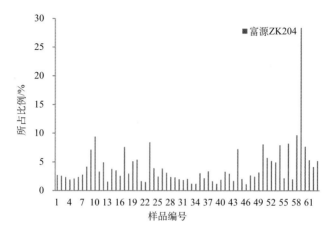

图 5-12 富源 ZK204 长兴组、龙潭组 TOC 含量分布图

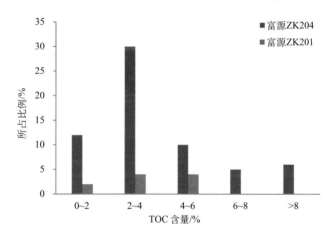

图 5-13 富源 ZK201 井长兴组、龙潭组 TOC 含量分布图

（六）梁山组 TOC 含量

通过实测地质剖面采样测试结果，梁山组黑色页岩段总有机碳含量较高，但不同层位变化较大，为 1.40%~6.00%，平均值为 3.208%（表 5-18）。

通过对 YFY1 井梁山组页岩段暗色页岩层系进行总有机碳（TOC）地化分析发现，梁山组暗色页岩有机碳含量高，为 0.17%~19.94%，平均值为 1.48%；有效页岩段 107.29~361.48m，平均值为 2.23%。TOC 散点分布图如图 5-14 所示。

表 5-18　梁山组地表剖面总有机碳数据

样品编号	实测值	校正值
YFY-P-1	0.70	1.40
YFY-P-2	2.05	4.10
YFY-P-3	1.45	2.90
YFY-P-4	3.00	6.00
YFY-P-5	0.82	1.64

注：对地表样总有机碳测试值以 2.0 为倍数计算校正值。

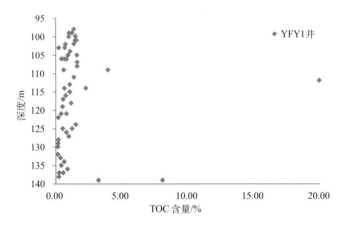

图 5-14　YFY1 梁山组 TOC 散点分布图

二、生烃潜量（S_1+S_2）

有机质生烃潜量用"S_1+S_2"表示，通过岩石热解（Rock-Eval）实验获得，其中 S_1 为残留烃，表示从样品中释放出的自由油和气，是在早期的地质条件下生成的，干酪根未发生裂解；S_2 为裂解烃，是重烃裂解和干酪根热解的产物，代表 1g 样品中有多少毫克的剩余油气。"S_1+S_2"对页岩生气潜力的评价有重要意义，且通常情况下，"S_1+S_2"随有机碳含量的增加而增大。

依据热解实验测试结果可知,云南省筇竹寺组页岩最高热解温度 T_{max} 为 469℃，生烃潜量（S_1+S_2）为 0.0458~0.0913mg/g，平均可达 0.0713mg/g；龙马溪组页岩最高热解温度 T_{max} 为 404℃，生烃潜量（S_1+S_2）为 0.0354~0.1302mg/g，平均可达 0.0596mg/g；玉龙寺组页岩最高热解温度 T_{max} 为 439.6℃，生烃潜量（S_1+S_2）为 0.0051~0.0437mg/g，平均可达 0.0167mg/g；上三叠统页岩最高热解温度 T_{max} 为 547℃，生烃潜量（S_1+S_2）为 0.0406~0.4797mg/g，平均可达 0.1228mg/g；长兴组、龙潭组页岩最高热解温度 T_{max} 为 505℃，生烃潜量（S_1+S_2）为 0.7099~4.6942mg/g，

平均 2.1663mg/g；梁山组页岩最高热解温度 T_{max} 为 524℃，生烃潜量（S_1+S_2）为 0.06~3.00mg/g，平均 0.8425mg/g。根据生烃潜量平均值，各地层生烃强度由强到弱为长兴组 2.1663mg/g、龙潭组（2.1663mg/g）、梁山组（0.8425mg/g）、上三叠统（0.1228mg/g）、筇竹寺组（0.0713mg/g）、龙马溪组（0.0596mg/g）、玉龙寺组（0.0167mg/g）。

由于目标层位烃源岩基本都处于高－过成熟阶段，氯仿沥青"A"、生烃潜量（S_1+S_2）及总烃（HC）指标失去了部分原始的地质指示意义，仅具有参考意义。因此，用有机碳含量作为目标层是否属于有效烃源岩的评价指标。

第三节　有机质成熟度

有机质成熟度是有机物在向碳氢化合物转变过程中的衡量指标，反映有机质是否已经进入热成熟生气阶段（生气窗），有机质进入生气窗后，生气量剧增，有利于形成商业性页岩气藏。泥页岩中的有机质成熟度不仅可以用来预测页岩的生烃潜能，还能评价高变质区泥页岩储层的潜能，是页岩气聚集形成的重要指标。常用的有机质成熟度指标包括三类：光学指标、化学指标和谱学指标。考虑到研究区页岩气储层形成时代和成熟度的特殊性，本书综合利用镜质组反射率测试（R_o）和激光拉曼光谱测试（RS）。

根据镜质组反射率测试发现，下古生界样品中仅少量样品测点数达到 30 个，多数样品镜下难以找到可测镜质体，因此数据的可靠程度和准确性均有一定的局限性。依据 SY/T 5124－2012 标准，利用 ZJ257+ZJ280 Leica DM4500P 偏光显微镜和 CRAIC 显微光度计，在 23℃及 44%湿度下的测试结果反映，筇竹寺组镜质组反射率为 2.07%~2.20%，平均值为 2.13%；龙马溪组镜质组反射率为 2.16%~2.40%，平均值为 2.27%；上三叠统镜质组反射率为 1.83%~2.39%，平均值为 2.20%；玉龙寺组镜质组反射率为 2.53%~2.91%，平均值为 2.72%；长兴组、龙潭组镜质组反射率为 0.96%~1.51%，平均值为 1.2%；梁山组镜质组反射率为 1.37%~1.81%，平均值为 1.525%。根据成熟度划分标准，除了长兴组、龙潭组及梁山组属于中等成熟度，其他均属高－过成熟度演化阶段，且筇竹寺组、龙马溪组、玉龙寺组均由沥青质反射率换算得出，部分样品测点少，对测试结果有一定的影响，与剖面样品差别大，不利于评价分析。

激光拉曼光谱测试（RS）可以利用拉曼散射对有机质大分子结构的响应产生相应的谱学参数。汪洋和胡凯（2002）指出有机质可以产生两个特殊的拉曼位移，在 1250~1450cm^{-1} 左右的 D 带，为双共振拉曼散射模式，主要反映晶格结构缺陷和芳环片层的空位信息；在 1500~1605cm^{-1} 左右的 G 带主要反映 C═C 键的切向伸缩振动。根据 G 峰和 D 峰的面积（X_{1600}、X_{1350}）、面积比（$Y=X_{1600}/X_{1350}$）、位置差（$Z=d_{1600}-d_{1350}$）可以拟合出峰参数与成熟度之间的关系。谱峰面积 X_{1600}、X_{1350} 及两峰面积比（Y）与 R_o 值之间呈半对数相关关系，而两峰位置差（Z）与 R_o 值之间呈幂函数关系，它们与镜质组反射率的相关系数（r）都在 0.92 以上（式（5-1））：

$$\lg X_{1600} = -0.0720R_o + 5.5256\,(r = 0.96)$$
$$\lg X_{1350} = -0.1147R_o + 6.0076\,(r = 0.97)$$
$$\ln Y = 0.0985R_o - 1.0930\,(r = 0.93) \tag{5-1}$$
$$\ln Z = -0.0582\ln R_o + 5.5834\,(r = 0.94)$$

上式中镜质组反射率 R_o 的范围为 2.1%~15.0%（图 5-15）。

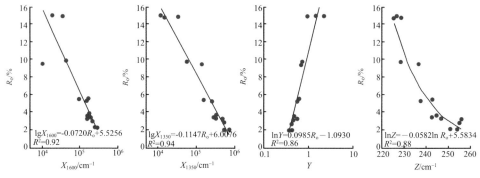

图 5-15　拉曼光谱参数与镜质组反射率（R_o）的关系曲线

刘德汉等（2013）通过对标准煤样的 R_o 与 RS 测试，进一步认为拉曼位移的峰间距参数计算成熟至高成熟阶段的炭化固体有机质样品更为合适，并给出 R_o 与峰间距 d（$G-D$）之间的转换关系式 $R_o=0.052d$（$G-D$）-11.21（图 5-16）。有机质激光拉曼光谱测试成为一种有效的、便于转换通用的成熟度辅助测试方法，尤其在缺乏镜质组的下古生界高－过成熟页岩测试中具有优势。

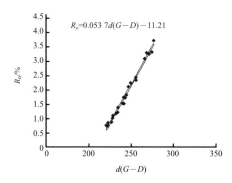

图 5-16　拉曼光谱锋间距（d（$G-D$））与镜质组反射率（R_o）的关系曲线

对研究区筇竹寺组（$\mathcal{C}_1q$）、龙马溪组（S_1l）页岩进行激光拉曼光谱测试（图5-17，图5-18），根据D峰、G峰峰位差，计算出等效镜质组反射率（表5-19）。

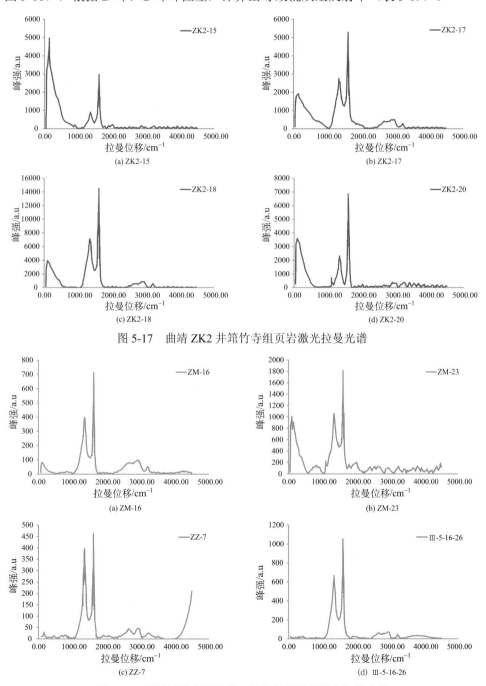

图 5-17　曲靖 ZK2 井筇竹寺组页岩激光拉曼光谱

图 5-18　昭通地区龙马溪组、筇竹寺组页岩激光拉曼光谱

表 5-19   激光拉曼光谱测试参数计算成熟度结果

剖面/钻井	样品编号	D 峰	G 峰	换算 R_o 值	层位
昭通剖面	ZM-16	1333.00	1603.50	3.32	龙马溪组
	ZM-23	1332.00	1603.50	3.37	
	ZZ-7	1340.50	1603.00	2.89	
	III-5-16-26	1330.00	1603.00	3.45	
曲靖钻井	ZK2-15	1336.96	1605.46	3.18	筇竹寺组
	ZK2-17	1338.10	1603.11	2.99	
	ZK2-18	1333.44	1601.00	3.13	
	ZK2-20	1339.96	1603.72	2.93	

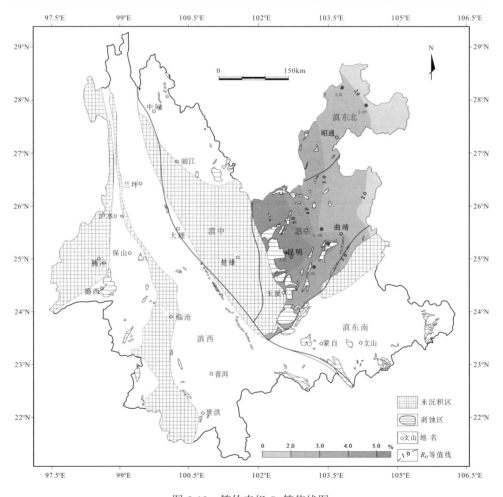

图 5-19   筇竹寺组 R_o 等值线图

根据表中数据,龙马溪组(S₁l)成熟度范围为 3.32%~3.37%,平均值为 3.35%;
笕竹寺组($\in_1q$)成熟度范围为 2.89%~3.45%,平均值为 3.095%,均处于高过一
成熟度演化阶段。相较镜下成熟度测试,激光拉曼光谱测试成熟度值较低,但两
者测试结果均显示,目标层属于高一过成熟度演化阶段。

本次对笕竹寺组及龙马溪组泥页岩成熟度测定由于选样位置不同,龙马溪组
样品位于滇东北地区,而笕竹寺组在滇东地区,由于滇东地区未沉积龙马溪组,
两者所经历的构造运动不同,因此测试结果不具备直接对比性。

结合各组实测成熟度数据,并结合区域地质资料,分别绘制主要目标层成熟
度等值线图(图 5-19~图 5-22)。

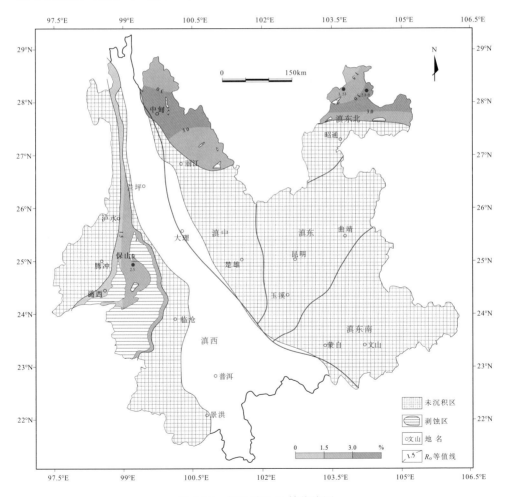

图 5-20 龙马溪组 R_o 等值线图

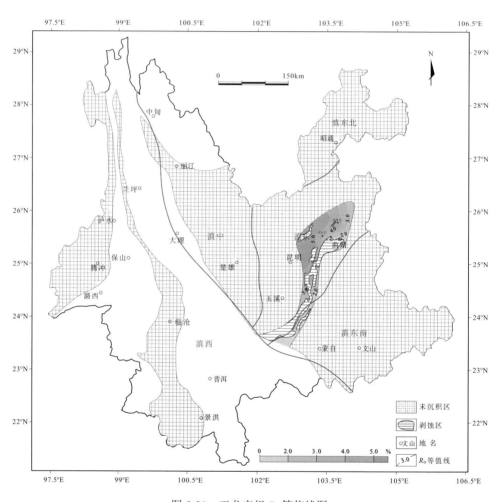

图 5-21 玉龙寺组 R_o 等值线图

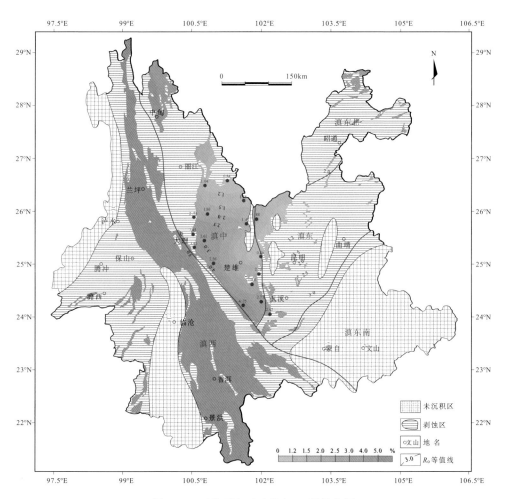

图 5-22 干海子组及舍资组 R_o 等值线图

第六章 页岩气源岩-储层物性特征

第一节 岩石学特征

沉积物的岩石学特征是页岩气成藏的重要控制因素，主要包括泥页岩的构造和粒度特征、岩石矿物组成、生物化石特征等。页岩气藏发育的泥页岩主要为暗色或黑色的细颗粒沉积层，呈薄层状或块状。美国得克萨斯州福特沃斯盆地Barnett 页岩及其上、下相邻地层由不同的岩相组成，Barnett 页岩及上、下相邻地层可识别出 3 种岩性，分别为薄层状硅质泥岩、薄层状含黏土的灰质泥岩（泥灰岩）和块状灰质泥粒灰岩。但是主力产气层段上 Barnett 页岩和下 Barnett 页岩以层状硅质泥岩为主，主要由细微颗粒（黏土质至泥质大小）物质组成。

一、目标层黑色岩系的岩石学特征

将野外层理构造、生物、矿物成分以显微镜、扫描电镜观察发现，重点目标层黑色岩系主要由黑色页岩、硅质页岩、钙质页岩、粉砂质页岩、碳质页岩等组成。黑色岩系颜色随着成分的变化，特别是碳质、钙质和硅质成分的变化，而呈深灰色、浅灰色。硅质含量较低时，硬度变小，均匀性变差。泥页岩常与泥质粉砂岩、粉砂岩组成韵律层，岩石中不同组分如黏土矿物、碎屑、硅质、碳质等各自顺纹层状分布，使岩石显示出纹层状构造特征。少量颗粒在岩石中分布不均匀，碎屑颗粒以粉细砂级碎屑为主，呈次棱角状、次圆状，磨圆度中等而分选性极好，其矿物成分为石英、长石、岩屑、云母及其他矿物，矿物成熟度偏低。对于含粉砂质泥岩来说，常见粉砂级碎屑，细砂级碎屑少见。含硅质、粉砂质泥岩、页岩的黏土矿物含量低一些，碎屑和硅质含量高一些。

（一）泥铁质粉砂岩

泥铁质粉砂岩为水平层理发育，泥粒大小不等，呈带状分布，陆源碎屑成分以石英为主，含少量长石、云母等。填隙物主要为铁泥质，较均匀地分布于粒间，其成分主要为陆源黏土矿物中混杂粒状、粉末状黄铁矿，方解石充填孔隙并交代颗粒。此类岩性在下寒武统筇竹寺组中尤其发育（图 6-1 和图 6-2）。

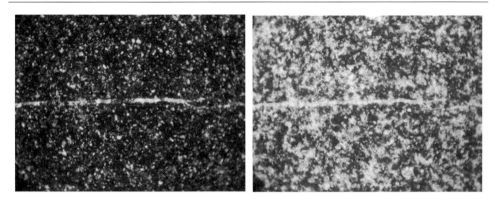

图 6-1 III-5-14-7 样品，正交偏光下（左）及单偏光下（右）

微裂缝中充填方解石

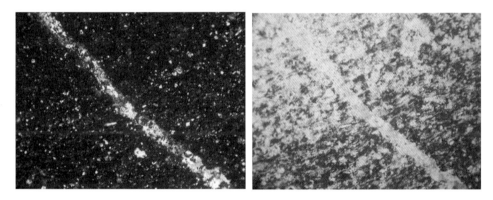

图 6-2 III-5-16-16 样品，正交偏光下（左）及单偏光下（右）

微裂缝中充填方解石

（二）粉砂质页岩

　　显微镜下观察发现，碳质层与粉砂质薄层互层分布，碎屑颗粒含量 20%~40%，以石英为主，呈漂浮状产出，分选较差，磨圆中等，次棱角－次圆状。黏土矿物多呈鳞片状或无定形。黑色物主要为富含有机质的黏土矿物，有机质与黏土混杂，镜下难以分辨。水平层理发育，粉砂质泥质结构。陆源粉砂主要为石英、长石、云母、碳酸盐晶屑等，分布较均匀；泥质主要为伊利石，因重结晶而显定向消光，少量方解石、白云石交代泥质、陆屑颗粒并充填孔隙。粒状黄铁矿不均匀分布。此类岩性在黑色岩系中发育普遍，主要发育在龙马溪组中上部，手标本呈灰黑色、深灰色，发育水平层理、块状层理，亮纹层为粉砂层，暗纹层为泥质层（图 6-3 和图 6-4）。

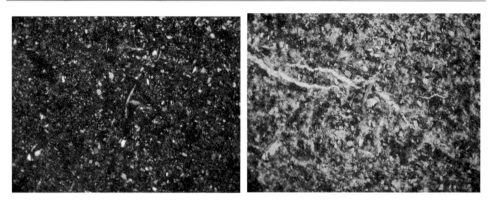

图 6-3　ZY-11 样品，正交偏光下（左）及单偏光下（右）

左图中黑色长条状为微裂缝，彩色干涉色长条状矿物为绢云母

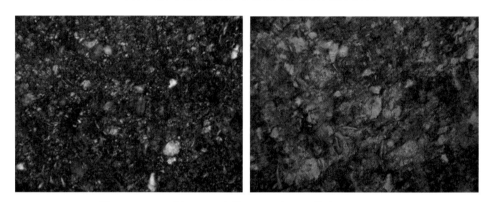

图 6-4　ZY-18 样品，正交偏光下（左）及单偏光下（右）

左图中中间矿物为斜长石颗粒，具有聚片双晶

（三）碳质页岩

碳质页岩含大量炭化有机质，有机碳含量为 3％~15％，手标本呈黑色、灰黑色，易染手，页理发育，性脆，富含植物化石；镜下观察具泥状结构，在薄片上只有细粒石英颗粒呈斑点状分布于其间，颗粒磨圆中等，次棱角—次圆状，分选较差，主要矿物有黏土矿物、石英、云母和长石，含黄铁矿和方解石，为沼泽或其他富含植物的低能或静水环境泥质沉积物的成岩产物。泥质结构主要由纤维鳞片状伊蒙混杂黏土组成，经过重结晶作用，部分碳质分布不均；少量为石英长石、黑云母等，局部见大小不等、外形不规则的碳泥质团块，黑云母多已蛭石化且定向分布。此类岩性主要发育在龙马溪组和筇竹寺组黑色岩系的下部（图 6-5 和图 6-6）。

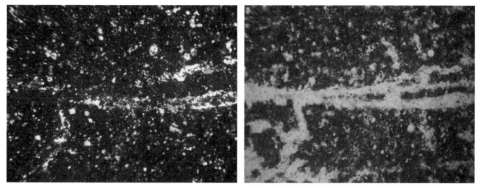

图 6-5　Ⅲ-5-14-12 样品，正交偏光下（左）及单偏光下（右）

左图中裂缝中局部充填石英，为灰白色，在单偏光下无色透明

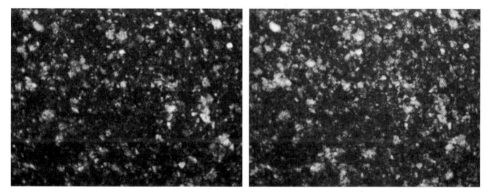

图 6-6　Ⅲ-5-14-16 样品，正交偏光下（左）及单偏光下（右）

左图中暗色部分为黏土矿物条带

（四）泥质粉砂岩

泥质粉砂岩由 85%~90%的粉砂颗粒和 10%~15%的泥质基质组成。碎屑成分主要为石英、长石和碳酸盐岩晶屑，泥质、炭屑和碳酸盐混杂不均匀分布于粒间。岩石中可见莓状黄铁矿和少量有机质。主要发育在龙马溪组和筇竹寺组黑色岩系上部。

（五）钙质页岩

钙质页岩的碳酸钙含量为 25%~50%，泥质结构以纤维鳞片状伊蒙混杂黏土矿物为主，粉泥晶方解石分布均匀，粗粉砂－极细砂层状富集。偶见黄铁矿斑块及生物化石碎片。此类岩性主要发育在龙马溪组黑色岩系的上部，在筇竹寺组黑色岩系中发育较少。块状构造，手标本中可见灰质断口，发育有纹层状和块状，亮层为钙质层或含钙质较高的黏土层，暗层为黏土矿物层（图 6-7 和图 6-8）。

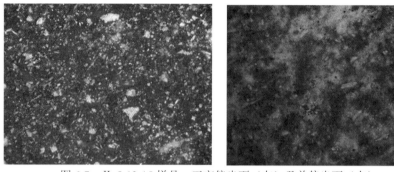

图 6-7　Ⅱ-5-12-15 样品，正交偏光下（左）及单偏光下（右）

左图中彩色小颗粒为方解石，褐红色为黏土矿物，灰白色为石英颗粒

图 6-8　Ⅱ-5-12-15 样品，正交偏光下（左）及单偏光下（右）

钙质结核

（六）黑色富有机质页岩

黑色富有机质页岩以纤维鳞片状伊－蒙混杂黏土矿物为主，粉泥晶方解石分布均匀，一般形成于乏氧的富硫化氢的闭塞海湾、潟湖和湖泊的深水区以及欠补偿盆地与深海沟内。在龙马溪组和筇竹寺组中下部广泛发育，黑色页岩是页岩气勘探的主体（图 6-9）。

图 6-9　4-30-3 样品，正交偏光下（左）及单偏光下（右）

左图中方解石富集形成中间灰岩薄层，暗色部分为黏土矿物薄层

（七）硅质页岩

硅质页岩的二氧化硅含量可高达 85% 以上，几乎不含碳酸盐矿物。手标本为黑色-灰黑色，硅质页岩比普通页岩硬度大，常与铁质岩、锰质岩、磷质岩及燧石等共生，在筇竹寺组下部较发育。

（八）黑色普通页岩

黑色普通页岩的手标本呈黑色、灰黑色，与碳质页岩的区别在于普通页岩不染手。黑色普通页岩硬度小，且多呈薄层状，发育水平层理、块状层理。矿物成分主要为黏土矿物，含量在 70%~90%，颗粒粒度一般为粉砂级或黏土级。含有植物化石和黄铁矿。普通页岩的矿物成分较纯且含分散黄铁矿，表明其沉积环境为相对安静的深水环境，陆源碎屑物质输入较少，这为有机质的富集与保存提供了良好的条件，使得这类页岩可以成为良好的烃源岩。

二、相位与孔裂隙相关性和沉积环境分析

不同类型的岩相，其特征不同，沉积环境、发育层段有差别，其中碳质页岩发育于半深海环境中，主要位于龙马溪组下部；粉砂质页岩发育于陆棚环境，主要位于龙马溪组中上部；钙质页岩发育于浅海及海陆过渡环境，主要位于龙马溪组中上部；硅质页岩发育于半深海-深海、闭塞海湾，主要位于龙马溪组底部及筇竹寺组底部；而黑色普通页岩发育于深海、闭塞海湾、潟湖环境，主要位于龙马溪组底部。粉砂质页岩、硅质页岩、钙质页岩有利于产生裂缝。层状页岩易产生页理缝，在钙质页岩及粉砂质页岩中更为明显。部分硅质页岩中的硅质来源于硅质生物，颗粒内部富含有机质，因此多发育有机质孔隙。碳质页岩不利于裂缝的形成，但利于有机质孔隙的发育。普通页岩中发育大量透镜状黄铁矿，产生了大量的黄铁矿晶间孔。

寒武纪时期，扬子区海侵广泛，下部的筇竹寺组代表了震旦纪之后持续海侵造成的较深浅海沉积产物。下寒武统下部的黑色岩系发育，说明整个扬子区处于水体较深和缺氧的状态。志留纪是一个地壳构造运动相对活跃的时期，也是全球构造格局及古地理面貌发生明显变化的时期。龙马溪组下部的黑色岩系为典型的非补偿沉积类型，反映了志留纪初期冈瓦纳大陆冰盖开始消融，海平面虽然开始上升，但海侵范围较小，仍保持闭塞滞留的状态。上扬子地区沉积的黑色岩系与全球同期发育的黑色岩系具有可比性。

下寒武统筇竹寺组黑色岩系形成于早寒武世早期全球快速海侵体系域，是早寒武世早期全球性海平面上升时，在上扬子地区形成区域性深水滞留缺氧的陆棚到斜坡环境沉积的，其岩性为黑色碳质页岩、黑色硅质页岩、深灰色钙质页岩及深灰色粉砂质页岩，含结核状或莓状黄铁矿，属于快速上升洋流形成的陆架外缘

斜坡贫氧环境－陆棚海（深水陆棚）缺氧沉积环境，发育富含有机质和生物元素、有色金属的黑色岩系，以泥页岩和硅质岩为主。下寒武统筇竹寺组黑色岩系沉积区域稳定，分布连续，地层厚度大。受西部康滇古陆影响，黑色泥页岩总体呈"西薄东厚"的特征。

下志留统龙马溪组黑色岩系形成于陆棚相滞流缺氧环境，以富含笔石和有机质的黑色泥页岩为特征。由北向南，龙马溪组黑色岩系的厚度变薄，南部区域出现石灰岩夹层并逐渐增多，龙马溪组沉积中心在威信县凹陷的北部。其岩性为黑色碳质页岩、黑色硅质页岩、深灰色钙质页岩及深灰色粉砂质页岩，沉积构造以水平层理为主，黄铁矿发育，笔石生物丰富。龙马溪组的岩性、沉积构造和生物群落特征表明，黑色岩系的沉积环境主要为深水斜坡－盆地，盆地为贫氧－厌氧型，可能主要由海平面上升引起。黑色岩系上段颜色较下段浅，粉砂质向上含量增加，表明沉积水体中氧含量增加和水体循环能力变强，粉砂质含量增加，进一步证实沉积水体变浅、盆地的可容纳空间减小，沉积环境由盆地演变为斜坡－深水陆棚沉积。

第二节　矿物学特征

页岩的矿物组成一般以石英或黏土矿物为主，此外还包括方解石、白云石等碳酸盐矿物以及长石、黄铁矿和少量石膏等矿物。黏土矿物包括高岭石、伊利石、绿泥石、伊蒙混层等，含少量蒙脱石或不含蒙脱石。本次研究主要通过 X 射线衍射（XRD）技术，对页岩的物质组成进行分析。

一、X 射线衍射测试方法

X 射线衍射（XRD）技术是鉴定、分析和测量固态物质物相的一种基本方法，因其具有不破坏样品，不改变矿物种类，并快速、直接、可靠地鉴定出矿物种类的优点而得到广泛应用。每种矿物成分都有特定的化学成分和晶体结构，在 X 射线衍射测试中，对应有特定的 X 射线谱图。根据 X 射线衍射图谱给出的 d 值，查询 JCPDS（Joint Committeeon Power Diffraction Standards）标准卡片，就可以准确地鉴定矿物，同时，根据不同矿物衍射强度大小（衍射强度与其含量关系密切），可以定量计算出其含量。

二、实验结果分析

（一）野外样品分析实验

分析结果表明，三个目的层组岩石的三类矿物组成表现出明显差异；筇竹寺组脆性矿物高于碳酸盐矿物及黏土矿物，其中黏土矿物含量占 3.7%~44.4%，平均18.19%；脆性矿物含量占 52.2%~92.8%，平均73.02%；碳酸盐矿物占0.00%~33.3%，平均 8.79%。龙马溪组脆性矿物及黏土矿物相对含量高，其中脆性矿物占26.5%~45.7%，平均 36.06%；黏土矿物占 22.1%~58.3%，平均 39.51%；相对而言碳酸盐矿物含量较低，占3.4%~39.7%，平均24.43%。玉龙寺组黏土矿物含量高，碳酸盐矿物次之，脆性矿物含量低，其中黏土矿物含量占 33.1%~63.5%，平均48.07%；脆性矿物含量占17.8%~27.3%，平均21.57%；碳酸盐矿物占15.6%~48.9%，平均30.35%。总体而言，脆性矿物含量：筇竹寺组>龙马溪组>玉龙寺组，黏土矿物含量：玉龙寺组>龙马溪组>筇竹寺组，碳酸盐矿物含量：玉龙寺组>龙马溪组>筇竹寺组（图 6-10），并且同一组不同深度岩石的矿物差异较为明显，其中筇竹寺组表现最为明显，相对来说龙马溪组矿物分布较为均匀，变化幅度不大，后期勘探开发应针对不同地区不同组段做有区别的深入研究。从脆性矿物含量角度而言，筇竹寺组的开发条件优于龙马溪组，玉龙寺组则较差。

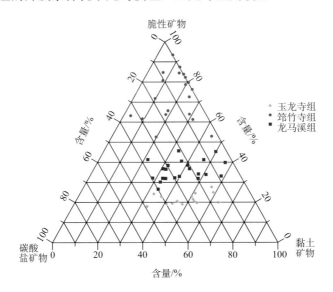

图 6-10　剖面样品页岩矿物含量三角图

从针对筇竹寺组III-5-16剖面的矿物成分分析结果来看，该组页岩中石英含量高，而黏土矿物由下往上呈增高趋势，但白云石等碳酸盐矿物出现先减小后增大再减小再增大趋势，并且增长幅度逐渐变小（图 6-11），表明当时气候环境改变，潮湿环境与炎热环境交替变换，但总体环境变潮湿。实验对其黏土矿物进行分析，发现主要为伊利石，但没有绿泥石矿物，表明该时期成岩作用为中成岩阶段。通过与野外露头样品对比，筇竹寺组钻井与剖面样品的矿物含量总体规律一致，但含量稍有偏差。

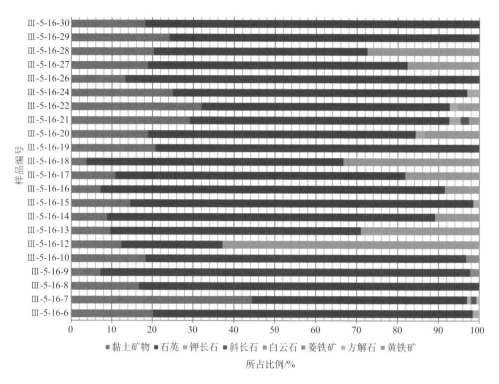

图 6-11　筇竹寺组矿物含量条形图

龙马溪组选择永善县黄华镇殷家湾村（ZM）及盐津县豆沙关镇柿子乡（ZY）两条实测剖面，共对 45 件样品进行储层矿物成分分析。研究认为，较永善县而言，盐津县龙马溪组页岩碳酸盐矿物及黏土矿物含量高，但脆性矿物含量低。

ZM 剖面样品的矿物分析结果表明，黏土矿物及石英占主体，黏土矿物平均含量 39.51%（22.10%~58.30%），石英平均含量 28.51%（21.80%~40.20%），方解石、白云石含量次之，分别平均占 16.39%、8.04%。对黏土矿物的分析表明，黏土矿物主要为伊蒙混层，平均占 50.5%，伊利石、高岭石次之，分别平均占 30%、14.5%，绿泥石最低，平均占 5%（图 6-12）。

对 ZY 剖面样品的矿物成分分析认为，黏土矿物及石英占主体，黏土矿物平均含量 50.53%（43.20%~64.50%），石英平均占总含量的 26.29%（21.70%~32.10%），且垂向分布较均匀，方解石、斜长石含量次之，分别占总比例的 10.74%、6.50%。对其黏土矿物测试分析认为，其黏土矿物主要为伊利石，平均占 54.25%，伊蒙混层、绿泥石次之，分别平均占 29%、12%，高岭石最低，平均占 4.75%（图 6-13）。通过与野外露头样品对比，龙马溪组钻井与剖面样品脆性矿物和黏土矿物所占比例有所偏差，主要是由于野外露头样品风化及次生蚀变导致矿物含量存在差异。

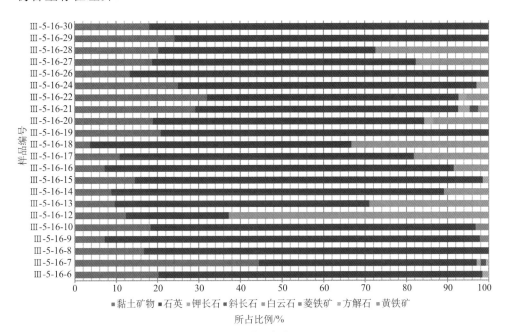

(a) 矿物含量条形图

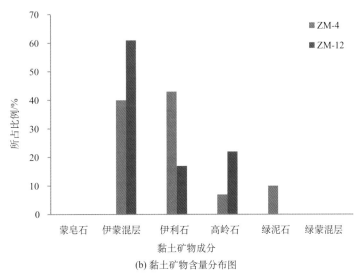

(b) 黏土矿物含量分布图

图 6-12　ZM 剖面龙马溪组矿物含量条形图及黏土矿物含量分布图

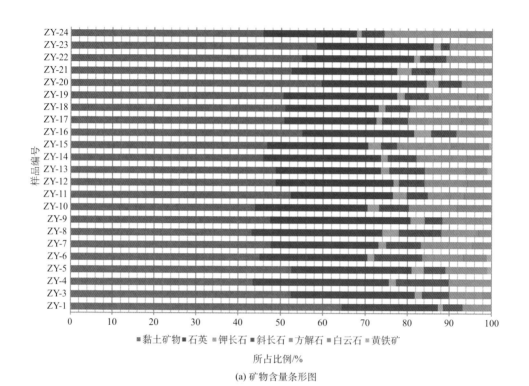

(a) 矿物含量条形图

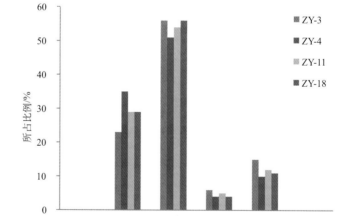

(b) 黏土矿物含量分布图

图 6-13　ZY 剖面龙马溪组矿物含量条形图及黏土矿物含量分布图

　　玉龙寺组 4-30 剖面整体黏土矿物含量高,剖面由底到顶呈先增多后减少两段式趋势,石英含量相对稳定,但白云石呈先增加后减少再增加的趋势(图 6-14),其黏土矿物以伊蒙混层最高,平均含量占 61%,伊利石及绿泥石次之,分别平均占 19.3%、16.7%,高岭石含量最低,平均占 3%(图 6-15),表明该时期已经进入晚成岩阶段。通过与野外露头样品对比,玉龙寺组钻井与剖面样品其矿物含量总体规律一致,但含量稍有偏差。

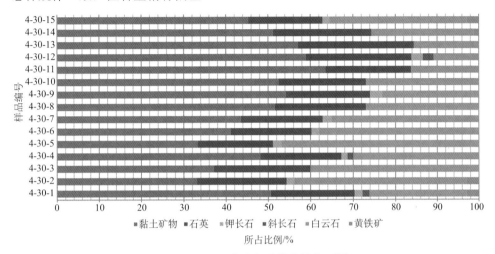

图 6-14　玉龙寺组矿物含量条形图

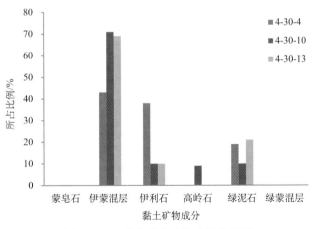

图 6-15　玉龙寺黏土矿物含量分布图

(二)钻井样品实验

　　本次筇竹寺组钻井实验样品涉及曲地 1 井、曲地 6 井及曲地 7 井,钻井样品页岩矿物含量三角图见图 6-16。筇竹寺组脆性矿物高于碳酸盐矿物及黏土矿物，其中黏土矿物含量占 4.90%~45.00%，平均 21.00%；脆性矿物含量占 23.90%~80.00%，平均 49.45%；碳酸盐矿物占 5.50%~70.80%，平均 29.55%（图 6-17）。

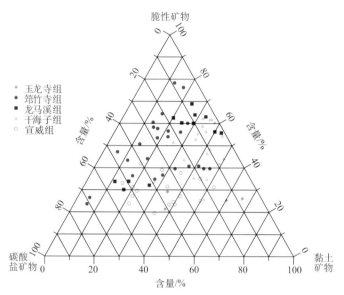

图 6-16　钻井样品页岩矿物含量三角图

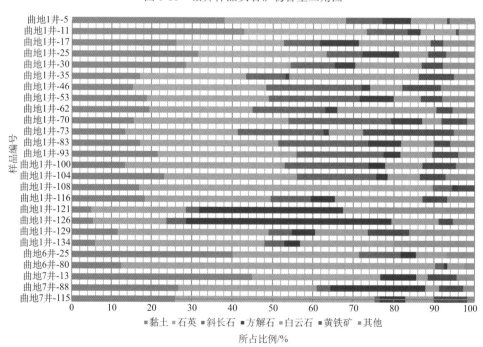

图 6-17　筇竹寺组钻井样品矿物含量条形图

玉龙寺组钻井实验样品利用曲地 2 井资料，玉龙寺组黏土矿物含量高，碳酸盐矿物次之，脆性矿物含量低，其中黏土矿物含量占 33.80%~66.40%，平均 48.43%；脆性矿物含量占 22.10%~29.80%，平均 26.13%；碳酸盐矿物占 9.00%~41.00%，平均 25.45%（图 6-18）。

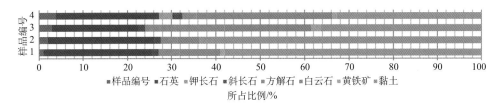

图 6-18　玉龙寺组钻井样品矿物含量条形图

龙马溪组钻井实验样品利用 YYQ4 井资料，龙马溪组脆性矿物含量最高，黏土矿物次之，碳酸盐矿物含量低，其中脆性矿物含量占 30.60%~70.30%，平均 54.5%；黏土矿物含量占 11.20%~41.80%，平均为 26.0%（图 6-19）。

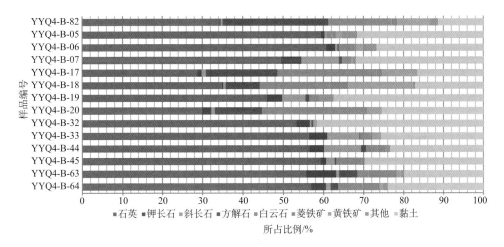

图 6-19　龙马溪组钻井样品矿物含量条形图

上三叠统钻井试验样品利用 YYQ3 井资料，上三叠统脆性矿物含量高，黏土矿物次之，碳酸盐矿物含量低，其中脆性矿物含量占 26.40%~73.50%，平均为 53.30%；黏土矿物含量占 21.50%~49.60%，平均为 35.40%（图 6-20）。

长兴组、龙潭组钻井实验样品利用 ZK204 井资料，其黏土矿物及脆性矿物含量较多，碳酸盐矿物含量低，其中黏土矿物含量占 17.6%~50.8%，平均 31.8%；脆性矿物含量占 23.6%~42.6%，平均 30.3%；碳酸盐矿物占 0.8%~16.1%，平均 37.4%（图 6-21）。

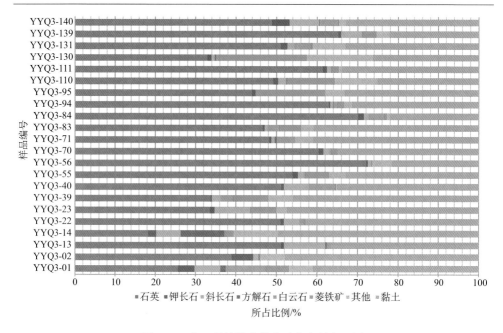

图 6-20　上三叠统钻井样品矿物含量条形图

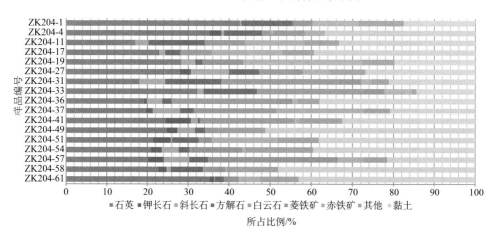

图 6-21　ZK204 井长兴组、龙潭组矿物含量条形图

梁山组钻井实验样品利用 YFY1 井资料,其以黏土矿物及脆性矿物为主,碳酸盐矿物含量低,其中黏土矿物占 19.3%~60.2%,平均 40.19;脆性矿物占 31.4%~78.7%,平均 53.03%(图 6-22)。

根据钻井矿物组分资料及各组分平均值分析,就脆性矿物而言,龙马溪组>干海子组>筇竹寺组>宣威组>玉龙寺组;就黏土矿物而言,玉龙寺组>干海子组>宣威组>龙马溪组>筇竹寺组;就碳酸盐矿物而言,宣威组>筇竹寺组>玉龙寺组>

龙马溪组>干海子组。

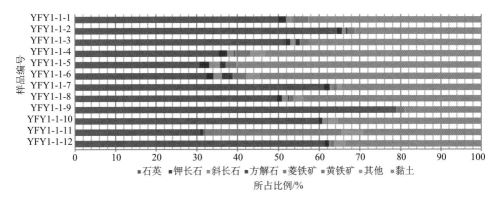

图 6-22　YFY1 井梁山组矿物含量条形图

通过对黏土矿物分析，筇竹寺组以伊蒙混层为主，伊利石次之，含少量绿泥石及绿蒙混层，微量高岭石及蒙皂石，处于中成岩晚期（图 6-23）；玉龙寺组以伊利石为主，其次为绿泥石及伊蒙混层，处于中成岩晚期（图 6-24）；龙马溪组以伊蒙混层为主，伊利石次之，含少量的绿泥石和高岭石，处于中成岩晚期（图 6-25）；上三叠统地层以伊蒙混层为主，伊利石次之，含少量的绿泥石、绿蒙混层及高岭石，处于中成岩早期至晚期过渡阶段（图 6-26）；ZK204 钻井长兴组、

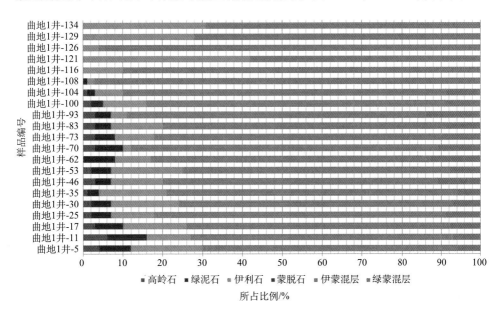

图 6-23　筇竹寺组黏土矿物含量分布图

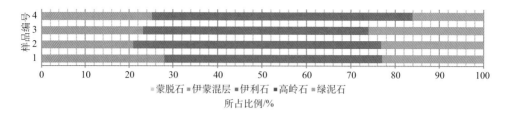

图 6-24　玉龙寺黏土矿物含量分布图

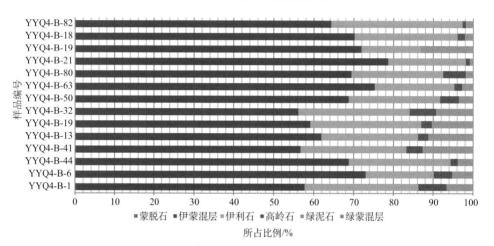

图 6-25　龙马溪组黏土矿物含量分布图

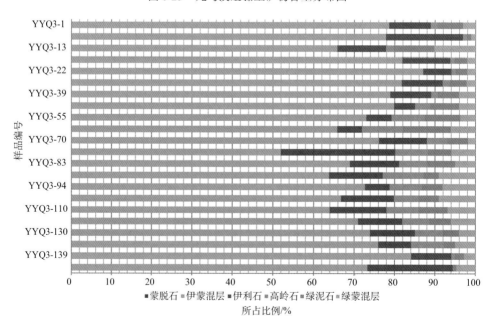

图 6-26　上三叠统黏土矿物含量分布图

龙潭组整体黏土矿物含量较高，其黏土矿物以蒙皂石为主，平均含量占64%，高岭石及绿泥石次之，分别平均占11%、14%，伊利石及伊蒙间层矿物含量最低，分别平均占7%、4%（图6-27）；YFY1井梁山组整体黏土矿物含量较高，其黏土矿物主要为伊蒙间层矿物，平均含量占58%，伊利石、高岭石及绿泥石含量较少，分别占20%、12%、10%（图6-28）。

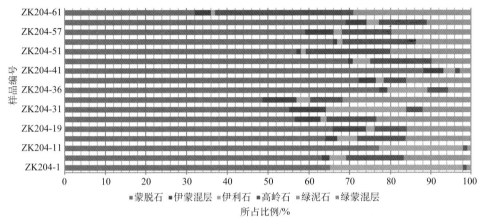

图6-27 ZK204井长兴组、龙潭组黏土矿物含量条形图

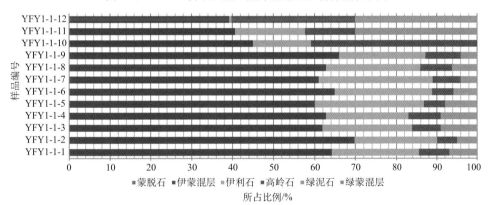

图6-28 YFY1井梁山组黏土矿物含量条形图

与野外露头样品对比，黏土矿物成分构成上存在差异，伊利石含量普遍提高，造成此现象的原因是野外露头样品遭受风化产生蚀变。所以，对于矿物成分及黏土矿物含量的研究应以钻井样为基础。

第三节 孔裂隙系统特征

泥页岩在演化过程中，由于构造作用、热力作用及生-排烃作用形成了复杂的微裂缝与孔隙（包括纳米孔隙），共同构成复杂的孔-裂隙系统。泥页岩中孔-裂隙系统既是天然气的储集空间，又是天然气的渗流通道。天然孔-裂隙系统的发育程度及其可改造性对页岩气资源评价和工业开采具有重要意义。而孔-裂隙的各向异性很强，形成机理复杂，给研究工作带来很大的困难。深入研究微孔-裂隙系统及内在因素，对页岩气资源评价和成藏机理研究，乃至工业开采均具有重要意义。因此，正确地认识页岩孔-裂隙特征是研究页岩气赋存状态、储层性质与流体间相互作用、页岩吸附性、渗透性、孔隙性和气体运移等的基础。

一、微裂隙特征

天然裂隙和孔隙度是页岩储层的重要参数，天然裂隙的发育直接影响页岩储层渗透率的大小和方向。对昆明市宜良境内玉龙寺组Ⅱ-5-12-15 页岩样品进行扫描电镜观察，发现其表面微裂隙及粒间孔发育，裂隙长短不一（图 6-29（a）），图中最长裂隙可达 37.8μm，宽度为 1.7μm，可以为页岩气储集提供很好的空间。图 6-29（b）为曲靖市沾益境内玉龙寺组 4-30-15 页岩样品镜下特征，裂缝发育贯穿整个观察镜面，裂缝边缘较平滑，缝宽 1.4μm 左右。图 6-29（c）为昭通市永善境内龙马溪组 ZM-15 页岩样品镜下观察照片，图中石英矿物含量高且集中，内多发育粒间孔及晶间孔，矿物边缘产生溶蚀裂隙，缝宽 1.5μm 左右。曲靖市会泽境内筇竹寺组Ⅲ-5-14-16 页岩样扫描电镜下特征如图 6-29（d）所示，微裂缝主要呈三向发育，并且伴生较多次生裂隙，连通性较好，是页岩气成藏很好的储集空间。

二、微孔形貌特征

利用扫描电镜观察泥页岩孔裂隙发育特征及其连通性。研究表明云南省富有机质泥页岩发育丰富孔裂隙，主要孔隙为粒内孔（脆性矿物、黏土矿物）、粒内溶蚀孔、晶间孔和粒间孔等类型。

（一）粒间孔

粒间孔是页岩在沉积成岩过程中发育在矿物颗粒之间的孔隙类型，分散于黑色页岩片状黏土、粉砂质颗粒间，在成岩作用较弱或浅埋的地层中较常见，与上覆地层压力和成岩作用有关，通常形状不规则、连通性较好，相互之间可以形成连通的孔喉网络，受埋深变化影响较大，随埋深增加而迅速减少，如图 6-30 所示。

图 6-30（a）为玉龙寺组样品，编号Ⅱ-5-12-15，页岩表面见破碎矿物，粒间孔发育完整，多为微米及纳米级；图 6-30（b）为玉龙寺组样品，编号 4-30-15，页岩表面完整，但可见弧形微裂缝发育，粒内孔零星发育，多为纳米级，图中可见 472.9nm 及 361.8nm 孔径的粒内孔；图 6-30（c）为龙马溪组样品，编号 ZM-15，图中显示为粒内孔及其发育的溶蚀孔，矿物团粒堆积于溶蚀孔内，粒间孔极为发

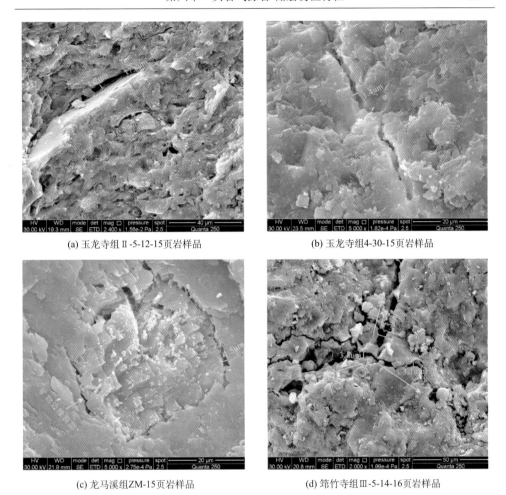

(a) 玉龙寺组Ⅱ-5-12-15页岩样品　　　　　　　　(b) 玉龙寺组4-30-15页岩样品

(c) 龙马溪组ZM-15页岩样品　　　　　　　　　(d) 筇竹寺组Ⅲ-5-14-16页岩样品

图 6-29　$\in_1 q$、$S_1 l$ 及 $S_3 y$ 页岩微裂隙 SEM 照片

育，表面多处可见纳米孔，图片右下方可见黏土矿物成岩作用形成的成岩收缩孔，也具有代表性；图 6-30（d）为龙马溪组样品，编号 ZY-18，表面矿物堆积，粒内孔极为发育，可见不同尺度孔隙；图 6-30（e）为筇竹寺组样品，编号Ⅲ-5-14-7，可见极为发育的粒内孔隙系统，多为微米级，可以为页岩气储存提供很好的空间；图 6-30（f）为筇竹寺组样品，编号Ⅲ-5-14-16，裂隙边缘矿物堆积，发育极为复杂的孔隙系统，图中可见粒内孔发育，微米及纳米级尺度孔隙皆有发育。

（二）粒内孔

粒内孔发育在颗粒的内部，大多数是成岩改造形成的，部分是原生的，主要包括：①由颗粒部分或全部溶解形成的铸模孔；②保存于化石内部的孔隙；③黏

(a) 玉龙寺组II-5-12-15页岩样品

(b) 玉龙寺组4-30-15页岩样品

(c) 龙马溪组ZM-15页岩样品

(d) 龙马溪组ZY-18页岩样品

(e) 筇竹寺组III-5-14-7页岩样品

(f) 筇竹寺组III-5-14-16页岩样品

图 6-30 $\in_1 q$、$S_1 l$ 及 $S_3 y$ 页岩粒间孔 SEM 照片

土和云母矿物颗粒内的解理面孔；④在酸性水介质条件下，碳酸盐矿物易发生溶蚀作用而形成的孔隙类型，以长石及方解石溶蚀孔最为常见。其特点是发育在颗粒内部，数量众多，呈蜂窝状或分散状，如图6-31所示。

图6-31（a）为玉龙寺组样品，编号Ⅱ-5-12-15，发育有多尺度的粒内孔，多为微米级孔，图中可见大孔，孔内容积大，有利于页岩气储存；图6-31（b）为玉龙寺组样品，编号4-30-15，矿物边缘堆积，粒内发育孔隙，图中显示为纳米孔，孔径为614.2nm，孔隙分布集中，可能与矿物成岩作用有关；图6-31（c）为龙马溪组样品，编号ZM-15，粒间孔与粒内孔极为发育，粒内孔多为纳米孔，孔隙连通性较好，图中下方可见明显黏土矿物成岩收缩孔；图6-31（d）为龙马溪组样品，编号ZY-18，粒内孔极为发育，多为纳米级，少数为微米级，多集中于矿物断缺或边缘处；图6-31（e）为筇竹寺组样品，编号Ⅲ-5-14-7，粒内孔极为发育，表现为密集多孔，孔隙复杂；图6-31（f）为筇竹寺组样品，编号Ⅲ-5-14-16，溶蚀孔内堆积矿物，发育良好粒内孔，孔隙边缘及矿物堆积团粒内亦有较好发育，具有很好的页岩气储存空间。

（三）晶间孔

一般形成于重结晶作用过程中，孔隙比较规则，形状受矿物结晶习性制约，常呈网格状、长条状、叶片状与缝隙状。研究区黑色页岩黄铁矿晶间孔较为发育。如图6-32所示。

图6-32（a）为玉龙寺组样品，编号Ⅱ-5-12-15，黏土矿物晶间孔发育，图中可见孔径大的1.601μm孔及其伴生的孔径较小的324.2nm孔，孔隙连通性差，但孔容较大；图6-32（b）为玉龙寺组样品，编号4-30-15，黄铁矿晶粒间发育大规模的晶间孔，并伴随黄铁矿分布于样品内，多为纳米级孔；图6-32（c）为龙马溪组样品，编号ZM-15，在石英晶体集中发育处形成，多为纳米孔，边缘多见粒内孔及溶蚀孔；图6-32（d）为龙马溪组样品，编号ZY-18，黏土矿物晶间孔与粒内孔密集发育，多形成于矿物溶蚀边缘及成岩收缩孔处，具有很好的储存空间；图6-32（e）为筇竹寺组样品，编号Ⅲ-5-14-7，图中为高岭石矿物堆积形成的晶间孔，孔隙结构及连通性复杂；图6-32（f）为筇竹寺组样品，编号Ⅲ-5-14-16，形成于矿物堆积处，发育有图中737.3nm孔径的黏土矿物晶间孔及1.093μm孔径的石英颗粒晶间孔等不同尺度的孔隙。

（四）有机质孔

有机质孔主要为有机质在热演化过程中收缩和产生气体排出时产生，干酪根的分布是此类孔隙发育的物质基础。页岩中有机质孔常常密集分布，孔隙多为微米或纳米级，是页岩气存储中贡献最大的孔隙（图6-33）。

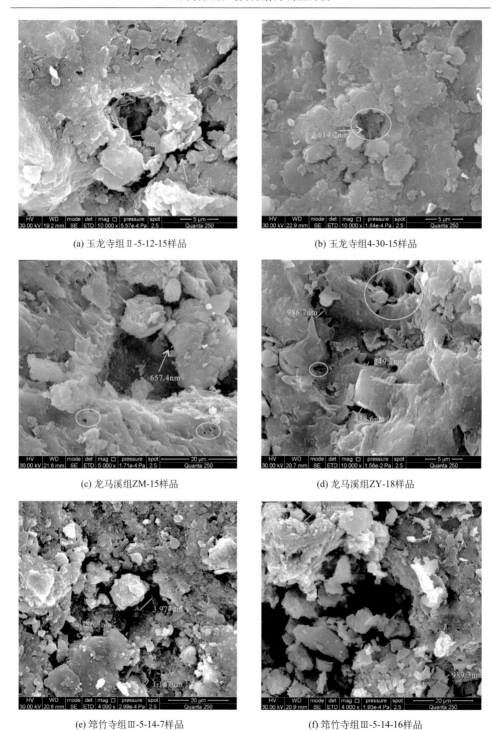

(a) 玉龙寺组Ⅱ-5-12-15样品　　　　　　　　(b) 玉龙寺组4-30-15样品

(c) 龙马溪组ZM-15样品　　　　　　　　　(d) 龙马溪组ZY-18样品

(e) 筇竹寺组Ⅲ-5-14-7样品　　　　　　　　(f) 筇竹寺组Ⅲ-5-14-16样品

图 6-31　$\in_1 q$、$S_1 l$ 及 $S_3 y$ 页岩粒内孔 SEM 照片

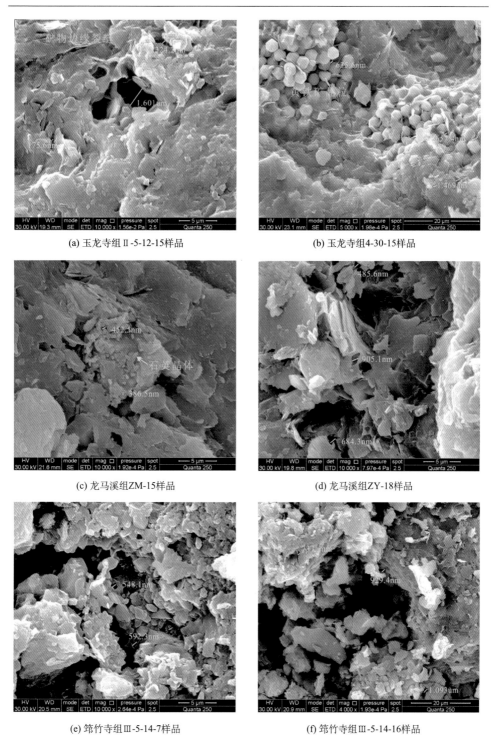

(a) 玉龙寺组Ⅱ-5-12-15样品　　　　　　(b) 玉龙寺组4-30-15样品

(c) 龙马溪组ZM-15样品　　　　　　　　(d) 龙马溪组ZY-18样品

(e) 筇竹寺组Ⅲ-5-14-7样品　　　　　　(f) 筇竹寺组Ⅲ-5-14-16样品

图 6-32　ϵ_1q、S_1l 及 S_3y 页岩晶间孔 SEM 照片

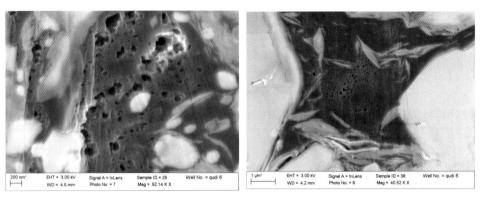

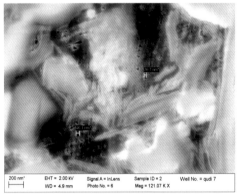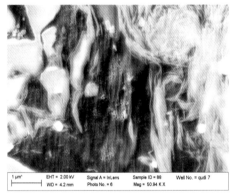

图 6-33　曲地 6、7 井∈₁q 页岩有机质孔氩离子抛光扫描电镜照片

三、压汞法量化分析孔隙特征

本研究采用压汞法，对页岩孔裂隙特征进行分析。压汞法测量不同静压力下进入脱气固体中的汞量，通过 Washburn 方程得出对应压力下的孔径、孔径分布、累积孔容、孔容分布、累积孔比表面积、比表面积分布等，通过这些数据对页岩的孔结构进行分析。在此过程中，界面张力与接触角保持不变；进汞端经历的每一个孔隙形状的变化，都会引起弯月面形状的改变，从而引起系统毛管压力的改变。记录此过程的压力-体积变化曲线，可以获得孔隙结构的信息。汞侵入岩石孔隙的过程受喉道控制，依次由一个孔隙进入下一个孔隙。当汞突破喉道的限制进入孔隙体的瞬时，汞在孔隙空间内以极快的速度重新分布，从而产生一个压力降落，之后回升直至把整个孔隙填满，然后进入下一个孔隙。汞是一种非润湿液体，将汞注入被抽空的岩样空隙空间中去时，一定要克服岩样空隙系统对汞的毛细管压力。显然，注入汞的过程就是测量毛细管压力的过程。注入汞的每一点压力代表一个相应的孔喉大小下的毛管压力。在这个压力下进入孔隙系统的汞量就

代表这个相应的孔喉大小在系统中所连通的孔隙体积。随着注入压力的不断增加，汞不断进入较小的孔喉。在每一个压力点，待岩样达到毛细管压力平衡时，同时记录注入压力和注入岩样的汞量。将若干压力点的压力和进汞量关系绘成图件，即可获得用汞注入法测定该岩样的毛细管压力与进汞量关系曲线。

页岩中孔隙空间可以分为有效孔隙空间和孤立孔隙空间两个部分，前者为气、液体能进入的孔隙，后者则为全封闭性的"死孔"，孔隙测试对页岩含气性评价作用重大。按照孔隙直径大小，可将页岩孔隙分为超大孔（孔径>10000nm）、大孔（孔径 1000~10000nm）、中孔（孔径 100~1000nm）、过渡孔（孔径 10~100nm）、微孔（孔径<10nm）等类。此次压汞实验测试孔径下限为 3nm，基本上能够反映孔径大于 3nm 的孔裂隙的孔容、孔隙类型与分布、孔径结构等特征，但无法实现对孔径小于 3nm 的孔隙的分析与描述。

本次实验对研究区上志留统玉龙寺组、下志留统龙马溪组、下寒武统筇竹寺组、上三叠统黑色页岩以及长兴组、龙潭组黑色页岩样进行测试。其中玉龙寺组样品采自曲靖市沾益县菱角乡水冲村公路旁，剖面见顶见底，该剖面玉龙寺组顶、底皆为黑色薄层易剥页岩，含三叶虫化石，中段为黑色薄层钙质页岩间夹灰岩条带，并发育有灰岩透镜体，富含腕足类化石，局部被第四系覆盖，其中黑色页岩厚度为 38.3m（4-30-1~4-30-15 为由深到浅的样品编号）。龙马溪组样品采自云南省昭通市永善县黄华镇殷家湾村，剖面沿公路边，见底见顶，间有第四系覆盖。该剖面出露龙马溪组下段岩性为黑色钙质页岩、碳质页岩，富含笔石化石；中上段主要为灰绿色钙质页岩、粉砂质页岩，笔石化石含量渐少，分布稀疏，其中黑色页岩厚 80.95m（III-5-16-7~III-5-16-30 为由深到浅的样品编号）。筇竹寺组样品采自曲靖市会泽县待补镇聂家村，在盘山公路一侧，剖面总体出露情况较好，见底疑见顶，出露地层厚 77.93m，页岩厚 58.61m，底部白云岩、磷条带、暗色泥页岩，向上页岩层发育（ZM-1~ZM-23 为由深到浅的样品编号）。上三叠统样品采自 YYQ3 井干海子组和舍资组，因为样品类型（钻井样和剖面样）及实验单位不同，不与其他地层样品进行孔隙度对比。长兴组、龙潭组样品来自 ZK204 钻井资料。测试结果见表 6-1，表 6-2，图 6-34。

表 6-1　玉龙寺组、龙马溪组及筇竹寺组压汞实验测试结果

样品编号	页岩地层	总孔面积/（m²/g）	中值孔径（V）/nm	孔隙度/%	渗透率/mD	总入侵体积/（mL/g）
III-5-16-7	$\epsilon_1 q$	12.1710	152.4000	11.9900	8.7083	0.0650
III-5-16-10	$\epsilon_1 q$	1.2890	824.4000	1.0633	4.5514	0.0051
III-5-16-13	$\epsilon_1 q$	0.4380	252.9000	0.8850	3.8437	0.0040

样品编号	页岩地层	总孔面积 / (m^2/g)	中值孔径 （V） /nm	孔隙度 /%	渗透率 (mD)	总入侵体积 / （mL/g）
III-5-16-14	$\mathrm{\mathbb{C}}_1q$	1.0380	701.1000	0.9724	7.0848	0.0046
III-5-16-17	$\mathrm{\mathbb{C}}_1q$	1.9320	108.5000	1.5998	7.9113	0.0076
III-5-16-20	$\mathrm{\mathbb{C}}_1q$	2.6840	25.9000	1.9129	7.3056	0.0091
III-5-16-23	$\mathrm{\mathbb{C}}_1q$	0.2980	3431.000	20.2926	13.6833	0.1203
III-5-16-24	$\mathrm{\mathbb{C}}_1q$	16.2140	30.5000	11.3316	12.5365	0.0613
III-5-16-25	$\mathrm{\mathbb{C}}_1q$	10.4620	22.8000	10.0994	10.8245	0.0466
III-5-16-27	$\mathrm{\mathbb{C}}_1q$	1.9240	648.7000	2.2782	15.3853	0.0109
III-5-16-30	$\mathrm{\mathbb{C}}_1q$	4.4540	78.9000	4.1845	10.5566	0.0199
4-30-1	S_3y	4.1670	12.3000	2.1600	1.8826	0.0098
4-30-4	S_3y	4.1210	13.3000	2.0971	2.6369	0.0096
4-30-7	S_3y	4.2720	10.9000	2.0994	3.3821	0.0095
4-30-10	S_3y	5.4640	10.8000	2.6197	1.4931	0.0120
4-30-13	S_3y	3.5540	16.6000	2.0618	5.1006	0.0094
4-30-15	S_3y	4.0080	13.3000	2.2092	5.7647	0.0100
ZM-1	S_1l	4.6240	212.8000	10.8169	2.2715	0.0554
ZM-2	S_1l	15.4390	20.6000	10.1747	3.6997	0.0508
ZM-8	S_1l	2.3550	38.1000	2.2110	7.6679	0.0101
ZM-12	S_1l	8.0970	127.9000	7.4860	26.8743	0.0363
ZM-15	S_1l	10.0300	72.6000	6.4687	31.8904	0.0319
ZM-19	S_1l	1.2680	93.6000	2.5616	6.9778	0.0117
ZM-23	S_1l	1.1170	54.0000	1.6226	4.4092	0.0073

表 6-2　ZK204 井长兴组、龙潭组压汞与比表面积测试结果统计表

样品编号	孔容/（cm^3/g）	孔隙度/%	比表面积/（m^2/g）
ZK204-1	0.0076	1.98	11.7834
ZK204-19	0.0069	1.86	11.3632
ZK204-29	0.0172	4.51	16.1776
ZK204-41	0.0215	5.6	16.0406
ZK204-44	0.009	2.39	7.2104
ZK204-54	0.012	2.9	18.0139
ZK204-58	0.0123	3.24	16.3410
ZK204-61	0.0068	1.78	17.7256

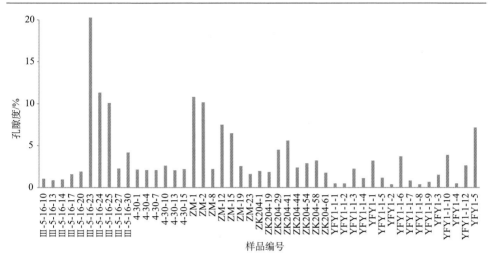

图 6-34　筇竹寺组、玉龙寺组、龙马溪组、龙潭组及长兴、梁山组孔隙度分布直方图

筇竹寺组样品孔隙度为 0.89%~20.29%，平均 6.06%，其中孔隙度大于 4%的孔隙占总数的 45.4%；龙马溪组样品的孔隙度为 1.62%~10.82%，平均 5.91%，其中孔隙度大于 4%的孔隙占总数的 57.1%；玉龙寺组样品的孔隙度为 2.06%~2.62%，平均 2.21%，其孔隙度均小于 4%；长兴组、龙潭组样品孔隙度为 1.78%~5.6%，平均 3.03%，其中孔隙度大于 4%的孔隙占总数的 25%；梁山组页岩孔隙度为 0.37%~7.11%，平均 1.88%，其中孔隙度大于 4%的孔隙占总数的 6.25%。筇竹寺组平均孔隙度最大而梁山组最小，但五组样品的孔隙度均位于页岩平均孔隙度（1%~10%）的范围之内，且筇竹寺组与龙马溪组孔隙度相对较大，页岩气有效赋存空间大。

（一）筇竹寺组孔裂隙发育特征

从筇竹寺组页岩样品压汞阶段注入量与孔径关系图可以看出，过渡孔及微孔部分所占比例逐渐增大，是组成筇竹寺组页岩孔隙度的重要部分（图 6-35，图 6-36）。

各样品进退汞曲线及阶段进汞量曲线差别很大（图 6-37），基本可以分为两种类型，III-5-16-24、III-5-16-25 属于一种类型，其压汞曲线孔隙滞后环较宽，进汞和退汞体积差较大，表明在压汞所测的孔径范围内开放孔较多，孔隙连通性较好。这种结构较有利于页岩气的解吸、扩散和渗透；III-5-16-10、III-5-16-13、III-5-16-14、III-5-16-17、III-5-16-20、III-5-16-27、III-5-16-30 属于另一种类型，其压汞曲线孔隙滞后环较窄，进汞和退汞体积差较小，表明在压汞所测试孔径范围内开放孔较少，孔隙连通性一般，这种孔隙结构较不利于页岩气的解吸、扩散和渗透。

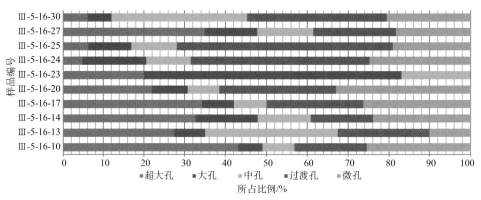

图 6-35　筇竹寺组孔径分布图

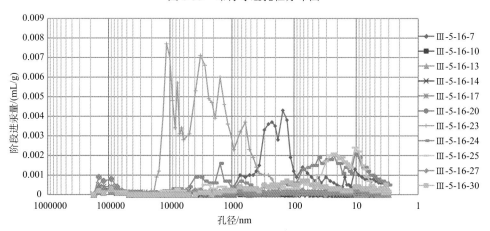

图 6-36　筇竹寺组页岩样品压汞阶段注入量与孔径关系图

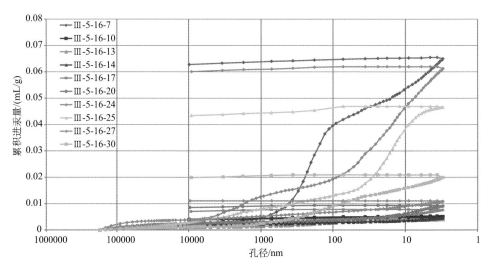

图 6-37　筇竹寺组页岩样品进退汞量与孔径关系图

（二）龙马溪组孔裂隙发育特征

从龙马溪组页岩样品压汞阶段注入量与孔径关系图可以看出，进汞主要集中在过渡孔及微孔部分，而在超大孔、大孔及中孔部分进汞量很少，过渡孔及微孔占总孔隙度的56%左右，是组成龙马溪组页岩孔隙度的重要部分（图6-38，图6-39）。

各样品进退汞曲线及阶段进汞量曲线差别很大（图6-40），基本可以分为三种类型，ZM-2属于第一类，压汞曲线孔隙滞后环宽大，退汞曲线上凸（或微下凹），进汞和退汞体积差极大，表明在压汞所测试的孔径范围内开放孔极多，孔隙连通性极好（退汞曲线初始为上凸或水平，表明此阶段以开放孔（平行板状孔）为主），这种孔径结构很有利于页岩气的解吸、扩散和渗透；ZM-12、ZM-15属于第二类，其压汞曲线孔隙滞后环较宽，进汞和退汞体积差较大，表明在压汞所测的孔径范围内开放孔较多，孔隙连通性较好，这种结构较有利于页岩气的解吸、扩散和渗透；ZM-8、ZM-19、ZM-23属于第三类，其压汞曲线孔隙滞后环较窄，进汞和退汞体积差较小，表明在压汞所测试的孔径范围内开放孔较少，孔隙连通性一般，这种孔隙结构较不利于页岩气的解吸、扩散和渗透。

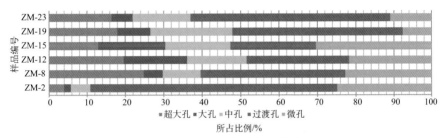

图 6-38　龙马溪组孔径分布图

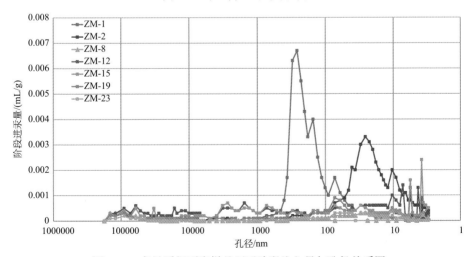

图 6-39　龙马溪组页岩样品压汞阶段注入量与孔径关系图

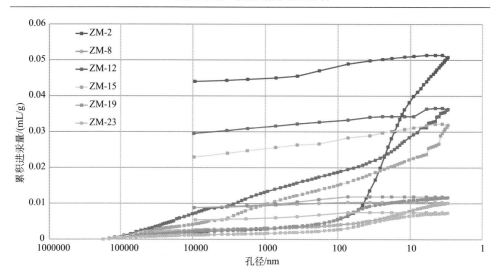

图 6-40 龙马溪组页岩样品进退汞量与孔径关系图

从龙马溪组页岩压汞实验可以得出,从底部到顶部,其孔隙结构变化趋势为:孔隙度基本呈减小趋势,孔隙开放性依次变差,页岩气的解吸、扩散和渗透性能从很有利变为不利,可见龙马溪组底部是开发最有利的层段。

（三）玉龙寺组孔裂隙发育特征

从玉龙寺组页岩样品压汞阶段注入量与孔径关系图可以看出进汞主要集中在超大孔、过渡孔及微孔部分,而在大孔及中孔部分进汞量很少,几乎为零;其中过渡孔及微孔占总孔隙度的 78%左右,是组成玉龙寺组页岩孔隙度的重要部分（图 6-41,图 6-42）。

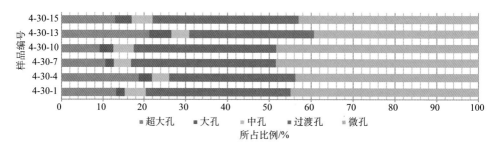

图 6-41 玉龙寺组孔径分布图

各样品进退汞曲线及阶段进汞量曲线类似,其压汞曲线孔隙滞后环较宽,进汞和退汞体积差较大（图 6-43）,表明在压汞所测的孔径范围内开放孔较多,孔隙连通性较好,这种结构较有利于页岩气的解吸、扩散和渗透。

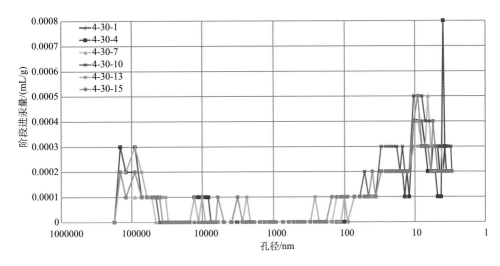

图 6-42　玉龙寺组页岩样品压汞阶段注入量与孔径关系图

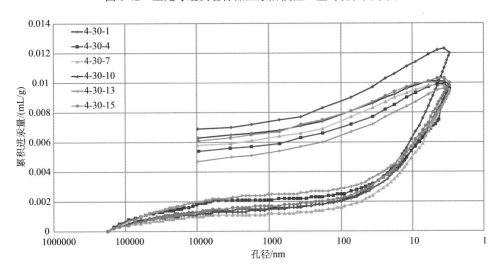

图 6-43　玉龙寺组页岩样品压汞阶段注入量与孔径关系图

（四）上三叠统孔裂隙发育特征

从上三叠统干海子组、舍资组页岩样品压汞阶段注入量与孔径关系图可以看出，过渡孔及微孔部分所占比例逐渐增大，其中过渡孔平均为 12.76%，微孔平均为 44.45%，是组成上三叠统页岩孔隙度的重要部分（表 6-3，图 6-44）。

表 6-3　上三叠统页岩孔径分布结果

样品编号	孔隙度/%	超大孔/%	大孔/%	中孔/%	过渡孔/%	微孔/%
YYQ3-1	2.23	11.56	16.22	8.78	10.72	52.72
YYQ3-5	1.38	10.48	18.33	12.88	13.37	44.93
YYQ3-22	1.43	12.29	20.48	12.36	13.34	41.53
YYQ3-28	2.03	11.48	16.42	10.93	12.22	48.94
YYQ3-55	1.48	15.56	22.48	11.95	10.69	39.32
YYQ3-80	1.4	13.34	19.05	10.58	11.31	45.72
YYQ3-94	2.6	8.76	15.95	12.48	23.14	39.67
YYQ3-130	1.14	13.52	21.91	11.7	10.08	42.78
YYQ3-133	1.51	11.06	22.11	12.38	10.01	44.46

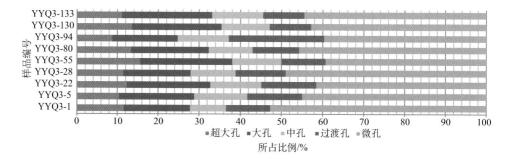

图 6-44　上三叠统地层孔径分布图

　　各样品进退汞曲线及阶段进汞量曲线差别很大，基本可以分为两种类型，YYQ3-1、YYQ3-28、YYQ3-94 属于一种类型，其压汞曲线孔隙滞后环较宽，进汞和退汞体积差较大，表明在压汞所测的孔径范围内开放孔较多，孔隙连通性较好。这种结构较有利于页岩气的解吸、扩散和渗透；YYQ3-5、YYQ3-22、YYQ3-55、YYQ3-80、YYQ3-130、YYQ3-133 属于另一种类型，其压汞曲线孔隙滞后环较窄，进汞和退汞体积差较小，表明在压汞所测试孔径范围内开放孔较少，孔隙连通性一般，这种孔隙结构较不利于页岩气解吸、扩散和渗流。

（五）长兴组、龙潭组孔裂隙发育特征

　　从长兴组、龙潭组样品压汞阶段注入量与孔径关系图可以看出进汞主要集中在超大孔、过渡孔及微孔部分，而在大孔及中孔部分进汞量很少；其中过渡孔及微孔占总孔隙度的 64.45% 左右，是组成长兴组、龙潭组岩样孔隙度的重要部分（图 6-45）。

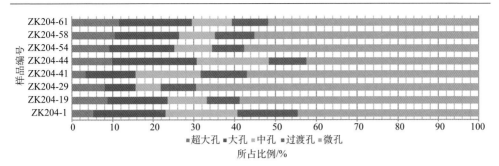

图 6-45　长兴组、龙潭组孔径分布图

各样品进退汞曲线及阶段进汞量曲线差别较大（图 6-46），基本可以分为三种类型，ZK204-54 属于第一类，压汞曲线孔隙滞后环宽大，退汞曲线上凸（或微下凹），进汞和退汞体积差极大，表明在压汞所测试的孔径范围内开放孔极多，孔隙连通性极好，这种孔径结构很有利于页岩气的解吸、扩散和渗透；ZK204-29属于第二类，其压汞曲线孔隙滞后环较宽，进汞和退汞体积差较大，表明在压汞所测的孔径范围内开放孔较多，孔隙连通性较好，这种结构较有利于页岩气的解吸、扩散和渗透；ZK204-1、ZK204-19、ZK204-41、ZK204-44、ZK204-61 属于第三类，其压汞曲线孔隙滞后环较窄，进汞和退汞体积差较小，表明在压汞所测试的孔径范围内开放孔较少，孔隙连通性一般，这种孔隙结构较不利于页岩气的解吸、扩散和渗透。

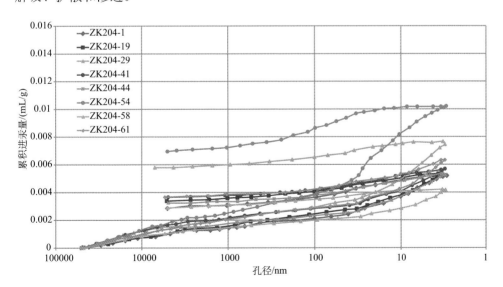

图 6-46　长兴组、龙潭组样品压汞阶段注入量与孔径关系图

四、液氮吸附法量化分析孔隙特征

页岩微孔隙结构分析，除压汞实验外，液氮吸附实验对其研究也尤为重要。与压汞实验不同的是，液氮吸附实验能够测试孔径范围更小的微孔，精度可以达到 0.35nm。本次液氮吸附实验样品来自龙马溪组，仪器为美国康塔仪器公司生产的 NOVA 4200e 比表面及孔隙度分析仪，测试结果如表 6-4 所示。

表 6-4　龙马溪组页岩孔径分布液氮实验数据表

样品编号	比表面积 BET/（m^2/g）	总孔体积/（cm^3/g）	平均孔径/nm
ZM-1	12.561	0.011	3.415
ZM-4	15.898	0.016	4.040
ZM-8	11.367	0.009	3.256
ZM-12	8.011	0.008	3.759
ZM-15	17.329	0.014	3.292
ZM-19	8.396	0.007	3.355
ZM-23	6.479	0.006	3.791
ZY-3	13.813	0.013	3.683
ZY-4	11.650	0.012	3.956
ZY-7	10.752	0.011	3.913
ZY-11	12.174	0.012	3.871
ZY-18	9.709	0.010	4.036
ZY-23	10.381	0.011	4.367

（一）孔隙分析

液氮吸附的最大相对压力 p/p_0 约为 0.99，将此条件下的吸附气体总量认为是所测样品的孔隙体积。BET 模型中计算研究区页岩的比表面积为 6.479~17.329m^2/g，平均为 11.425m^2/g。在 BJH 模型中计算页岩孔隙总体积为 0.006~0.016cm^3/g，平均孔径分布范围为 3.256~4.367nm，平均孔径均值为 3.749nm。

分析页岩样品低温液氮吸附等温曲线在BJH模型下建立的页岩孔径分布图如图 6-47 所示，认为研究区龙马溪组样品中孔隙体积密度的峰值特征相似，主要以小于 20nm 孔径为主，表明在该孔径区间内的孔隙发育较好。

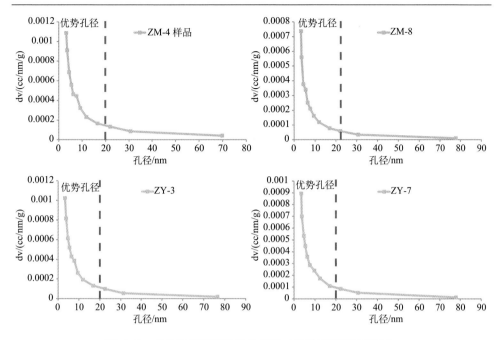

图 6-47　龙马溪组页岩孔径分布图（低温液氮吸附实验）

（二）吸附-脱附曲线及其孔隙特征

研究区页岩样品吸附等温线的吸附曲线和脱附曲线在相对压力较高的部分不重合，形成吸附回线（图 6-48）。本次实验样品的吸附曲线兼具 IUPAC 推荐的 H3 型及 H4 型回线的特征，表现为吸附曲线在饱和蒸汽压附近很陡，脱附曲线在中等压力处很陡。该类曲线是数条标准回线叠加的结果，是样品孔隙结构形态的综合表现，表明研究区龙马溪组页岩气储层的孔隙以纳米孔为主，并且存在一定的具有无定形结构的孔隙，矿物颗粒内部孔隙结构有平行板状的狭缝型孔，也存在其他形态的多种类型孔隙。

泥页岩中狭缝状孔的形成与具有片状结构的黏土矿物可能存在一定联系。一端封闭的圆筒形孔、平行板孔和圆锥形孔等理论上不会出现吸附回线，但墨水瓶孔比较特殊，虽然其一端封闭或堵塞，吸附曲线上却可以形成吸附回线。本次实验样品均形成吸附回线，表明研究区龙马溪组页岩储层的孔隙多为开放孔，主要为两端均开口的圆筒孔、圆锥状、平行板状孔和墨水瓶孔。样品的吸附曲线上升速率与其开放孔的开放程度有着密切关系，吸附曲线越陡说明孔隙的开放程度越高，在相对压力接近 1 时，均未达到饱和吸附，表明发生了毛细凝结。

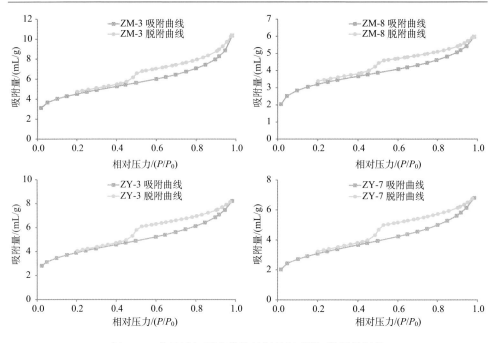

图 6-48　龙马溪组页岩样品低温液氮吸附-脱附等温线

五、二氧化碳吸附法量化分析孔隙特征

二氧化碳（CO_2）吸附实验相比低温液氮实验能更加准确地描述页岩中微孔的发育特征，N_2 分子由于相对惰性难以到达微孔中，而 CO_2 分子具备分析温度高（273.1 K）、能量强、快速平衡等优点，将其当作吸附质，能够测量孔径更加小的孔隙。本次实验样品来自龙马溪组，实验表明其测量的有效孔径在 0.35~2nm，因此更加适合微孔结构的测量。CO_2 吸附-脱附实验能分析计算出微孔的比表面积、孔容和 DFT 平均孔径等信息，能很好地表达微孔的孔隙特征。对研究区样品进行 CO_2 吸附实验分析，表明研究区储层样品比表面积为 4.068~21.401m^2/g，平均为 10.974m^2/g，总孔体积为 0.001~0.006cm^3/g，样品中微孔的发育对比表面积贡献极大。

研究区龙马溪组泥页岩的 CO_2 吸附等温线（图 6-49）类似于 IUPAC 定义的 Ⅰ型等温吸附线。表明样品中纳米孔隙十分发育，页岩纳米孔隙提供大量的比表面积，这能为页岩气运移以及储存提供空间。

分析样品 CO_2 吸附等温曲线在 DFT 模型下建立的页岩孔径分布图（图 6-50），表明研究区龙马溪组页岩孔隙体积密度的峰值特征基本一致，主要有两个高峰值，表明在 0.3~0.4nm 和 0.5~0.7nm 区间内的孔隙发育较好。

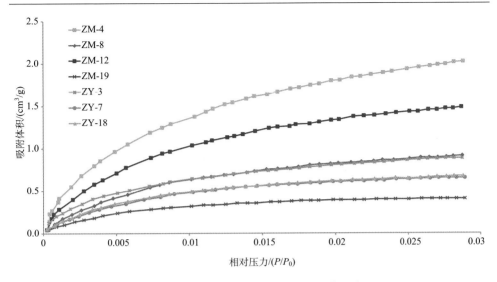

图 6-49　龙马溪组页岩样品 CO_2 吸附等温线

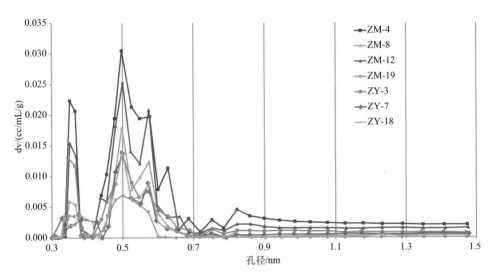

图 6-50　龙马溪组页岩孔径分布图（CO_2 吸附实验）

第四节　渗透性与含气性特征

一、脉冲渗透率

与常规气藏不同，页岩气藏属于特低孔、特低渗且存在吸附解吸等特性的非常规气藏。当页岩储层含气量高、储层压力大、气体解吸和扩散速度快时，裂隙渗透率将是影响页岩气开发成败的关键。因此页岩气在储层中的流动是一个复杂的双重介质、多尺度流动的过程。页岩气流动机理主要包括三个过程：解吸、扩散、达西流动，即气体从纳米孔隙壁上解吸，气体在干酪根及黏土的纳米孔隙中扩散，气体在大孔隙及裂缝中遵循达西流动。具体见不同尺度下页岩气储集和运动示意图（图 6-51）。

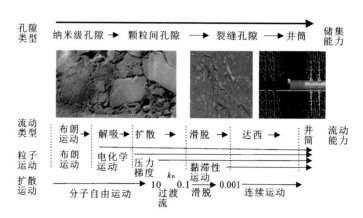

图 6-51　页岩气藏的流动示意图（Javadpour，2009 修改）

页岩的比表面积很大，由于有机质或者孔隙表面对气体有着很强的分子间物理吸附作用，页岩气主要以吸附态存在于页岩基质孔隙表面。在钻井完井结束后，地层压力逐渐降低。原来的吸附-解吸平衡发生破坏，即储层压力低于气体临界解吸压力。此时，吸附在其基质表面的气体发生解吸，页岩基质收缩效应逐渐加强，使得气体渗流通道逐渐变宽，渗透率不断增加。页岩的吸附与解吸是可逆的，吸附与解吸符合 Langmuir 吸附等温方程式（式（6-1））：

$$V = V_m \left(\frac{b_p}{1 + b_p} \right) \tag{6-1}$$

随着页岩基质表面的气体解吸，当储层压力降至更低水平时，低压条件下气体扩散效应加剧，气体分子平均自由程度接近纳米级孔隙直径的大小，气体分子与孔壁表面分子的碰撞概率加大，产生阻碍，使得渗透率不断降低。实验样品主要来自筇竹寺组（曲地 1 井、曲地 5 井、曲地 6 井、曲地 7 井）和玉龙寺组（曲地 2 井）。渗透率测试围压 1500psi（1psi=6.89476×10³Pa），测试压力 1000psi。测试结果表明，下寒武统筇竹寺组渗透率为 $0.0001015 \times 10^{-3} \sim 0.792579 \times 10^{-3} \, \mu m^2$，平均为 $0.04232 \times 10^{-3} \, \mu m^2$，孔隙度为 0.2461%~6.072%，平均为 1.7879%；上志留统玉龙寺组渗透率为 $0.0005284 \times 10^{-3} \sim 0.0460475 \times 10^{-3} \, \mu m^2$，平均为 $0.018023 \times 10^{-3} \, \mu m^2$，孔隙度为 0.9123%~3.876%，平均为 2.51%。根据测试结果，筇竹寺组和玉龙寺组均属于中－低孔隙度页岩储层。

二、实测含气量

页岩含气性是页岩气资源评价和有利区优选的关键参数。含气性是指每吨岩石中所含天然气折算到标准温度和压力条件下（101.325kPa，25℃）的天然气总量，包括游离气、吸附气、溶解气等，鉴于云南省页岩气资源潜力评价目标层无原油显示，因此本次研究主要关注吸附气和游离气。游离气是以游离状态赋存于孔隙和微裂缝中的天然气；吸附气是吸附于有机质和黏土矿物表面的天然气。

省内现有实测含气量钻井 11 口，其中数据详细的筇竹寺组钻井 5 口（曲地 4 井钻遇断层，不采用），上三叠统 1 口，下仁和桥组 1 口，玉龙寺组 1 口，长兴组、龙潭组 1 口，梁山组 1 口。

（一）总含气量特征

下寒武统筇竹寺组曲地 1 井、曲地 5 井、曲地 6 井、曲地 7 井及 ZK2 井均进行了含气量测试。根据测试结果统计，曲地 1 井总含气量为 0.057~0.997m³/t，平均 0.541m³/t；曲地 5 井总含气量为 0.077~0.650m³/t，平均 0.398m³/t；曲地 6 井总含气量为 0.056~0.527m³/t，平均 0.232m³/t；曲地 7 井总含气量为 0.131~0.855m³/t，平均 0.379m³/t；ZK2 井总含气量为 0.410~1.260m³/t，平均 0.907m³/t。

上志留统玉龙寺组曲地 2 井共进行含气量测试 12 件，含气量在 0.185~0.911m³/t，平均为 0.471m³/t。考虑到该地层钻井较少、埋深较小，所以在进行资源潜力计算时，总含气量取值参考筇竹寺组。

上三叠统干海子组和舍资组 YYQ3 井共进行含气量测试 15 件，含气量在 0.007~0.138m³/t，测试过程中存在解吸气量过低且未进行残余气测定的情况，考虑到该地层钻井较少、埋深较小，所以在进行资源潜力计算时，总含气量取值参考筇竹寺组。

下志留统下仁和桥组 YYQ4 井共进行含气量测试 17 件，含气量在 0.004~0.109m³/t，测试过程中存在解吸气量过低且未进行残余气测定的情况，考虑到该地层钻井较少、埋深较小，所以在进行资源潜力计算时，总含气量取值参考筇竹寺组。

下二叠统梁山组YFY1井共进行含气量测试5件,总含气量在0.151~0.41676m³/t,平均 0.2186m³/t。

上二叠统长兴组、龙潭组 ZK204 井共进行含气量测试 9 件，含气量在 0.459~0.796m³/t，平均 0.56m³/t。

上二叠统长兴组、龙潭组为云南省境内主要含煤地层，地层分布范围较广、厚度较大，泥页岩、砂岩及煤层呈互层，含气量测试结果较好，可以探索煤层气与页岩气、致密砂岩气共同开发的"三气共采"模式。

（二）气体组分特征

根据气体组分测试结果，筇竹寺组、龙马溪组、玉龙寺组、长兴组和龙潭组、梁山组等页岩气组分均以 N_2 与 CH_4 为主。

筇竹寺组气体组分表现出随着埋藏深度的增加，N_2 含量有降低的趋势，而 CH_4 含量有升高的趋势。曲地 1 井 CH_4 组分含量为 20.33%~88.68%，平均 35.748%；曲地 5 井 CH_4 组分含量为 19.36%~32.20%，平均 23.39%；曲地 6 井 CH_4 组分含量为 19.629%~33.028%，平均 26.167%；曲地 7 井 CH_4 组分含量为 21.472%~78.336%，平均 56.836%。

长兴组、龙潭组页岩气组分随着埋深的增加，N_2 组分含量变化规律不明显，CH_4 组分含量表现出先减少后增加的趋势。CH_4 组分含量为 20.92%~46.21%，平均 33.015%。

梁山组页岩气组分随着埋深的增加，N_2 与 CH_4 组分含量变化规律不明显。CH_4 组分含量为 20.22%~27.94%，平均 22.74%。

（三）含气量影响因素

页岩含气量受控于多种因素，影响因素复杂，但一般与埋藏深度和有机碳含量均呈现正相关关系。由于筇竹寺组含气量测试结果最为完整，针对筇竹寺组页岩含气量的影响因素进行研究。

1. 总含气量及组分含量与埋藏深度关系

通过总含气量及组分含量与埋藏深度图可知，当目标层钻井深度较浅时，总含气量及组分含量与埋藏深度关系不明显，数据离散性较强（图 6-52）；但当目标层埋藏深度增大时，总含气量及组分含量与埋藏深度逐渐呈现出线性正相关关系（图 6-53）。

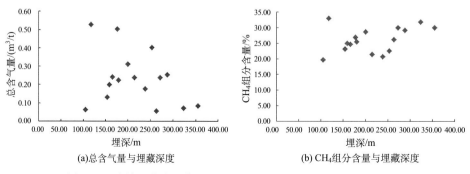

(a)总含气量与埋藏深度　　　　　　(b) CH_4 组分含量与埋藏深度

图 6-52　浅钻（曲地 6 井）总含气量及组分含量与埋藏深度的关系

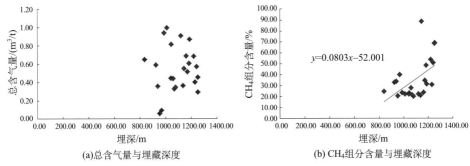

(a)总含气量与埋藏深度 (b) CH₄组分含量与埋藏深度

图 6-53 深钻（曲地 1 井）总含气量及组分含量与埋藏深度的关系

2. 含气量及组分含量与 TOC 关系

通过总含气量及组分含量与 TOC 的关系分析图可知，当目标层钻井深度较浅时，总含气量及组分含量与 TOC 的关系不明显，数据离散性较强（图 6-54）；但当目标层埋藏深度增大时，总含气量及组分含量与 TOC 逐渐呈现出线性正相关关系（图 6-55）。

对比埋藏深度与 TOC 分别对含气量及组分含量的影响，TOC 的影响更为显著，也就是说 TOC 是含气性的最要影响因素之一。

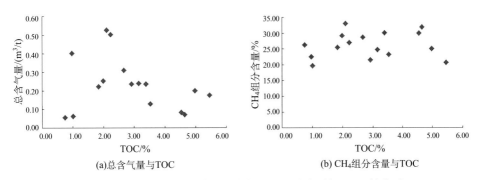

(a)总含气量与TOC (b) CH₄组分含量与TOC

图 6-54 浅孔（曲地 6 井）总含气量及组分含量与 TOC 的关系

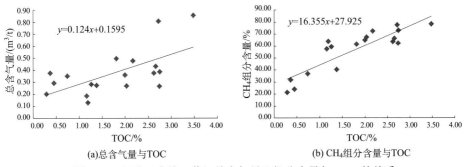

(a)总含气量与TOC (b) CH₄组分含量与TOC

图 6-55 深孔（曲地 1 井）总含气量及组分含量与 TOC 的关系

三、吸附气含量

（一）等温吸附实验

页岩是一种多孔介质，具有很大的比表面积。由于气体分子与页岩内表面之间的范德华力作用，气体有被吸附到页岩内表面上的趋势，这种吸附属于物理吸附，符合 Langmuir 单分子层吸附理论。页岩的吸附能力是温度、吸附质、压力和页岩性质的函数。在温度和吸附质一定的情况下，页岩对气体的吸附量可用 Langmuir 方程描述（式（6-2））：

$$V = \frac{V_L P}{P + P_L} \tag{6-2}$$

式中，V 为压力为 P 时的吸附量，单位为 m³/t；V_L 为 Langmuir 体积；P_L 为 Langmuir 压力，单位为 MPa。据式(5-3)拟合等温吸附曲线，计算 Langmuir 体积和 Langmuir 压力。V_L 表征页岩具有的最大吸附能力，P_L 为解吸速度常数与吸附常数的比值，表示页岩的吸附量为其最大吸附量一半时的压力，即 $V=V_L/2$ 时，$P=P_L$。

页岩等温吸附实验可分为湿样容量法及干样容量法，其执行标准分别为 GB/T19560－2008 及 SY/T 6132－1995（2014 年 4 月 1 日起被 SY/T 6132－2013 代替）。实验采用目前国内主要使用的美国产麦克 HPVA-200 等温吸附仪，参考 SY/T 6132－1995 标准进行。

（二）实验结果分析

先后对云南省下寒武统筇竹寺组、下志留统龙马溪组及上志留统玉龙寺组、上三叠统地层、龙潭组、长兴组进行等温吸附实验测试，结果分别如图 6-56~图 6-61 所示。

由实验测试可知，30℃条件下，主要目的层泥页岩最大吸附量为 0.9~5.57m³/t。其中下寒武统筇竹寺组页岩最大吸附量平均为 4.895m³/t；下志留统龙马溪组泥页岩最大吸附量平均为 3.212m³/t；上志留统玉龙寺组泥页岩最大吸附量平均为 3.903m³/t；上三叠统干海子组和舍资组泥页岩最大吸附量平均为 2.284m³/t；长兴组、龙潭组页岩最大吸附量平均为 2.957m³/t；梁山组页岩最大吸附量平均为 3.046m³/t。

（三）吸附能力影响因素

页岩吸附能力通常与页岩总有机碳含量、干酪根成熟度、储层温度、压力等特征有关，其中以有机碳含量、温度和压力为主要影响因素（Hill et al.，2007）。

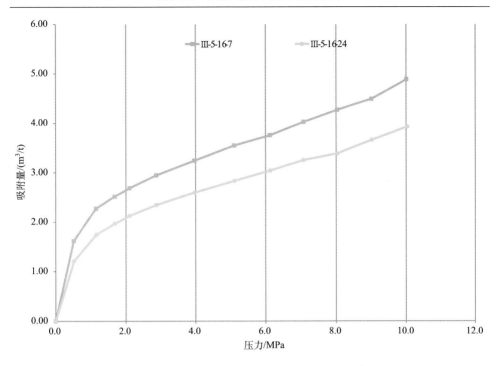

图 6-56 下寒武统筇竹寺组样品等温吸附曲线

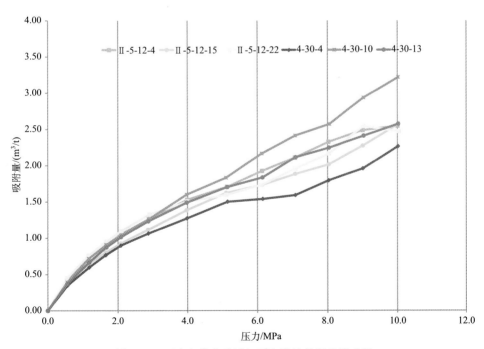

图 6-57 下志留统龙马溪组页岩样品等温吸附曲线

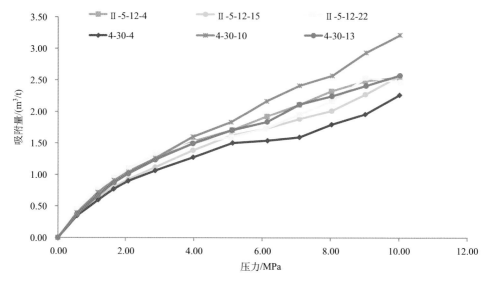

图 6-58　上志留统玉龙寺组页岩样品等温吸附曲线

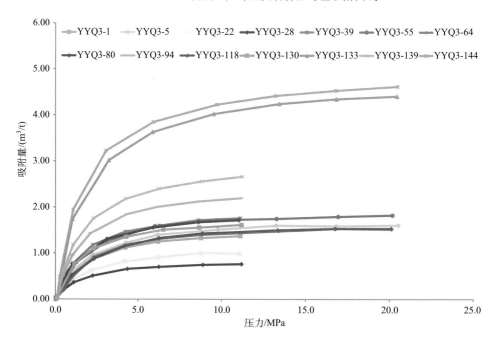

图 6-59　上三叠统干海子组、舍资组页岩样品等温吸附曲线

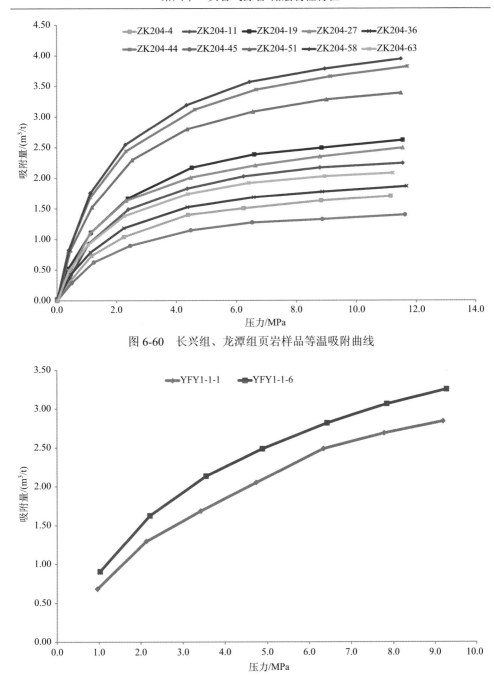

图 6-60　长兴组、龙潭组页岩样品等温吸附曲线

图 6-61　梁山组页岩样品等温吸附曲线

　　甲烷吸附能力与 TOC 含量存在一定的正相关关系,这在国内外研究页岩气吸附特征的专家所写的文献里已经得到了体现(Manger et al.,1991;Lu et al.,1995;

Ross and Bustin，2007a，2007b；Chalmers and Bustin，2008；Chalmers et al.，2012）。吸附实验结果（图 6-62）表明，在相同的压力下，随着 TOC 的增大，甲烷最大吸附量有增加趋势，但表现不很明显。

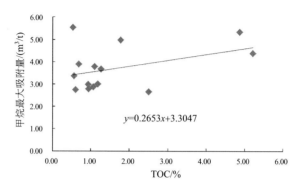

图 6-62　甲烷最大吸附量与 TOC 的关系

有机碳含量是影响页岩吸附能力最主要的因素，但不是唯一因素，甲烷最大吸附量与 TOC 相关性差的原因，可能是未排除成熟度、物质组成等对其产生的影响。鉴于此，选取同一剖面不同 TOC 值的样品作 TOC 与甲烷最大吸附量的关系图（图 6-63，图 6-64），可以看出页岩中 TOC 值越高，页岩的最大气体吸附量越大。

云南省等温吸附选择干样容量法，主要目的层泥页岩最大吸附量为 2.70~5.57m³/t。地下页岩一般处于湿润状态，缘于有机质页岩优先吸附水分子，占据了甲烷分子的附着点位，使得饱和水页岩最大吸附量一般小于干样容量法测试结果。

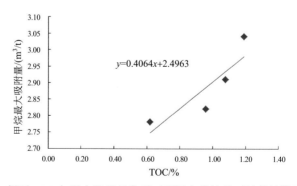

图 6-63　同一剖面 TOC 与最大吸附量关系（昭通市盐津县豆沙关镇柿子乡（S_1l））

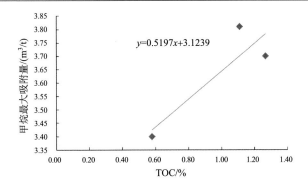

图 6-64　同一剖面 TOC 与最大吸附量关系（昆明市宜良县新工业园区（S_3y））

第七章 页岩气成藏特征

由于云南所处构造位置特殊，构造区块众多，构造演化复杂，因此区域构造演化存在一定的差异性，也导致区域上不同页岩气目标层源岩－储层在不同地域经历了各自不同的构造－埋藏史、成熟－生烃史。不同目标层页岩气的成藏与其源岩－储层自身的成熟－生烃演化有着密切的关系，因此，研究源岩－储层（富有机质黑色页岩）的成烃演化，对目标层成藏史研究有很好的指导作用。

初步选取滇东区曲靖地区下寒武统筇竹寺组和滇东北区昭通地区龙马溪组两套重点目标层开展其成熟－生烃演化剖析。

第一节 埋藏史恢复

一、不整合面与剥蚀量计算

在盆地演化史分析中，地层剥蚀厚度的准确恢复是重建埋藏史的重点和难点，且是反演盆地热史、油气生排烃史和成藏史的前提条件，在某种程度上，其对正确估算地层原始沉积厚度和最大古埋深、评价有机质成熟度等是至关重要的，是沉积盆地分析和油气资源定量评价中一项重要的基础工作（曹强等，2007）。目前，恢复地层剥蚀厚度的方法有很多，总体上可以分为四大类：①地质类方法，②地球物理类方法，③地热类方法，④地球化学类方法。这些计算方法繁简不一，理论依据不同，推理过程各异（许海龙等，2012）。

地质类方法是在地质学理论指导下，采用定性与定量结合的方式对不整合剥蚀量进行求取的一种方法，一般包括地层对比法、沉积速率法（Guidish et al.，1985）、盆地波动方程法（施比伊曼等，1994；刘国臣等，1995）。地球物理类方法主要是利用地震勘探和声波测井数据，以声学基本原理为依据，计算出不整合面上、下地层的物理性质参数差异，并将其差异性归因于剥蚀量。该类方法主要包括孔隙度法（Magara，1976）和泥岩声波时差法。地热类方法（古温标法）包括镜质体反射率法、磷灰石裂变径迹法、流体包裹体法、伊利石结晶度法等。该类方法的共同点是利用上述各种古温标结合古地温梯度计算剥蚀量。地球化学类方法主要包括天然气平衡浓度法和宇宙成因核素法。

上述各种剥蚀量恢复方法均受到一定适用条件的限制。研究区地质构造较为复杂，经历了多期的抬升剥蚀历史，剥蚀量大，地质历史过程中岩浆活动活跃，地层古地温、热演化历史不清，声波时差法、镜质组反射率法等传统的剥蚀厚度恢复方法应用受到限制。为此，选择地层厚度趋势与沉积速率相结合的方法，对研究区不同地质历史时期抬升剥蚀量进行初步探讨，以期为后文地层埋藏史、热史、成熟生烃历史研究奠定基础。

地层厚度趋势法是地层对比法的一种，其认为在某些情况下，不整合面之下的地层在被剥蚀之前沉积厚度在横向上存在一定变化规律。通过分析，在获得该变化规律的基础上，对剥蚀区地层厚度进行外推。沉积速率法则主要根据不整合面上、下地层的沉积速率、剥蚀速率及地层的绝对地质年龄来研究和恢复剥蚀厚度（曹强等，2007）。为此，结合区域岩相古地理特征，对区内主要不整合面下伏剥蚀地层沉积规律进行了深入研究，结合区域构造演化历史，对区内主要不整合面剥蚀量进行了恢复。

（一）$\epsilon_2 - S_3$ 不整合面剥蚀量

$\epsilon - S$ 不整合面是原古特提斯洋演化阶段，晚寒武世随着湘桂地块向北西方向扬子板块拼贴，引起牛首山古陆不断隆起扩大，并最终与滇中隆起、黔中隆起连成一片，而后区域范围内遭受大面积的抬升剥蚀引起的。剥蚀事件可能从晚寒武世开始一直持续至晚志留世，剥蚀持续时间长，剥蚀量大。目前只能找到中寒武统双龙潭组与上志留统关底组下段平行不整合接触的证据。可以想象，如此长时间的剥蚀，其所造成的影响可能不仅局限于中寒武统双龙潭组。换而言之，在中寒武统双龙潭组沉积之后，研究区应该还在继续接受沉积，并一直持续了一段时间，在后期的剥蚀过程中这些地层完全遭受剥蚀，以致出现如今中寒武统与上志留统假整合接触的现象。研究区中寒武世以后的沉积一直持续到什么时间，牛首山古陆何时抬升扩大延伸至本区，将是本次剥蚀厚度恢复的关键。由于区内地层已经大范围遭受剥蚀，许多关键证据已经消失，并且该不整合面上、下镜质组反射率等指标的差异在后期的最大埋深中逐渐消失，因此，这里只能通过岩相古地理的变迁初步讨论这一时限，并对该期的剥蚀厚度进行初步探讨。

对滇东中寒武统－中奥陶统地层分布情况分析可知，本区地层的沉积剥蚀情况，主要受控于东南部牛首山古陆的扩张，区内总体上经历了一个中寒武世沉积－晚寒武世短暂抬升－早奥陶世沉积－中奥陶世至中志留世长期抬升剥蚀的地质过程（图 7-1）。中奥陶统地层主体厚度为 200~300m，武定地区中寒武统与下奥陶统的平行不整合界定了晚寒武世本区的剥蚀事件。在此过程中，昭通地区连续接受沉积，结合昭通及武定地区中奥陶统地层厚度情况，认为研究区中寒武统地层最大厚度应该在 300m 以内。而区域调查结果表明，区内中寒武统平均厚度为286m，故推测区内中寒武统剥蚀厚度应在 14m 左右。根据下奥陶统地层厚度分析，研究区早奥陶世应该继续接受沉积，沉积厚度可能在 200m 左右。而在中奥

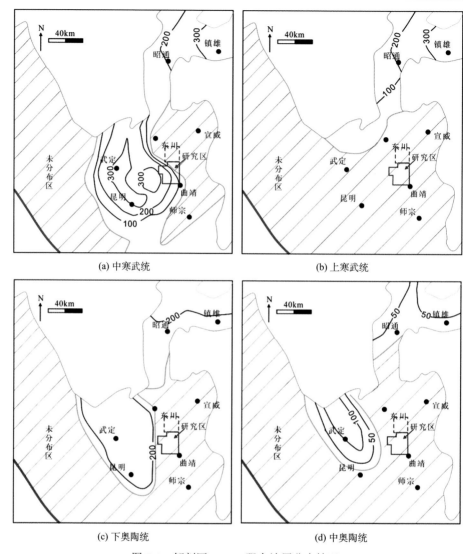

(a) 中寒武统

(b) 上寒武统

(c) 下奥陶统

(d) 中奥陶统

图 7-1　解剖区 $\in_2 - O_2$ 现今地层分布情况

陶世以后，区内抬升明显，武定、昭通地区地层沉积厚度在 50m 左右，晚奥陶世区内大部分抬升遭受剥蚀，仅昭通一带接受沉积，地层厚度较小。由此推测，研究区中奥陶世可能已经抬升遭受剥蚀（即使接受沉积，地层厚度也在 50m 以内，对区内成藏影响不大，可以忽略），随后开始了漫长的剥蚀历史，地层剥蚀厚度在 200m 左右。

在地层厚度趋势分析的基础上，结合沉积速率法，对研究区地层剥蚀厚度进行了进一步探讨。研究区下寒武统地层平均厚度 737m，地层沉积速率 25.4m/Ma，中寒武统地层平均厚度 286m，地层沉积速率 23.8m/Ma。由于早寒武世到中寒武世区内是一个缓慢抬升的历史，故中寒武世地层沉积速率应该小于早寒武世，即地层最大沉积厚度为 304m，剥蚀厚度为 18m。两种方法计算结果基本一致。而结合上述厚度恢复结果，研究区早奥陶世地层沉积速率为 11m/Ma，也符合沉积速率逐渐变缓的趋势。两种剥蚀厚度恢复结果如表 7-1 所示。

表 7-1　解剖区地层剥蚀厚度恢复成果表

时代	时间/Ma	地层沉积厚度	沉积速度	现存地层厚度	剥蚀厚度	剥蚀时间	剥蚀速率
ε_1	29	737	25.4	737	0	—	—
ε_2	12	300	25	286	14	ε_3	1.1
ε_3	13	0	—	—	—	—	—
O_1	17	200	11.7	0	200	O_2-S_2	4.16
O_2	10	0	—	—	—	—	—

注：表格中所列为区内平均剥蚀情况，不同井位、不同地区可能略有差异。

（二）印支期以来的地层剥蚀情况

从区内地层分布情况来看，研究区范围内剥蚀程度较高，绝大部分区域地表出露为泥盆系地层，石炭系、二叠系地层仅分布于研究区西侧部分区域，零星出露。结合区域岩相古地理演化特征，研究区范围内石炭纪、二叠纪沉积相变不会太大，故本次研究石炭系、二叠系地层剥蚀厚度的恢复采用临区调查地层厚度的平均值，即石炭系 348m，二叠系 1100m。这里地层剥蚀厚度恢复的关键在于研究区三叠纪以来是否接受沉积以及抬升剥蚀如何。

早中三叠世本区继承了二叠纪海陆过渡相的沉积特征。中三叠世晚期的印支运动结束了研究区海相的沉积历史。在云南省范围内，印支运动所造成的翻天覆地的海陆变迁，主要受控于华夏地块的北西向挤压以及印支板块向北的强烈挤压的综合作用（梅冥相，2010）。在上述板块的持续挤压作用下，研究区西侧及南侧分别形成了楚雄及南盘江两个前陆盆地，并且持续向克拉通内部发展。这一背景可能一直持续至燕山运动，并且得到持续发展。印支运动以后，燕山运动早期，扬子板块区域发生了较大规模的区域松弛沉降，古四川盆地发育河湖相沉积，沉积中心主要位于四川地区及楚雄地区。结合区域沉积-构造演化历史、滇东地区三叠系地层分布情况，本次研究认为，印支、燕山运动以来区域挤压背景下的沉降可能短暂地影响了该研究区。

综合上述区域构造演化分析结果，初步推测研究区内三叠纪以来主要经历了如下发展过程：早中三叠世本区继承二叠纪海陆过渡相的沉积特征；中三叠世晚期，受印支运动影响，牛头山古陆扩大，研究区开始抬升遭受剥蚀；早侏罗世至中侏罗世早期，研究区受燕山运动早期松弛沉降、古四川盆地发育等影响，经历了短暂的河湖相沉积，沉积厚度不大；喜马拉雅运动阶段，研究区以区域整体隆升为主，仅断陷盆地内发育沉积。

　　研究区三叠系地层已剥蚀殆尽，仅研究区北部会泽一带出露下三叠统飞仙关组地层厚度 758.8m，永宁镇组 72m，结合滇东地区下三叠统地层厚度分布情况，推测区下三叠统地层厚度约为 500m。会泽一带出露中三叠统下段关岭组地层厚度 392m，结合滇东地区中三叠统地层厚度分布情况，推测研究区中三叠统地层厚度约 250m（图 7-2）。

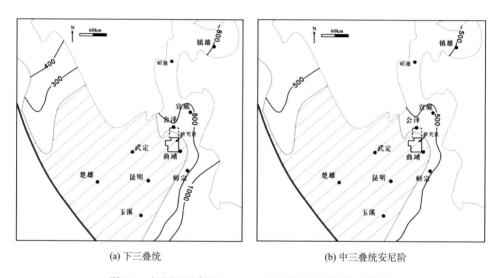

(a) 下三叠统　　　　　　　　　　　　　　(b) 中三叠统安尼阶

图 7-2　解剖区及邻区 T1－T2 安尼阶现今地层分布情况

　　中三叠世晚期以来，受印支运动影响，区域开始了抬升剥蚀的历史。燕山运动早期，研究区发生了轻微的松弛沉积，古四川盆地发育，推测研究区沉积了较薄的河湖相沉积产物，结合临区地层发育情况，推测本次地层沉积厚度（早－中侏罗世）在 100m 左右。中侏罗世晚期开始，研究区受到燕山运动的强烈影响，开始大幅度隆升剥蚀。研究区形成了一系列北东－北北东向褶皱，造成了研究区不同地区剥蚀强度出现明显的差异。喜马拉雅运动阶段，区域以整体抬升为主，但北东向逆断层的发育亦造成了断层两盘剥蚀强度的明显差异。

　　印支期以来不同时限的剥蚀强度很难确定。结合区内新生代盆地抬升剥蚀历史，曲靖盆地渐新世晚期剥蚀厚度为 800~1300m，上新世末至更新世初剥蚀厚度为 500~800m（侯宇光等，2012），本次研究初步确定上述两个时期地层整体隆升的平均剥蚀厚度分别在 1000m、750m 左右。在整体隆升的背景下，研究区不同地区在不同运动阶段剥蚀强度的差异，可能与不同地区所处的构造位置以及受燕山、喜马拉雅运动形成的褶皱或逆断层有关。一般而言，逆断层上盘强烈剥蚀，区内出露的寒武系地层多位于逆断层的上盘；褶皱地区向斜核部剥蚀较差，如研究区泥盆系地层多保存在向斜的核部。

（三）曲地1井剥蚀量恢复结果探讨

曲地1井揭露地层深度1308.88m，除薄层第四系覆盖外，揭露最新地层为上志留统关底组下段，其余地层皆剥蚀殆尽。构造位置上该井位于F4高角度逆断层上盘，轴向NE小型褶曲的SE翼，地层倾向NW（图7-3）。F4断层致使廖家田地区沧浪铺组乌龙箐段与泥盆系下西山组断层接触，据此推测断层断距约1300m，断层断距向NE和SW逐渐减少，造成了两盘不同的抬升强度。分析该断距可能为燕山与喜马拉雅运动两期作用叠加的结果。总体而言，研究区内燕山期、喜马拉雅期在整体隆升背景下，叠加了褶皱、逆冲作用，从而造成不同地区剥蚀量不同。曲地1井最新地层为上志留统关底组下段，结合区域地层发育情况，初步分析确定曲地1井各时期地层剥蚀量如表7-2所示。

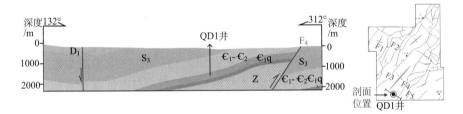

图 7-3　曲地 1 井所处构造位置示意图

表 7-2　曲地 1 井地层剥蚀厚度恢复成果表

时代	剥蚀厚度/m	受剥蚀地层	剥蚀速率/（m/Ma）	依据及可靠程度
ϵ_3	15	ϵ_2	1.1	沉积速率分析、地层厚度趋势，较为可靠
O_2-D_2	200	O_1	4.2	沉积速率分析、地层厚度趋势，较为可靠
印支期	750	T_2-T_1	22.1	不能明确划分两期运动的分别剥蚀量，按剥蚀速率相近粗略处理
燕山期	2370	J,P_3-D_2	22.8	
喜马拉雅期	2679	D_1-S_3	42.5	整体隆升约1750m，较为可靠；断层抬升剥蚀约930m，推测；主要抬升位于渐新世晚期与上新世末期

二、埋藏史恢复

为定量描述地壳运动中地质界面的升降，一般通过去压实等定量分析手段得到不同地质历史时期地层的真实厚度，并采用地质年代为横坐标，地质界面深度为纵坐标，绘制出地质界面深度随地质时间变化的沉降史和埋藏史曲线，对于沉积盆地而言，沉积物可导致盆地基底进一步沉降，因此总沉降可分为以下两部分。

（1）构造应力导致的沉降，是由于地壳或岩石圈在演化过程中产生的沉降，其可能是由板块间的相互作用导致的，也可能是岩石圈发生变形或由局部的热作用导致的沉降。

（2）非构造沉降，是地层在沉积过程中受到重力作用引起的地层压实，包括古水深和海平面的变化导致的垂向载荷增加或者地壳均衡作用引起的沉降。在分析的过程中将非构造沉降引起的沉降量剔除后，就可以得到构造作用引起的沉降。

沉降史模拟分析可以分为正演和反演。正演是通过假设的地质模型来模拟由构造作用引起的地壳基准面深度的变化，由于参数和模型差异，得出的结果和实际情况的吻合程度也不同。反演法也称为回剥法，根据压实原理，从已知钻井分层数据出发，按照地质年代逐层回剥到地表，并最终得到该井各地层在各个不同地质时期的真实埋藏深度和厚度，在回剥过程中需要考虑三方面影响因素：①去压实校正；②古水深校正和古海平面校正；③剥蚀量恢复。

本书采用反演法，忽略古水深和古海平面校正等因素，只考虑去压实作用的影响。以曲地1井为例，运用PetroMod盆地模拟软件，对本区筇竹寺组埋藏史进行探讨。各组地层岩性数据，以野外调查结果及钻孔揭露结果为准，不同岩性的岩石孔隙度数据、密度数据、压实系数等数据采用系统默认值，地层年代由国际地层表提供。

曲地1井埋藏史分析结果表明，研究区筇竹寺组地层沉积后，先后经历了原特提斯洋、古特提斯洋、燕山运动、喜马拉雅运动多个构造演化阶段（图7-4）。原特提斯洋与古特提斯洋演化阶段，区内以深埋作用为主。早中寒武世，区内缓慢沉降，筇竹寺组埋深在1500m左右。晚寒武世、中奥陶世－中志留世本区经历了缓慢的抬升过程，盆地剥蚀量不大。晚志留世开始受海西运动作用，解剖区快速沉降，至中泥盆世时沉降速度放缓，至中三叠世筇竹寺组全区底界埋深最大值达7000m左右。中三叠世晚期，受印支运动影响抬升剥蚀，剥蚀量约750m。燕山早期研究区发生了轻微的沉降，地层沉积厚度在100m左右，而后燕山期至喜马拉雅期研究区持续隆升，形成了一系列北北东向的褶皱和断层，燕山期地层剥蚀厚度约2370m，喜马拉雅期地层剥蚀厚度约2679m，其中喜马拉雅期的剥蚀主要集中在渐新世晚期与上新世末期，这一点由临区新生代盆地成藏史的研究结果所限定。筇竹寺组现今底界埋深定位在1250m左右。

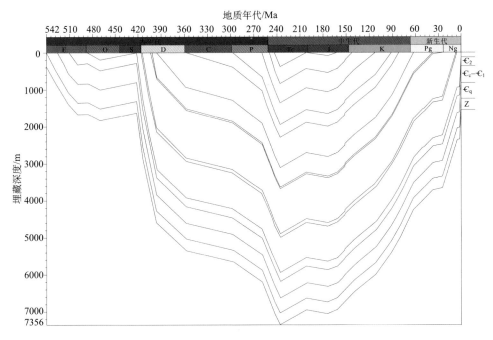

图 7-4　曲地 1 井埋藏史模拟图

第二节　古　地　温

盆地热演化史控制着油气的形成、演化及成藏,对于分析盆地的形成与演化、各种地质作用具有十分重要的意义。目前,国内外关于盆地热演化史恢复的方法研究,总体上可以分为 3 类:第 1 类用盆地演化的热动力学模型来恢复热历史;第 2 类利用各种古温标来恢复热历史;第 3 类是第 1、2 类方法的结合,即综合法。地球动力学模型方法是通过对盆地形成和发展过程中岩石圈构造(伸展、减薄、均衡调整、挠曲形变等)及相应热效应的模拟(盆地定量模型)获得岩石圈热演化史(温度和热流的时空变化)(任战利等,2014)。古温标法则主要是利用镜质组反射率、磷灰石裂变径迹、流体包裹体等地温计来定量恢复地层的热史。盆地热动力学模型与古温标相结合的综合法是已知现今热流、现今地温,依据一定的构造演化模型来求取古热流、古地温的一种正、反演技术。该方法利用了古温标法及地球动力学模型方法的优点,克服了地球动力学模型方法及古温标法的不足,被认为是研究精度较高的方法。目前国内外学者对上述方法进行了大量的研究工作,取得了丰富的研究成果(胡圣标和汪集旸,1995;胡圣标等,1998,2008;何丽娟和汪集旸,2007)。

一、区域地温场

目前滇东地区热史研究资料相对较少，对于区域上四川盆地、楚雄盆地、贵州地区，国内学者做了大量的研究工作。认识区域古地温场演化特征，尤其是分析二叠纪峨眉山玄武岩喷发所造成的区域地热学响应，对恢复和认识区内热史具有十分重要的研究意义。

曲地 1 井井温测试结果表明，区域地温梯度约 2.3℃/hm，结合曲地 1 井揭露岩性岩石热导率情况，确定曲地 1 井现今大地热流值为 53.78mW/m^2。

王洪江和刘光祥（2011）研究了中上扬子区热场分布与演化情况，根据其研究结果，早古生代－晚古生代早期中上扬子区南缘地温梯度小于 2.4℃/hm；晚古生代－中三叠世扬子南缘保持低地温场特点，而在道真、金沙一线出现相对较高的古地温梯度分布区，地温梯度大于 3.0℃/hm；晚三叠世－侏罗纪中上扬子区地温梯度呈南、北、西周缘高，中部低的展布特点，周缘地区地温梯度可能大于 3.5℃/hm。该研究区成果区域距研究区较远，可作为本次研究的参考。朱传庆等（2010）研究了峨眉山玄武岩喷发在四川盆地的地热学响应，研究表明四川盆地加里东期之前的热状态较为稳定，热流值较低。海西期，热流开始逐渐增大，距今 259Ma 左右，盆地热流值达到最高，多数钻井的最高古热流在 60~80mW/m^2 之间，少数钻井经历的最高古热流超过了 100mW/m^2，此后热流持续降低直到现今。其中晚二叠世－晚三叠世为快速降低阶段，晚三叠世－现今为缓慢降低或相对平稳阶段。中晚二叠世，盆地西南及东北存在高热流区域，这些区域现今被认为是玄武岩喷发区或者隐伏玄武岩的存在区，高热流值的时间、空间分布与峨眉山玄武岩的喷发及岩浆活动相关性较好。卢庆治等（2007）研究了鄂西－渝东地区热史情况，结果表明鄂西－渝东地区在晚二叠世初期达到最高古热流（可达 68~78mW/m^2），从晚二叠世初到现今古热流持续降低。

基于上述认识，初步分析认为研究区与区域上经历了相似的地温演化历程。早古生代至早二叠世本区主要呈现低地温场的特点，地温梯度可能小于 2.4℃/hm（对应热流值在 55mW/m^2 左右）。峨眉山玄武岩喷发通道小江断裂带紧邻研究区，其喷发事件可能造成本区较为强烈的地热学响应。结合区域认识，初步分析认为受峨眉山玄武岩喷发影响，区内二叠纪中晚期大地热流可能为 3.0~3.5℃/hm（75~85mW/m^2）。二叠纪以后，区内地温缓慢下降，但整体保持了较高的水平。

二、R_0 与最高古地温

对地质温度计和地质事件的观察，是研究古地温、古热流的最基本手段。镜质体反射率有效记录了沉积地层经历的最高古地温，且不因后期构造抬升剥蚀而降低，作为有机质成熟度指标被广泛应用于盆地综合分析和油气地质研究中。

在应用于地质情况时，镜质组反射率常被用于最大古地温的粗略估计。Barker 等利用世界上 35 个地区超过 600 份腐殖型有机质的平均镜质组反射率（R_m）及其所对应的最大古地温（T_{max}）建立回归方程：$\ln R_m=0.0096-1.4$，估算最大古地温，判定系数 $R^2=0.7$，表明 R_m 与 T_{max} 具有密切的相关性。根据这一成果，结合本区镜质组反射率测试结果（见第五章），及区域上地温演化历程（图 7-5）分析：早古生代至早二叠世本区主要呈现低地温场的特点，地温梯度可能小于 2.4℃/hm（对应热流值在 55mW/m² 左右）。本区筇竹寺组所受最大古地温约为 295℃。

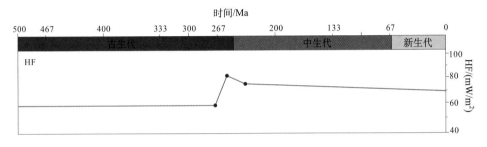

图 7-5　解剖区地表热流值变化情况

第三节　筇竹寺组页岩气成藏特征

研究表明，曲靖地区筇竹寺组自沉积以来总体的构造演化可分为三个大的阶段：被动大陆边缘阶段、内陆断－隆阶段和走滑隆起阶段，具有长期深埋、短期振荡抬升的特点。长期深埋及其岩浆活动等热事件导致了有机质成熟度的不断提高（图 7-6）。

结合 Easy%R_o 数值模拟技术与云南滇东地区古地温梯度相关资料，对曲靖地区下寒武统筇竹寺组有机质的成熟度演化进行了模拟，揭示了筇竹寺组页岩气源岩－储层在地质历史中成熟演化的历程（表 7-3，图 7-6 右上角小图）。

模拟结果表明，受构造控制，本地区筇竹寺组源岩－储层经历了长期的持续深埋，受热温度呈阶段性变化，筇竹寺组页岩成熟度呈阶段性升高。主要分为如下三大阶段。

第一阶段，被动大陆边缘演化阶段，可进一步分为三个演化阶段，即加里东早期、加里东晚期，海西－印支－燕山早期。

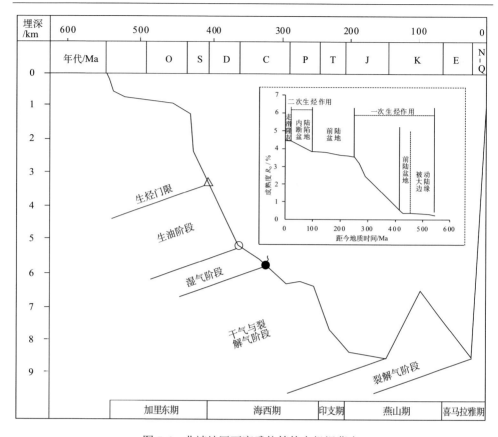

图 7-6　曲靖地区下寒武统筇竹寺组埋藏史

表 7-3　曲靖地区筇竹寺组页岩成熟度演化模拟（筇竹寺组底 R_o=4.46%）

构造期演化阶段	时代	埋深/m	受热温度/℃	R_o/%	生烃作用
	Є	237	22	0.20	
加里东期	O	1206	42	0.37	—
	S	2682	85.3	0.5	
	D	5193	170.8	1.43	
海西期	C	6346	205.4	2.47	一次生烃
	P	6360	237.8	3.56	
印支期	T	7697	215	3.63	

构造期演化阶段	时代	埋深/m	受热温度/℃	R_o/%	生烃作用
燕山期	J	8554	237.4	3.82	—
	K	6554	185.4	3.84	二次生烃
喜马拉雅期	E	8572	289.2	4.44	
	N+Q	1000	40	4.46	—

1. 加里东早期

研究区自筇竹寺组沉积以来，一直延续到奥陶纪末，其沉积厚度达 1200m，当时地壳相对稳定，属正常地温场，约 3℃/100m，筇竹寺组底部有机质受热温度约在 42℃，源岩尚未进入成熟阶段（R_o 约为 0.37%）。

2. 加里东末期

研究区仍以持续的深埋作用为主，至志留纪末，其沉积厚度达 2682m，当时地壳相对稳定，属正常地温场，约 3℃/100m，筇竹寺组底部有机质受热温度约在 85℃，源岩进入生烃门限，发生初次成熟生烃作用（R_o 约为 0.5%），生烃门限深度约在 2000m，此时生烃量有限，以生油为主。

3. 海西－印支－燕山早期

进入海西期，研究区仍以持续的深埋作用为主，本区的地温基本正常，地温梯度约 3℃/100m，随着上覆地层的不断沉积（沉积了巨厚的泥盆系地层），筇竹寺组持续被深埋，有机质受热温度不断提高，有机质不断熟化。至泥盆纪末期，沉积厚度达到 5193m，筇竹寺组受热温度达到 173℃左右，成熟度达 1.43%，进入湿气生成阶段；之后沉积与深埋作用继续，在晚石炭世，有机质受热温度不断提高，进入干气生成阶段。在海西末期，构造作用发生较小转换，在石炭纪末期有短暂的地壳抬升作用，但总体上仍然持续沉积与深埋，沉积厚度逐渐增加，达到 6360m，筇竹寺组有机质受热温度高达 237℃左右，期间发生大幅度变化，成熟度达 3.56%。印支期至燕山早期，持续沉积与深埋，有机质成熟度进一步增高，至侏罗纪末期，成熟度达到 3.82%。

海西－燕山早期阶段为本区筇竹寺组页岩气大量生成的时期，是筇竹寺组页岩气的主成藏期，也是有机质生烃同时产生大量孔隙的阶段。

第二阶段，即进入内陆断－隆演化阶段，可进一步分为两个演化阶段。

1. 燕山中期

燕山中期，地壳隆升，筇竹寺组上覆地层接受剥蚀，埋深作用导致的热成熟度不再增加，但筇竹寺组埋深仍超过 6000m，生成的页岩气处于保持和调整成藏时期。

2. 燕山晚期－喜马拉雅早期

进入燕山晚期，至喜马拉雅早期，断陷作用导致地层下沉，接受巨厚层白垩系与古近系的沉积，筇竹寺组又一次被深埋，沉积厚度达到 8572m，深埋作用导致有机质成熟度进一步增加，达到 4.44%，发生二次生烃，进入裂解气形成阶段。该阶段本应产生大量的气胀裂隙，但鉴于巨厚上覆岩层造成的压力，气胀裂隙形成有限。该阶段为本区筇竹寺组页岩气生成的又一时期，为筇竹寺组页岩气的成藏再次注入气源。

第三阶段，喜马拉雅晚期，演化进入走滑隆起阶段，这一时期以强烈的抬升剥蚀为主，筇竹寺组上覆地层遭受严重剥蚀，埋深达到页岩气"逸散危险埋藏深度"，成熟演化很微弱，基本停止，储层成熟度与有机质熟化基本定形于燕山晚期－喜马拉雅早期。筇竹寺组页岩气遭受一定程度的破坏，其最终的上覆埋藏厚度对气藏的保存具有至关重要的作用。喜马拉雅晚期主要的储层改造和已经成藏的页岩气再调整、重新分配，由于抬升幅度较大，局部地区剥蚀出露寒武系。因此，此阶段对筇竹寺组页岩气成藏而言至关重要，是能否有效成藏的关键阶段，需深入研究。

根据曲地 1 井埋藏史分析结果，本区筇竹寺组地层沉积后，先后经历了原特提斯洋、古特提斯洋、燕山运动、喜马拉雅运动多个构造演化阶段（图 2-6）。原特提斯洋与古特提斯洋演化阶段，区内以深埋作用为主。早中寒武世，区内缓慢沉降，筇竹寺组埋深在 1500m 左右。晚寒武世、中奥陶世－中志留世本区经历了缓慢的抬升过程，盆地剥蚀量不大。晚志留世开始遭受海西运动作用，解剖区快速沉降，至中泥盆世时沉降速度放缓，至中三叠世筇竹寺组全区底界埋深最大值达 7000m 左右。中三叠世晚期，受印支运动影响抬升剥蚀，剥蚀量约 750m。燕山早期本区发生了轻微的沉降，地层沉积厚度在 100m 左右，而后燕山期至喜马拉雅期本区持续隆升，形成了一系列北北东向的褶皱和断层，燕山期地层剥蚀厚度约 2370m，喜马拉雅期地层剥蚀厚度约 2679m，其中喜马拉雅期的剥蚀主要集中在渐新世晚期与上新世末期，这一点由临区新生代盆地成藏史的研究结果所限定。筇竹寺组现今底界埋深定位在 1250m 左右。

曲地 1 井现今大地热流值为 53.78mW/m^2。结合区域上地温演化历程，地温梯度可能小于 2.4℃/hm（对应热流值在 55mW/m² 左右）；考虑到本区峨眉山玄武岩较薄，结合区域认识，初步分析认为受峨眉山玄武岩喷发影响程度中等，区内二叠纪中晚期地温梯度可能达到 3.1℃/hm（75mW/m²）。二叠纪以后，区内地温缓慢下降，现今地温梯度约 2.3℃/hm（54 mW/m²）。

运用 PetroMod 盆地模拟软件，结合区内埋藏史及热史演化特征，模拟筇竹寺组受热历史。曲地 1 井的受热生烃历史与区域地质运动息息相关。早中寒武世时期筇竹寺组缓慢沉降，受热温度低于 60℃；晚寒武世及奥陶纪期间经历了短暂的小幅度抬升和沉降。晚志留世以来，受古特提斯洋扩张影响，本区开始了快速沉积埋藏的历史。至东吴运动前地层持续埋深增温，受热温度达到了 210℃。东吴运动峨眉山玄武岩的爆发对本区造成了强烈的地热学响应，使地层温度迅速升高，超过 240℃。而后区内保持了较高的古地温场特征，中三叠世晚期，区域埋深最大，筇竹寺组受热温度超过了 270℃。印支运动以来，本区筇竹寺组不断抬升，地层受热温度逐渐降低。现今地层温度为 39~51℃（图 7-7）。

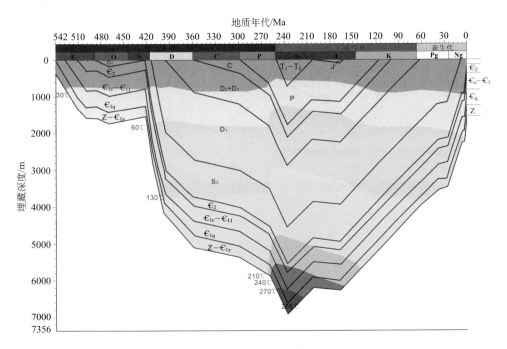

图 7-7 曲地 1 井受热史

运用 PetroMod 盆地模拟软件的模拟表明,晚志留世之前区内筇竹寺组始终保持较低的成熟度特征，有机质镜质组反射率（R_o）小于 0.5%，可能存在一定量的生物气。晚志留世以来，筇竹寺组快速沉降开始了生烃历史。早泥盆世，筇竹寺组成熟度达到 0.7%，开始生烃历史，有机质演化进入成熟阶段，以生油为主；中泥盆世晚期，筇竹寺组成熟度达到 1.3%，有机质演化进入高成熟阶段，逐渐开始了生气历史，以生成湿气为主；二叠纪早期，筇竹寺组成熟度达到 2.0%，有机质演化进入过成熟阶段，天然气生成以干气为主；二叠纪晚期的峨眉山玄武岩喷发造成了本区地热温度的强烈上升，筇竹寺组成熟度由 2.2% 跃升至 3.2% 左右，烃类气体大量生成，并且致使有机质生烃潜力基本枯竭，接近生烃死线。中三叠世晚期，本区达到最大埋深，有机质成熟度最高约 4.2% 左右（图 7-8）。

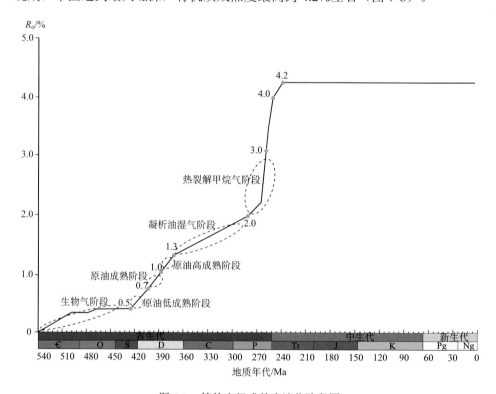

图 7-8　筇竹寺组成熟度演化阶段图

　　为表征有机质成熟过程中 R_o 演化与烃类气体生成的关系，本次研究收集了前人对不同干酪根类型有机质演化与生烃关系的研究成果（图 7-9，图 7-10）。研究结果表明，Ⅰ型干酪根烃类气体生成的主要阶段位于 $R_o=1.3\%\sim3.0\%$，R_o 达到 3.0 以后，烃类生成量明显降低。对应本区的筇竹寺组热演化历史，页岩气生成的主要阶段应位于石炭纪到二叠纪期间。

　　通过对滇东曲靖地区寒武系筇竹寺组成熟－生烃演化和"三史"特征的研究，分析认为研究区筇竹寺组页岩成藏具有以下特征：巨厚的原始黑色页岩沉积奠定了页岩气成藏的物质基础；经历了被动大陆阶段、内陆断－隆阶段和走滑隆起三大演化阶段，具有长期深埋、短期振荡抬升的特点；页岩气主要来源于海西－燕山早期阶段的热成因气，是筇竹寺组页岩气的主成藏期，其次来源于燕山晚期－喜马拉雅早期，为筇竹寺组页岩气的次成藏期，形成现今气藏的基本格局；筇竹寺组页岩气经过燕山中期与喜马拉雅晚期两期的保持、调整与重新分配阶段，最终形成了现今的气藏格局，反映出多期成藏特征。

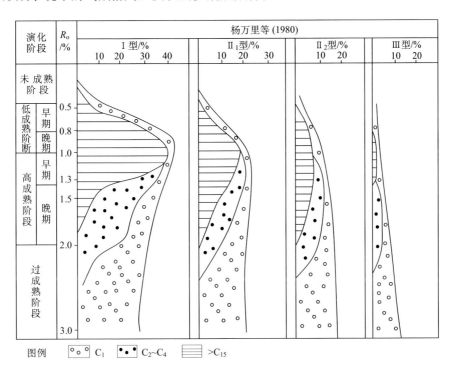

图 7-9　干酪根生烃演化模式图

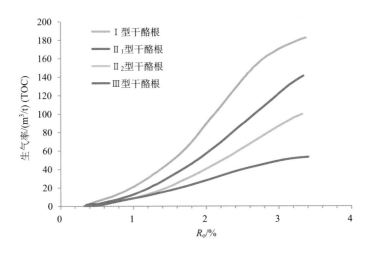

图 7-10　生气率与 R_o 关系曲线（石光仁，2000）

第四节　龙马溪组页岩气成藏特征

研究表明，滇东北区昭通地区下志留统龙马溪组自沉积以来总体演化具有长期深埋、频繁短期振荡抬升的特点。长期深埋导致了有机质成熟度的不断增高（图 7-11）。

结合 Easy%R_o 数值模拟技术与云南滇东北地区古地温梯度相关资料，对昭通地区下志留统龙马溪组有机质的成熟度演化进行了模拟，揭示了龙马溪组页岩气源岩－储层在地质历史中成熟演化的历程（表 7-4）。

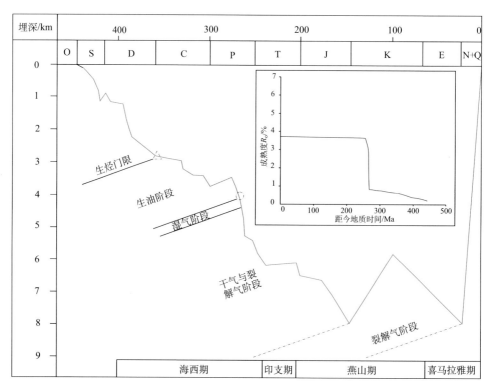

图 7-11　昭通市大关县下志留统龙马溪组埋藏史

模拟结果表明：受构造控制，本地区龙马溪组页岩源岩－储层经历了长期的持续深埋，受热温度呈阶段性变化，龙马溪组页岩成熟度呈阶段性升高。

加里东期末期，研究区自龙马溪组沉积以来，一直延续到志留纪末，其沉积厚度达 995.24m，当时地壳相对稳定，属正常地温场，约 2.5℃/100m，龙马溪组底部有机质受热温度约在 49.88℃，源岩尚未进入成熟阶段（R_o 约为 0.34%）。

表 7-4 昭通地区龙马溪组页岩成熟度演化模拟（龙马溪组底 R_o=3.68%）

构造期演化阶段	时代	埋深/m	受热温度/℃	R_o/%	生烃作用
加里东期	S	995.24	49.88	0.34	—
海西期	D	2854.30	96.36	0.60	一次生烃
	C	3767.50	119.19	0.75	
	P	5473.50	161.84	3.65	
印支期	T	6492.00	187.30	3.66	
燕山期	J	7520.65	213.02	3.66	—
	K	5245.92	156.15	3.68	二次生烃
喜马拉雅期	E	144.16	28.60	3.68	
	N+Q	0	25	3.68	—

在志留纪末期,经历了短暂的地层抬升作用,志留统地层遭受了一定的剥蚀。但剥蚀厚度不大,之后进入海西期,泥盆纪沉积阶段至泥盆纪末,其沉积厚度达 2854.30m,当时地壳相对稳定,属正常地温场,约 2.5℃/100m,龙马溪组底部有机质受热温度约在 96.36℃,源岩进入生烃门限,发生初次成熟生烃作用（R_o 约为 0.5%）,生烃门限深度约在 2500m,此时生烃量有限,以生油为主,页岩气开始形成。

在海西期,石炭纪沉积期,发生了数次沉积速率变化,但研究区仍以持续的深埋升作用为主,区内的地温基本正常,地温梯度约为 2.5℃/100m,随着上覆地层的不断沉积（沉积了较厚的石炭系地层）,龙马溪组持续被埋深。至石炭纪末,构造作用发生转换,有较为短暂的地壳抬升作用。至晚二叠世早期,构造作用再次发生转换,再一次进入持续深埋作用过程,随上覆地层的不断沉积（沉积了巨厚的三叠系地层）,有机质受热温度不断提高,有机质不断熟化。至早二叠世晚期,沉积厚度达到 4169.30m,龙马溪组受热温度达到 129.23℃左右,成熟度达 1.30%,进入湿气生成阶段;之后沉积与深埋作用继续,在晚二叠世末期,有机质受热温度不断提高,进入干气生成阶段。

在海西末期,构造作用发生较小转换,在早三叠世末期开始,地壳抬升,至三叠纪末期,几乎整个印支期处于缓慢的抬升阶段。印支末期至燕山早期,再次发生构造作用转换,接受巨厚侏罗系的持续沉积与深埋,有机质成熟度进一步增高，至侏罗纪末期，成熟度达到 3.66%。

海西－燕山早期阶段为研究区龙马溪组页岩气大量生成的时期，是龙马溪组页岩气的主成藏期，也是有机质生烃同时产生大量微孔隙的阶段。

燕山中期，地壳隆升，龙马溪组上覆地层接受剥蚀，埋深作用导致的热成熟度不再增加，但龙马溪组埋深仍超过 5000m，生成的页岩气处于保持和调整成藏时期。

进入燕山晚期，至喜马拉雅早期，断陷作用导致地层下沉，接受巨厚层白垩系与古近系的沉积，龙马溪组又一次被深埋，沉积厚度达到 8000m，深埋作用导致有机质成熟度进一步增加，达到 3.68%，发生二次生烃，进入裂解气形成阶段。该阶段本应产生大量的气胀裂隙，但鉴于巨厚上覆岩层造成的压力，气胀裂隙形成有限。该阶段为本区龙马溪组页岩气生成的又一时期，为龙马溪组页岩气的成藏再次注入气源。

喜马拉雅晚期，演化进入走滑隆起阶段，这一时期以强烈的抬升剥蚀为主，龙马溪组上覆地层遭受严重剥蚀，埋深达到页岩气"逸散危险埋藏深度"，成熟演化很微弱，基本停止，储层成熟度与有机质熟化基本定形于燕山晚期－喜马拉雅早期。龙马溪组页岩气遭受一定程度的破坏，其最终的上覆埋藏厚度对气藏的保存具有至关重要的作用。喜马拉雅晚期主要的储层改造和已经成藏的页岩气再调整、重新分配，由于抬升幅度较大，局部地区剥蚀出露志留系。因此，本阶段对龙马溪组页岩气成藏而言至关重要，是能否有效成藏的关键阶段，需深入研究。

通过对滇东北昭通地区下志留统龙马溪组成熟－生烃演化和"三史"特征的研究，分析认为研究区龙马溪组页岩成藏具有以下特征：巨厚的原始黑色页岩沉积奠定了页岩气成藏的物质基础；具有主体长期深埋、频繁短期振荡抬升的特点；页岩气主要来源于海西－燕山早期阶段的热成因气，是龙马溪组页岩气的主成藏期，其次来源于燕山晚期－喜马拉雅早期，为龙马溪组页岩气的次成藏期，形成现今气藏的基本格局；龙马溪组页岩气经过燕山中期与喜马拉雅晚期两期的保持、调整与重新分配阶段，最终形成了现今的气藏格局，反映出多期成藏特征。

滇东曲靖地区下寒武统筇竹寺组及滇东北昭通地区下志留统龙马溪组成藏演化过程基本相似，均经历三个阶段，分别为被动大陆边缘演化阶段、内陆断－隆演化阶段以及走滑隆起阶段，具有主体沉降、短期抬升、长期深埋的演化特征，但相较之下，滇东北昭通地区下志留统龙马溪组存在频繁短期振荡抬升的特点。

通过埋藏演化史恢复，在燕山中期，研究区出现地壳隆升，使得目标层上覆地层接受剥蚀，在进入燕山晚期后，构造作用发生转换，地壳下沉，沉积了白垩系及古近系地层，使得目标层埋藏深度增大，均经历了二次生烃作用。

　　研究区目标层均处于高－过成熟演化阶段，具有很好的生烃条件，具备形成高含气量的物质基础，但页岩气的成藏除与源岩－储层本身的沉积与演化有关之外，还与区域构造特征、抬升后的埋深及水动力条件等多种保存要素有关。由于云南省重点目标层位都经历过抬升剥蚀的演化特点，抬升后是否达到地表，或进入页岩气逸散带，对页岩气成藏具有重要意义，后期调查研究中应予以足够的重视。

第八章　页岩气有利区优选与资源潜力评价

页岩气是主体以吸附和游离相赋存于泥页岩或泥页岩层系中的天然气，根据复杂的成藏条件、赋存特征及分布规律，在资源潜力评价及有利区优选等方面存在明显特殊性。

云南省地质条件复杂，富有机质泥页岩层系较多，为了获得相对一致的页岩气资源量及优选出页岩气有利目标区，此次评价主要依据国土资源部油气资源战略研究中心发布的《页岩气资源潜力评价方法与有利区优选标准（2012）》操作手册及《页岩气资源评价及选区规程（2013）》，结合前文对全省各个层系页岩气成藏条件的分析，明确页岩气有利区及资源量评价原则，优选页岩气有利富集区，并估算页岩气资源量。

第一节　资源潜力评价方法

一、评价原则和方法

页岩气资源量是泥页岩层系中赋存，现今或将来能够被开发利用的天然气。可用于页岩气资源潜力评价的方法主要有体积法、类比法、统计分析法、成因法和综合法，结合本次调查研究程度，经比较和分析认为体积法适用于现阶段云南省页岩气资源量的计算。

体积法是指用数理统计的方法（最小二乘法、线性回归法）在研究程度较高的含油气区建立资源量（Q）或单位体积资源密度（q_V）与沉积岩体积（V）以及源岩体积等地质变量之间的函数关系，应用地质类比的原理对勘探新区油气资源量进行估算。用该方法计算页岩气资源量的原理如下。

（1）由于泥页岩中所含的溶解气量极少，故页岩气总资源量可近似分解为吸附气总量与游离气总量之和：

$$Q_总 = Q_吸 + Q_游 + Q_溶$$
$$Q_总 \approx Q_吸 + Q_游$$

式中，$Q_总$ 为页岩气资源量；$Q_吸$ 为吸附气资源量；$Q_游$ 为游离气资源量；$Q_溶$ 为溶解气资源量。

（2）页岩气资源量为给定规模页岩中所含的天然气被采至地表后的总量。

$$Q_总 = 0.01 \cdot A \cdot h \cdot \rho \cdot q / Z$$

$$q=q_{吸}+q_{游}$$

式中，$Q_{总}$ 为页岩气资源量，$10^8 m^3$；A 为泥页岩含气面积，km^2；h 为有效泥页岩厚度，m；ρ 为泥页岩密度，t/m^3；q 为总含气量，m^3/t；Z 为天然气压缩因子，无量纲；$q_{吸}$ 为吸附含气量，m^3/t；$q_{游}$ 为游离含气量，m^3/t。

其中，q、$q_{吸}$ 和 $q_{游}$ 可由解析法、等温吸附法、类比法、体积法、测井解释及计算等方法获得。通过现场解吸获得的吸附含气量和总含气量，因已经包含了天然气体积从地下到地表由于温压条件改变而引起的体积变化，故当通过现场解吸法获取吸附气含量和总含气量时，压缩因子 Z 等于 1；当采用其他方法且未考虑温压条件转变引起的体积变化时，压缩因子 Z 小于 1。

二、评价参数

页岩气资源量计算涉及参数包括面积、厚度、孔隙度、游离含气饱和度、吸附含气饱和度、总含气量、兰氏体积、兰氏压力和压缩因子，直接参与计算的参数包括含气面积、有效泥页岩厚度、密度、总含气量和压缩因子。

（一）含气面积

含气面积取值为目标层段埋深大于甲烷风化带深度且位于不同埋藏深度界限的综合评价稳定区面积。所估算的不同类型的资源量，按照不同的有效面积进行计算，即根据相应类型圈定的区域面积进行计算。鉴于研究区地层倾角因褶皱构造的影响有所变化，准确求得地层倾角较困难，且误差过大，因此，以平面面积代替经倾角换算的真面积作为有效面积计算。由于泥页岩的真面积要大于平面面积，因此，本次调查评价估算的资源量为实际资源量的下限值。

（二）有效厚度

泥页岩的有效厚度指 TOC>2.0%（玉龙寺组由于总体 TOC 偏低，有效厚度选取时用 TOC>1.0%）的连续分布厚度。云南省现有筇竹寺组钻井 5 口，上三叠统钻井 6 口，下仁和桥组钻井 1 口，玉龙寺组钻井 1 口。通过对钻井 TOC 值测量及统计，得到连续分布的有效厚度基本信息。云南省下寒武统筇竹寺组各页岩气钻井最大有效厚度层段占筇竹寺组总厚度比值（有效厚度系数）分别为 0.1126、0.0112、0.0795、0.1691、0.2118 及 0.0829。曲地 6 井及曲地 7 井未见筇竹寺组顶，导致最大有效厚度比例变大；ZK2 井为浅井，受风化作用，或其他因素影响致使最大有效厚度比例变小；曲地 5 井筇竹寺组完整，由于受风化作用的影响且未对其进行 TOC 值的校正，因此最大有效厚度比例较小；而曲地 4 井由于钻遇断层，未得到筇竹寺组下段富有机质泥页岩，最大有效厚度比例最小；曲地 1 井筇竹寺组完整，且埋藏深度大，受风化作用弱，其 TOC 值可作为云南省筇竹寺组参考标准。综上，将曲地 1 井最大有效厚度占筇竹寺组总厚度的比值 0.1126 作为下寒武统筇竹寺组平均有效厚度系数进行资源量的计算。

云南省上三叠统 YYQ3 钻井有效厚度层段占上三叠统总厚度比值即有效厚度系数分别为 0.0142、0.0136、0.0076 及 0.0585，即用最大值 0.0585 作为上三叠统平均有效厚度系数进行资源量的计算。

本章页岩气资源评价中，将滇西下志留统下仁和桥组和滇东北下志留统龙马溪组统称为龙马溪组进行评价。下志留统下仁和桥组页岩气钻井最大有效厚度层段占下仁和桥组总厚度的比值为 0.0665，即将其作为下志留统下仁和桥组平均有效厚度系数进行资源量的计算。由于滇东北龙马溪组缺少钻井资料，而云南省与四川盆地东南部相接，早志留世沉积环境基本相同，故可以引用四川盆地东部盆缘 JY1 井及四川盆地南部盆缘长芯 1 井钻井实测资料，来计算滇东北下志留统龙马溪组的有效厚度系数。

1. 四川盆地东部盆缘 JY1 井简况

JY1 井位于四川盆地东缘川东隔挡式褶皱向隔槽式褶皱过渡的地区，紧邻四川盆地东部边界齐岳山断裂，地表出露三叠系嘉陵江组－志留系，断裂发育。受华蓥山断裂带、齐岳山断裂带及娄山断褶带的共同影响，川东地区呈现出由北东向、北北东向高陡背斜带与宽缓向斜和断裂带组成的隔挡式褶皱，成排成带平行排列（图 8-1）。

JY1 井为一受断层控制的断背斜构造，整体地层较为宽缓，地层倾角仅 2°，向翼部迅速变陡，背斜顶部断层不发育。JY1 井的钻探有 2 个主要目的：一是探索龙马溪组下部泥页岩层系的含气性、有机地球化学特征，为页岩气评价提供依据；二是探索此类构造的油气保存条件，为钻探深部寒武系－震旦系含油气组合做准备。JY1 井开孔层位为下三叠统嘉陵江组，分别钻遇飞仙关组，二叠系，石炭系，志留系和中、上奥陶统，完钻井深 2450m。志留系厚度为 986m，其中龙马溪组厚 266m，五峰组厚 6m。JY1 井对龙马溪组下部和五峰组连续取心 89m，并进行了水平井钻探，水平段长为 1008m，大型压裂改造后，试获稳产、高产工业气流，不仅证实了龙马溪组下部－五峰组发育优质泥页岩层系，而且证实了该套泥页岩层系能起到盖层作用，增强了向深部探索的信心。龙马溪组、五峰组 TOC 值大于 0.5% 的地层厚 89m，TOC 平均值为 2.54%；TOC 值大于 2.0% 的地层位于五峰组－龙马溪组底部，地层厚 38m，TOC 平均值为 3.50%。干酪根镜检分析表明泥页岩有机质类型为 I 型，$\delta^{13}C$（PDB，下同）值为 $-29.3‰ \sim -29.2‰$；天然气碳同位素具有明显的倒转现象：$\delta^{13}C_1$ 值为 $-29.2‰$，$\delta^{13}C_2$ 值为 $-34.05‰$；R_o 值为 $2.2\% \sim 3.06\%$。

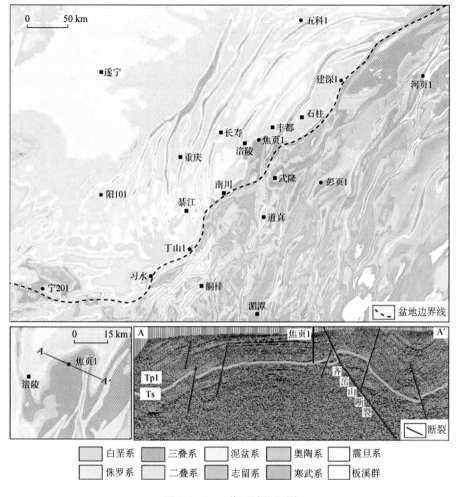

图 8-1　JY1 井区域位置图

由于龙马溪组厚 266m，五峰组厚 6m，TOC 值大于 2.0%的层段位于五峰组－龙马溪组底部，地层厚为 38m，由此计算得到 JY1 井的有效厚度系数值为 13.97%。

2. 四川盆地南部盆缘长芯 1 井简况

长芯 1 井为 2008 年 11 月钻探的中国首口页岩气地质调查浅井，位于川南长宁背斜北翼（龙马溪组厚约 300m），开孔于龙马溪组下段，钻穿五峰组完钻，进尺 154.5m，岩心长 150.68m，共采集 TOC 值、R_o 值和岩矿样品 200 多个，测定自然伽马（GR）值 780 个。该井揭示了五峰组－龙马溪组下段泥页岩的岩性、电性、地球化学、沉积环境、孔缝等主要地质特征（图 8-2），为开展海相泥页岩储层研究提供了丰富资料。

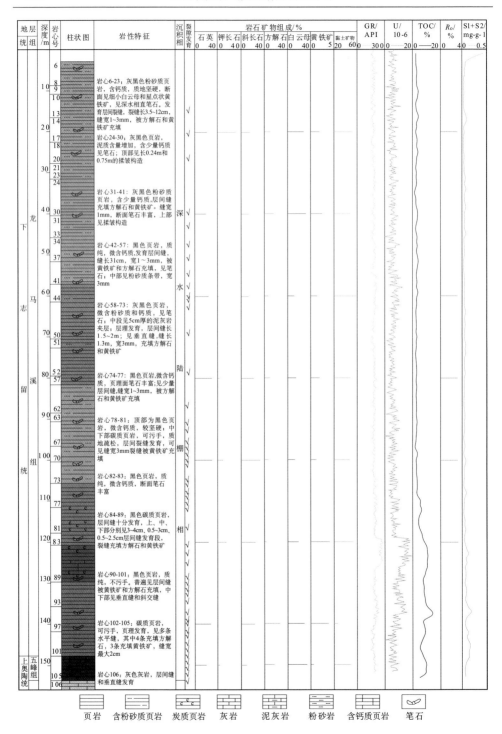

图 8-2　长芯 1 井综合柱状图

长芯 1 井揭示上奥陶统宝塔组顶部、五峰组全部和下志留统龙马溪组下段 3 套地层，岩性自下而上为泥灰岩、碳质泥页岩、黑色泥页岩、粉砂质泥页岩夹粉砂岩条带，其基本特征如下：上奥陶统宝塔组为五峰组－龙马溪组黑色泥页岩的沉积基底，岩性以"龟裂纹"瘤状泥灰岩为主，厚 50~80m，分布稳定。上奥陶统五峰组厚 9.5m，主要为碳质泥页岩和硅质泥页岩，富含有机质，染手，断面见大量黄铁矿晶粒呈星点状分布，页理发育，见层间缝，缝宽最大达 2cm，其中充填方解石和黄铁矿。下志留统龙马溪组是本井的主要目的层，自下而上为黑色泥页岩、碳质泥页岩、灰黑色粉砂质泥页岩以及泥灰岩夹层和粉砂岩条带 5 种岩性，具体井段岩性特征为：147.7~127.5m 为黑色泥页岩，质纯，基本不染手，页理面见大量黄铁矿晶粒呈星点状分布；127.5~111.6m 主体为碳质或含碳质泥页岩，染手，含钙质，多见黄铁矿结核；111.6~105.7m 为黑色泥页岩，微含钙质，不染手，页理面见大量黄铁矿晶粒呈星点状分布；105.7~81.7m 为灰黑色泥页岩，微含钙质和粉砂质，见 5cm 厚的泥灰岩夹层；81.7~57.2m 为黑色泥页岩，微含钙质，质纯而硬，局部见粉砂岩条带（厚 3mm）；井深 57.2m 以上为灰黑色粉砂质泥页岩，见水平层理，含钙质，质地坚硬。自下而上，岩性总体表现为粉砂质及钙质含量增加、颗粒变粗、颜色变浅，表明沉积水体逐渐变浅。

通过对该井五峰组－龙马溪组 153 个泥页岩样品（采样间隔 1m）的分析，全井段 TOC 值一般为 1.0%~7.3%，平均 2.1%，TOC 变化趋势与自然伽马响应特征基本对应，即井段 153~110m 高伽马段为富有机质泥页岩段，TOC 值一般为 2%~7.3%，平均 4.0%（44 个样品）（图 8-3（a））；井深 110m 以上为较高伽马段，有机质含量总体较稳定，一般为 0.9%~2.1%，平均 1.3%（109 个样品）（图 8-3（b）），其中井段 53~40m、25~10m 的 TOC 在 2%左右，也属富有机质泥页岩段。从自然伽马和有机碳分析结果看，长芯 1 井区五峰组－龙马溪组富有机质泥页岩段（TOC>2%）总厚度为 60~70m。

长芯 1 井龙马溪组厚约 300m，其富有机质泥页岩段（TOC>2%）厚度为 60~70m（计算选取 65m），由此计算得到长芯 1 井有效厚度系数值为 21.67%。

综合显示，滇西下仁和桥组有效厚度系数值为 0.0665，滇东北 JY1 井有效厚度系数值为 0.1397，长芯 1 井有效厚度系数值为 0.2167。滇东北地区取 JY1 井与长芯 1 井二者平均值 0.1782 作为本次云南省页岩气资源潜力评价时滇东北龙马溪组的有效厚度系数，滇西下仁和桥组取实测值 0.0665。

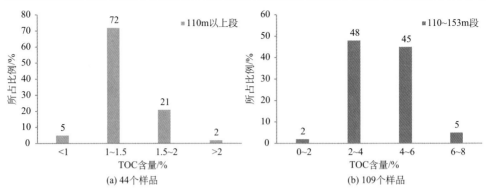

图 8-3　长芯 1 井龙马溪组泥页岩 TOC 分布

由于曲地 2 井玉龙寺组最大有效厚度仅 7.21m，仅占总厚度的 2.81%（有效系数为 0.0281%），不能进行资源潜力的评价，故本次选择位于曲地 2 井和曲靖市沾益县菱角乡水冲村公路旁玉龙寺组见顶见底的剖面来进行有效厚度系数的计算。剖面玉龙寺组顶部为黑色薄层易剥泥页岩，含三叶虫化石，中段为黑色薄层钙质泥页岩间夹灰岩条带，并发育有灰岩透镜体，富含腕足类化石，以 TOC>1.0% 作为有利区及远景区 TOC 标准，有效厚度系数为 0.1509，即作为云南省页岩气资源潜力评价时上志留统玉龙寺组有效厚度系数。

综上，云南省页岩气资源潜力评价时各主要目的层平均有效厚度系数分别取：下寒武统筇竹寺组 0.1126（钻井实测）；滇东北龙马溪组 0.1782，滇西下仁和桥组 0.0665（野外剖面校正、区域钻井综合）；上志留统玉龙寺组 0.1509（野外剖面校正）；上三叠统 0.0585（钻井实测）。根据各目标层总厚度，分别绘制各组有效厚度等值线（图 8-4~图 8-7）。

（三）泥页岩密度

通过对 157 样次的岩石真密度及视密度测试，综合确定各目标层位资源量计算时，泥页岩密度取值如下：上志留统玉龙寺组真密度为 2.78t/m³，视密度为 2.71t/m³；下寒武统筇竹寺组真密度为 2.75t/m³，视密度为 2.66t/m³；由于下志留统下仁和桥组真密度为 2.72t/m³，视密度为 2.65t/m³，而下寒武统龙马溪组真密度为 2.77t/m³，视密度为 2.64t/m³，在进行资源量计算时，密度取两者平均值，即视密度为 2.64t/m³；上三叠统真密度为 2.74t/m³，视密度为 2.58t/m³。

（四）风氧化带深度

含气量是页岩气资源评价中最重要的参数，而自然界泥页岩中页岩气的赋存受多种因素控制，除了储层本身的特征外，还与储层埋藏条件有关，埋藏过浅，会导致储层被风化，其中的页岩气逸散，页岩气成分中，CO_2 与 N_2 增加，而 CH_4 减少。因此，随埋深增加，通常将页岩气进行分带：风化带与原始气带，据气体成分又进一步分为四带：N_2-CO_2 带，N_2 带、N_2-CH_4 带和 CH_4 带（表 8-1）。

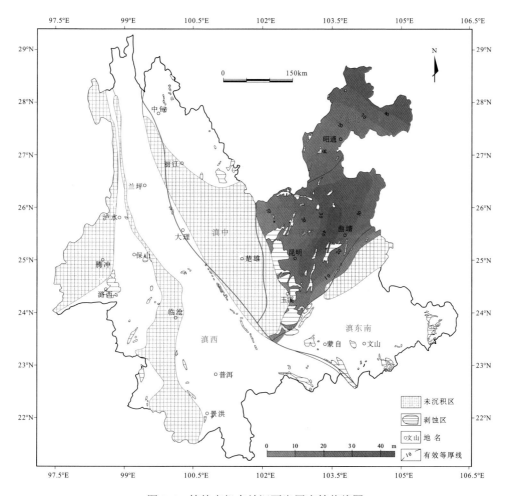

图 8-4　筇竹寺组有效泥页岩厚度等值线图

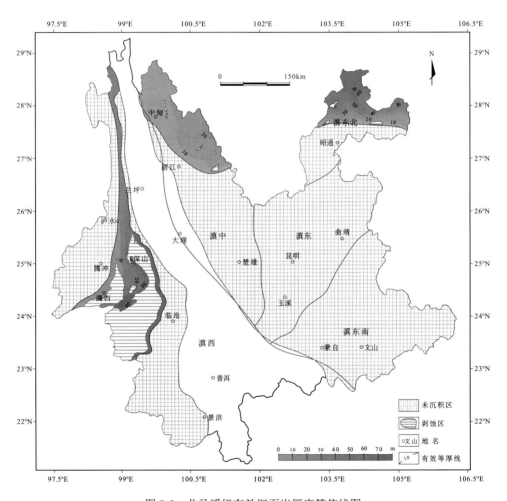

图 8-5　龙马溪组有效泥页岩厚度等值线图

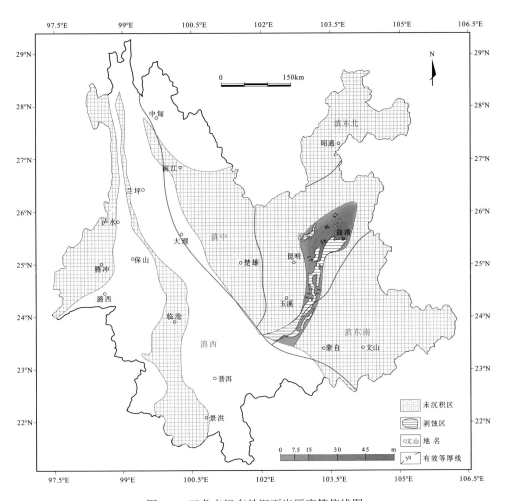

图 8-6 玉龙寺组有效泥页岩厚度等值线图

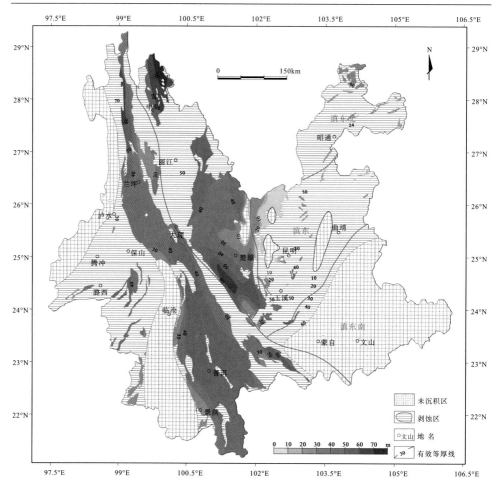

图8-7 上三叠统有效泥页岩厚度等值线图

表8-1 页岩气分带情况表

页岩气分带		成分和含量	说 明
风化带	第一带：N₂-CO₂ 带	CO₂ 含量>20%	各带的埋藏深度随各个地区岩层的空气透入条件、上部泥页岩氧化情况及地下水活动的强弱而有所不同
	第二带：N₂ 带	N₂ 含量>80% CO₂ 含量<20%	
	第三带：N₂-CH₄ 带	N₂ 含量 20%~80% CH₄ 含量 20%~80%	
甲烷带	第四带：CH₄ 带	CH₄ 含量>80%	

页岩气风化带还与区域的地质构造、水文条件与煤层埋藏史密切相关，不同的地区，其深度也不一致。页岩气风化带深度即页岩气中 CH_4 浓度总和达到 80%时对应的储层埋深，基于此，对曲地 1 井含气性测试数据进行分析。

分析曲地 1 井页岩气中 CH_4 成分和埋深的关系可以发现，随着埋深的增加，CH_4 浓度有增大的趋势，进一步得到两者之间的关系式（式（8-1））：

$$C = 0.11H - 82.5 \tag{8-1}$$

式中，C 为 CH_4 浓度，%；H 为储层埋深，m。

当页岩气中 CH_4 浓度达到 80%时，对应的埋深为 1475m，即曲地 1 井页岩气风化带下限深度可达 1475m。

结合有利区选区原则（埋深一般要求为 300~500m 深位置），本次评价中有利区、远景区均采用埋深大于 1000m 的地层作为含气面积及资源潜力评价层厚。

（五）含气量

云南省现有页岩气井中曲地 1 井筇竹寺组埋藏深度最大，本次云南省页岩气资源潜力计算中，各组含气量均参照曲地 1 井。

通过对曲地 1 井总含气量与无空气基甲烷组分含量随钻井深度的关系可以得到，随着埋藏深度的增加，总含气量与甲烷组分含量有增加的趋势，结合总含气量随埋藏深度的函数关系（式（8-2））：

$$Q = 0.0008H - 0.2667 \tag{8-2}$$

式中，Q 为总含气量，m^3/t；H 为筇竹寺组底部埋藏深度，m。

利用式（8-2），预测不同埋藏深度筇竹寺组总含气量见表 8-2。

表 8-2 不同埋藏深度总含气量预测值

埋深/m	1000	2000	3000	4000	5000
含气量/（m^3/t）	0.53	1.33	2.13	2.93	3.73

本次页岩气资源潜力计算时，有利区采用区域平均埋深作为计算基础，总资源量计算采用各组泥页岩整体平均埋藏深度作为计算基础，代入公式中，得到各组泥页岩含气量的计算取值，见表 8-3。结果表明，筇竹寺组总资源量计算时含气量取 $2.13m^3/t$，龙马溪组含气量取 $1.73m^3/t$，玉龙寺组取 $1.33m^3/t$，上三叠统取 $1.33m^3/t$。

表 8-3　各组泥页岩平均埋藏深度及总含气量值

目标层位	筇竹寺组	龙马溪组	玉龙寺组	上三叠统
平均埋藏深度/m	3000	2500	2000	2000
含气量/（m³/t）	2.13	1.73	1.33	1.33

第二节　页岩气有利区优选

一、优选原则

云南省页岩气发育地质条件较为复杂，在此次全省页岩气普查勘探过程中，共遴选出 4 套有利的泥页岩层位，主要为下寒武统筇竹寺组、下志留统龙马溪组、上志留统玉龙寺组和三叠系含煤地层，包括海相和海陆过渡相两种类型，不同的沉积类型在页岩气远景区和有利区的优选中，标准有所不同。

（一）远景区优选

选区基础：从整体出发，以区域地质资料为基础，了解区域构造、沉积及地层发育背景，查明有机质泥页岩发育的区域地质条件，初步分析页岩气的形成条件，对评价区域进行以定性-半定量为主的早期评价。

选区方法：基于沉积环境、地层、构造等研究，采用类比、叠加、综合等技术，选择具有页岩气发育条件的区域。

海相和海陆过渡相页岩气远景区优选参考指标如表 8-4、表 8-5 所示（埋深均为不小于 1000m），另外，距离大型湖泊河流等 3000m，未统计面积，不计算资源量。

表 8-4　海相页岩气远景区优选参考指标

主要参数	变化范围
TOC/%	平均不小于 0.5%（特殊情况可下调至 0.3%）
R_o/%	不小于 1.1%（根据具体情况 R_o 实际掌握，下同）
埋深	100~4500m
地表条件	平原、丘陵、低山、中山、高山
保存条件	有区域性页岩的发育、分布，保存条件一般

表 8-5　海陆过渡相页岩气远景区优选参考指标

主要参数	变化范围
TOC/%	平均不小于 0.5%（特殊情况可下调至 0.3%）
R_o/%	不小于 0.4%
埋深	100~4500m
地表条件	平原、丘陵、低山、中山、高山
保存条件	有区域性页岩的发育、分布，保存条件一般

（二）有利区优选

选区基础：结合泥页岩空间分布，在进行了露头地质调查并具备了地震资料、钻井以及实验测试等资料，掌握了泥页岩沉积相特点、构造模式、泥页岩地化指标及储集特征等参数的基础上，获得了少量含气量等关键参数，可在远景区内进一步优选有利区区域。

选区方法：基于泥页岩分布、地化特征及含气性等研究，采用多因素叠加、综合地质评价、地质类比等多种方法，开展页岩气有利区优选及资源量评价。

海相和海陆过渡相页岩气有利区优选参考指标如表 8-6、表 8-7 所示，本次有利区选择主要依据为 TOC 含量不小于 2.0%（玉龙寺组为 TOC 含量不小于 1.0%），埋深不小于 1000m，保存条件较好，且位于构造稳定区（距离大断层 3km，距离主干断层 5km），距离大型湖泊河流 3km（避让河流湖泊的区域单独统计面积，未计算资源量）。

根据云南省页岩气资源调查评价及三个页岩气重点调查区资源调查评价资料丰富程度，将有利区分为 I 类有利区和 II 类有利区，其中 I 类有利区主要为筇竹寺组地层在滇东曲靖地区附近的分布（钻孔数量 6 口），其他地区及其他地层分布地区均设为 II 类有利区。

表 8-6　海相页岩气有利区优选参考指标

主要参数	变化范围
泥页岩面积下限	有可能在其中发现目标区的最小面积，在稳定区或改造区都有可能分布
泥页岩厚度	厚度稳定、单层厚度不小于 10m
TOC/%	平均不小于 2.0%
R_o/%	I 型干酪根不小于 1.2%；II 型干酪根不小于 0.7%
埋深	300~4500m
地表条件	地形高差较小，如平原、丘陵、低山、中山、沙漠等
总含气量	不小于 0.5m³/t
保存条件	中等—好

表 8-7　海陆过渡相页岩气有利区优选参考指标

主要参数	变化范围
泥页岩面积下限	有可能在其中发现目标区的最小面积，在稳定区或改造区都有可能分布
泥页岩厚度	单层泥页岩厚度不小于 10m；或泥地比大于 60%，单层泥页岩厚度大于 5m 且连续厚度不小于 30m
TOC/%	平均不小于 1.5%
R_o/%	I 型干酪根不小于 1.2%；II 型干酪根不小于 0.7%；III 型干酪根不小于 0.5%
埋深	300~4500m
地表条件	平原、丘陵、低山、中山，地形高差较小
总含气量	不小于 0.5m³/t
保存条件	中等一好

二、优选结果

根据页岩气远景区与有利区优选原则，对云南全省四套页岩气有利层位的远景区和有利区进行了优选，鉴于云南省古生界几套泥页岩地层热演化程度均已达到高—过成熟阶段，过高成熟度的泥页岩对含气量有一定的影响，且页岩气含气量在全省区域内的分布没有明显的阶段性，无法明确含气量的变化规律，加之区内钻井较浅，含气量数据仅作参考，其中筇竹寺组钻井较多且泥页岩含气量平均值均在 0.5cm³/g 以上，故此次优选不区分各个区域内泥页岩的含气量，远景区和有利区的优选主要考虑了面积、泥页岩厚度、TOC、R_o 和埋深。具体的优选结果如表 8-8 所示。

表 8-8　云南省远景区、有利区优选面积统计表

层段	分区	面积/km²			
		远景区	II 类有利区	I 类有利区	总计
$\in_1 q$	滇东北	18051.23	1935.05	0	19986.28
	滇东	29610.61	1891.69	3721.24	35223.54
	小计	**47661.84**	**3826.74**	**3721.24**	**55209.82**
$S_1 l$	滇东北	2447.22	6836.56	0	9283.78
	滇中	12458.48	0	0	12458.48
	滇西	11256.72	0	0	11256.72
	小计	**26162.42**	**6836.56**	**0**	**32998.98**
$S_3 y$	滇东	9204.96	239.1	0	9444.06
	小计	**9204.96**	**239.1**	**0**	**9444.06**

续表

层段	分区	面积/km²			
		远景区	II类有利区	I类有利区	总计
T₃	滇东北	553.81	486.47	0	1040.28
	滇东	6579.01	0	0	6579.01
	滇中	22188.02	10911.52	0	33099.54
	滇西	46636.38	0	0	46636.38
	小计	**75957.22**	**11397.99**	**0**	**87355.21**
总计		**158986.44**	**22300.39**	**3721.24**	**185008.07**

第三节　资源评价结果

按照 I 类有利区、II 类有利区和远景区划分要求,对云南省各目标层进行页岩气资源量计算,具体资源量分布如表 8-9 和表 8-10 所示。

表 8-9　云南省各组页岩气总资源分布统计表

层段	分区	面积/km²	页岩气资源量/10⁸m³
€₁q	滇东北	19986.28	35797.22
	滇东	35223.54	55508.96
	小计	**55209.82**	**91306.18**
S₁l	滇东北	9283.78	13766.42
	滇中	12458.48	5868.85
	滇西	11256.72	16004.87
	小计	**32998.98**	**35640.14**
S₃y	滇东	9444.06	6363.46
	小计	**9444.06**	**6363.46**
T₃	滇东北	1040.28	936.84
	滇东	6579.01	4259.22
	滇中	33099.54	48348.33
	滇西	46636.38	60610.62
	小计	**87355.21**	**114155.01**
总计		**185008.07**	**247464.79**

表 8-10　云南省各目标层远景区资源分布统计表

层段	分区	面积/km²	页岩气资源量/10⁸m³
€_1q	滇东北	18051.23	33320.48
	滇东	29610.61	43432.96
	小计	**47661.84**	**76753.44**
S_1l	滇东北	2447.22	3781.37
	滇中	12458.48	5868.85
	滇西	11256.72	16004.87
	小计	**26162.42**	**25655.09**
S_3y	滇东	9204.96	6066.14
	小计	**9204.96**	**6066.14**
T_3	滇东北	553.81	352.59
	滇东	6579.01	4259.22
	滇中	22188.02	34091.93
	滇西	46636.38	60610.62
	小计	**75957.22**	**99314.36**
总计		**158986.44**	**207789.03**

云南省页岩气总资源量为 $247464.79 \times 10^8 m^3$，从层段来看，其中，筇竹寺组为 $91306.18 \times 10^8 m^3$，龙马溪组为 $35640.14 \times 10^8 m^3$，玉龙寺组为 $6363.46 \times 10^8 m^3$，上三叠统为 $114155.01 \times 10^8 m^3$；从地区来看，其中，滇东北地区为 $50500.48 \times 10^8 m^3$，滇东地区为 $66131.64 \times 10^8 m^3$，滇中地区为 $54217.18 \times 10^8 m^3$，滇西地区为 $76615.49 \times 10^8 m^3$（图 8-8~图 8-11）。

云南省页岩气有利区资源量为 $39675.74 \times 10^8 m^3$，其中，云南省页岩气 Ⅰ 类有利区资源量为 $9076.11 \times 10^8 m^3$，均为滇东曲靖地区筇竹寺组资源量；云南省页岩气 Ⅱ 类有利区资源量为 $30599.63 \times 10^8 m^3$。从层段来看，其中，筇竹寺组为 $5476.63 \times 10^8 m^3$，龙马溪组为 $9985.05 \times 10^8 m^3$，玉龙寺组为 $297.32 \times 10^8 m^3$，上三叠统为 $14840.63 \times 10^8 m^3$；从地区来看，其中，滇东北地区为 $13046.04 \times 10^8 m^3$，滇东地区为 $3297.21 \times 10^8 m^3$，滇中地区为 $14256.40 \times 10^8 m^3$。

云南省页岩气远景区资源量为 $207789.03 \times 10^8 m^3$，分层段划分，其中，筇竹寺组 $76753.44 \times 10^8 m^3$，龙马溪组 $25655.09 \times 10^8 m^3$，玉龙寺组 $6066.14 \times 10^8 m^3$，上三叠统为 $99314.36 \times 10^8 m^3$；按地区划分，其中，滇东北地区为 $37454.44 \times 10^8 m^3$，滇东地区为 $53758.32 \times 10^8 m^3$，滇中地区为 $39960.78 \times 10^8 m^3$，滇西地区为 $76615.49 \times 10^8 m^3$。

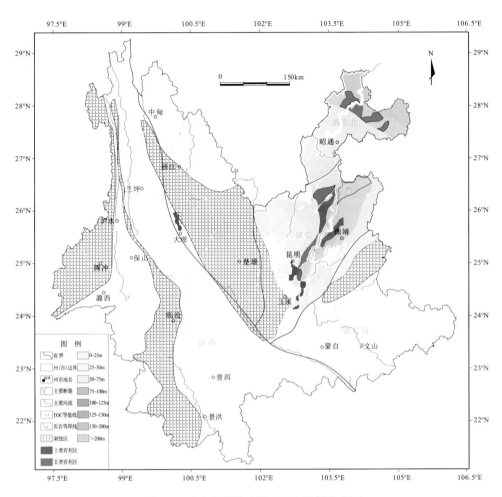

图 8-8　云南省筇竹寺组页岩气资源分布图

　　计算结果显示，云南省四套（不含宣威组）主要目标层页岩气总资源量潜力大，除滇东南分区外，各地区均有分布。滇西地区由于地质构造复杂，断层、岩浆岩发育，很难找到较大的无构造稳定区，有利区资源量基本为零，总资源量均为远景资源量，滇东南地区由于筇竹寺组变质程度高，总资源量基本为零。滇东北构造较滇东南及滇西简单，存在大量构造稳定区，且稳定发育筇竹寺组、龙马溪组富有机质泥页岩，使其具有较大有利区资源量；滇东地区构造不相对简单和稳定，且存在筇竹寺组沉积中心，使其具有厚度较大的富有机质泥页岩，因而具有较大的有利区资源量；滇中上三叠统干海子组与舍资组广泛存在，构造相对稳定且有效厚度大，具有一定的有利区资源量及远景资源量。另外，上二叠统宣威组（长兴组、龙潭组）属于含煤地层，且系云南省主采煤系，泥页岩厚度大，具有较高的资源潜力，由于本次工作程度有限，相关计算参考不足故未能进行资源量预测。

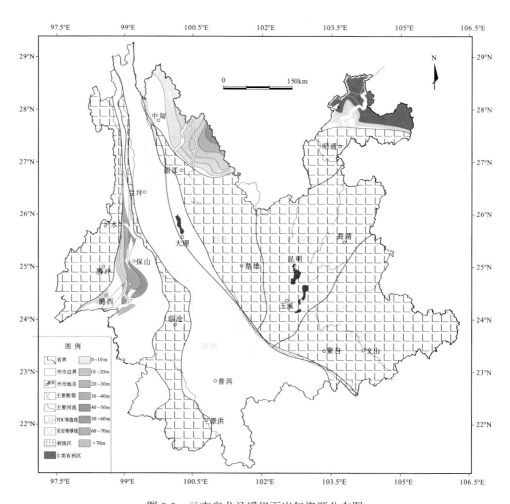

图8-9　云南省龙马溪组页岩气资源分布图

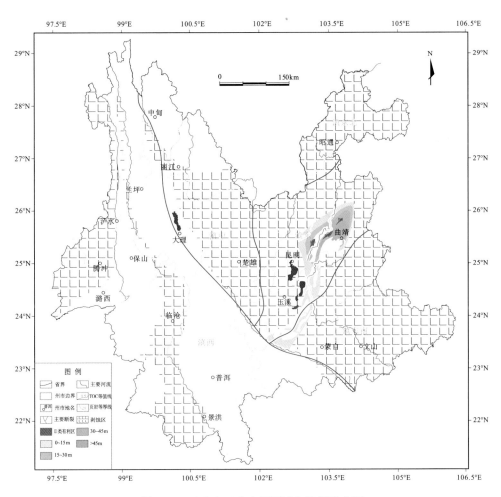

图 8-10　云南省玉龙寺组页岩气资源分布图

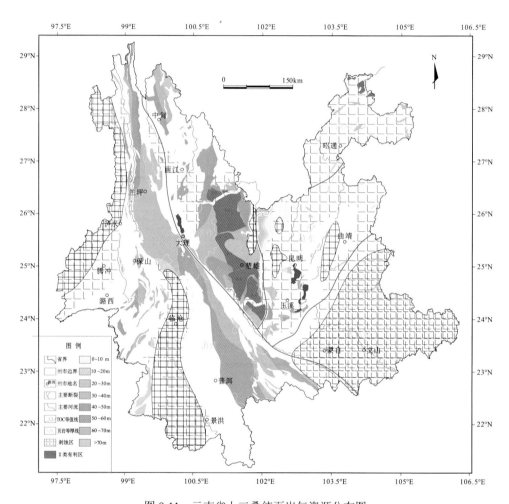

图 8-11　云南省上三叠统页岩气资源分布图

第九章　总结与展望

一、主要认识

（1）通过系统的地质调查，确定云南省域发育下寒武统筇竹寺组、下志留统龙马溪（下仁和桥）组、上志留统玉龙寺组、上二叠统宣威组（龙潭组、长兴组）、上三叠统干海子组和舍资组（须家河组）共计 5 套暗色页岩，可作为页岩气研究和勘探的目标层。

（2）筇竹寺组主要分布在滇东地区，最大厚度达到 400.56m；龙马溪组主要分布在滇东北地区，厚度大；下仁和桥组主要分布在滇西保山地区，厚度为142.29m；玉龙寺组主要分布在滇东地区，厚度为 254m；龙潭组主要分布在滇东和滇东北地区，厚度大；干海子组和舍资组主要分布在滇中地区，厚度为 443.52m。

（3）筇竹寺组黑色页岩 TOC 含量高的地区主要集中在滇东及滇东北地区，以曲靖市及昭通市巧家县附近为两个中心；龙马溪组 TOC 含量整体北高南低；下仁和桥组 TOC 含量由东南方向往北西方向增大；玉龙寺组页岩 TOC 呈北东方向展布的条带状区域；龙潭组为含煤地层，TOC 含量整体较高，垂向变化较大。

（4）根据剖面资料，脆性矿物含量由高至低依次为筇竹寺组、龙马溪组、玉龙寺组；根据钻井资料，脆性矿物含量由高至低依次为龙马溪组、干海子组和舍资组、筇竹寺组、宣威组、玉龙寺组，其中龙马溪组、干海子组和舍资组、筇竹寺组脆性矿物含量平均值均在 50%左右。

（5）筇竹寺组、龙马溪组、玉龙寺组页岩均属低孔、超低渗储层。储集空间以粒间孔、粒内孔和微裂缝为主。

（6）曲地 1 井筇竹寺组页岩岩心现场含气量解析平均含气量为 0.533m³/t，页岩气组分主要为 CH_4 和 N_2；根据分析结果，含气量随着埋藏深度的增加而增加，CH_4 含量随着埋藏深度的增加而增加。

（7）综合评价预测了云南省筇竹寺组、龙马溪组、玉龙寺组、干海子组和舍资组页岩气 I 类有利区面积 $0.37×10^4km^2$，地质资源量为 $0.91×10^{12}m^3$；II 类有利区面积 $2.44×10^4km^2$，地质资源量为 $3.06×10^{12}m^3$；另有页岩气远景地质资源量为$20.78×10^{12}m^3$。

二、成果意义

国土资源部开展的首轮页岩气资源调查表明云南省资源潜力较大。云南省地质构造复杂，含黑色页岩层系发育，初步评价的地层和范围均较为局限，对云南省的页岩气资源家底了解程度不够。本次调查在系统梳理各区域地层，开展大量野外地质调查及钻井工程勘探的基础上，遴选出页岩气目标层；通过沉积环境分析与空间展布规律研究获得目标层的发育特征；通过系统的有机地化与物性特征测试分析，了解页岩气源岩－储层的特征与质量；通过埋藏史与热史研究页岩气成藏过程，为页岩气资源评价奠定理论基础；并以资源评价规范为基础，结合本区特殊性，开展资源潜力评价与有利区优选，获得三类地质资源量。本次评估是当前云南省最为系统的页岩气资源调查评价。

本次资源调查评价基本摸清了云南省全省页岩气资源的分布情况，优选了页岩气有利远景区，Ⅰ类有利区和Ⅱ类有利区地质资源量合计为 $3.97×10^{12}m^3$，表明云南省页岩气资源量大，具有广阔的页岩气开发前景。当前，昭通地区页岩气开发的突破也从侧面印证了云南省页岩气开发的良好前景。本书中的研究成果为云南省未来页岩气勘探开发工作奠定了基础，对云南省能源战略具有深远意义。

云南省资源分布中筇竹寺组和龙马溪组占Ⅰ类有利区和Ⅱ类有利区地质资源量的一半，本区部分区域筇竹寺组与龙马溪组属于上扬子地区筇竹寺组与龙马溪组页岩气的有机组成部分，在源岩－储层特征和成藏过程中有一定的相似性，因而这些成果和认识也可为邻区页岩气研究与勘探提供参考，在促进我国页岩气勘探开发进程中产生积极影响。

三、展望

"十二五"期间，国家大力推进页岩气等非常规油气资源的开发利用，自 2009 年以来，开展了页岩气资源潜力评价及有利区带优选，实施了两轮页岩气勘查区块招标，将页岩气设置为独立矿种，尝试放开了页岩气勘查开采市场，发布了《关于加强页岩气资源勘查开采和监督管理有关工作的通知》，制定了《页岩气资源/储量计算与评价技术规范》，编制了《页岩气发展规划（2011~2015 年）》，推出了《页岩气产业政策》，已经明确了"十三五"期间，中央财政将继续实施页岩气财政补贴政策。国家政策导向明确，助推页岩气产业发展。

云南地处内陆，缺油少气；初评页岩气资源潜力喜人，若能突破，必为云南省能源和经济社会做出新的贡献。但云南省域页岩气地质研究涉及层系多、分布面积广，且云南省地质构造条件复杂、地形起伏大、地表植被茂盛，页岩气基础地质调查薄弱，页岩气开发还面临着诸多难点。需要开展探索性的研究和勘探，比如上二叠统宣威组（长兴组、龙潭组）地层为含煤地层，泥页岩厚度大，具有较好的资源潜力，可以探索适合云南地区的海陆过渡相页岩气评价体系，尝试页岩气与煤层气共探共采模式。

全国页岩气资源潜力巨大，勘探工作发展迅速；相比重庆、四川、贵州、陕西、山西等其他省份而言，云南省页岩气发展起步较晚，相对滞后。据了解，云南页岩气仅中石油在滇黔川三省交界地区选定的页岩气示范区，包含了云南昭通的部分面积，现中石油在选定滇黔川示范区的彝良县发现页岩气，在镇雄县已经打出了高产工业气流，说明在调查区内页岩气的资源储量方面有很大潜力。云南省是一个缺油少气的内陆省份，分布有广泛的富有机质海相及海陆交互相页岩。云南省具有较好的页岩气资源前景，境内分布有筇竹寺组（梅树村组）、上志留系龙马溪组及上三叠系干海子组等重要黑色岩系，泥页岩的有机碳含量高、成熟度适中，厚度大，脆性好，具有较好的页岩气潜力，值得投入更多的财力和人力开展更为精细和系统的勘探工作。希望相关部门尽快提出云南省页岩气勘探发展规划建议，引进国内外先进技术，尽早实现商业运行，培育云南省能源经济新增长极。页岩气的勘查和开发工作起步后，将形成产业链条，促进剩余劳动力的就业和生产。通过调查项目的实施，积极培育页岩气产业链，为云南省能源经济与社会发展服务。

页岩气勘查开发的特殊性，决定了其技术手段与勘查设备既有别于勘探深度较浅的煤层气，又有别于勘探深度较大的常规天然气，加之国外压裂工程改造等方面的技术封锁，目前国内成套的技术和设备还较为有限。页岩气开发企业应争取经费支持，选择购买合适的技术设备，搭建基础设施平台，构建具有人才资源与设施资源相匹配的云南省页岩气勘查力量，为页岩气勘查与开发服务。

页岩气勘查开发具有高投入、高风险和高回报的特点。相关单位应着力与有志于参与云南省页岩气勘查开发的企业合作，引进资金力量，加大勘查工作力度。除传统油气巨头外，其他中国公司投资页岩气开发需要有页岩气探矿权，因此，在勘查过程中，有志于页岩气开发的公司应积累前期基础工作，为参与企业页岩气探矿权的获取做好铺垫。

主要参考文献

蔡勋育, 韦宝东, 赵培荣. 2005. 南方海相烃源岩特征分析. 天然气工业, 25(3): 15-19.

曹强, 叶加仁, 王巍, 等. 2007. 沉积盆地地层剥蚀厚度恢复方法及进展. 中国石油勘探, 6: 41-48.

陈波, 兰正凯. 2009. 上扬子地区下寒武统页岩气资源潜力. 中国石油勘探, 3: 10-14.

陈更生, 董大忠, 王世谦, 等. 2009. 页岩气藏形成机理与富集规律初探. 天然气工业, 29(5): 17-21.

陈洪德. 2004. 海西-印支期中国南方的盆地演化与层序格架. 成都理工大学学报(自然科学版), 31(6): 629-636.

陈洪德, 庞琳, 倪新峰, 等. 2007. 中上扬子地区海相油气勘探前景. 石油实验地质, 29(1): 13-18.

陈建平, 梁狄刚, 张永昌, 等. 2012. 中国古生界海相烃源岩生烃潜力评价标准与方法. 地质学报, 86(7): 1132-1142.

陈建强, 李志明, 龚淑云, 等. 1998. 上扬子区志留纪层序地层特征. 沉积学报, 16(2): 58-65.

陈践发, 张水昌, 鲍志东, 等. 2006. 海相优质烃源岩发育的主要影响因素及沉积环境. 海相油气地质, 11(3): 49-55.

陈杰. 2009. 中上扬子地区构造演化与志留系烃源岩生烃演化特征. 徐州: 中国矿业大学.

陈尚斌, 夏筱红, 秦勇, 等. 2013. 川南富集区龙马溪组页岩气储层孔隙结构分类. 煤炭学报, 38(5): 760-765.

陈尚斌, 朱炎铭, 李伍, 等. 2011. 扬子区页岩气和煤层气联合研究开发的地质分析及优选. 辽宁工程技术大学学报(自然科学版), 30(5): 658-663.

陈尚斌, 朱炎铭, 王红岩, 等. 2010. 中国页岩气研究现状与发展趋势. 石油学报, 31(4): 689-694.

陈尚斌, 朱炎铭, 王红岩, 等. 2011. 四川盆地南缘下志留统龙马溪组页岩气储层矿物成分特征及意义. 石油学报, 32(5): 775-782.

陈尚斌, 朱炎铭, 王红岩, 等. 2012. 川南龙马溪组页岩气储层纳米孔隙结构特征及其成藏意义. 煤炭学报, 37(3): 438-444.

陈旭, 戎嘉余, 周志毅, 等. 2001. 上扬子区奥陶—志留纪之交的黔中隆起和宜昌上升. 科学通报, 46(12): 1052-1056.

陈跃昆, 陈昭全, 段华, 等. 2005. 云南第三系盆地油气资源潜力与前景分析. 中国工程科学, 7(增): 97-101.

陈云金, 张明军, 李微, 等. 2014. 体积压裂与常规压裂投资与效益的对比分析——以川南地区及长宁－威远页岩气示范区为例. 天然气工业, 34(10): 128-132.

程顶胜, 方家虎. 1997. 下古生界烃源岩中镜状体的成因及其热演化. 石油勘探与开发, 1: 11-13.

程顶胜, 郝石生, 王飞宇. 1995. 高过成熟烃源岩成熟度指标——镜状体反射率. 石油勘探与开发, 22(1): 25-28.

程克明, 王世谦, 董大忠, 等. 2009. 上扬子区下寒武统筇竹寺组页岩气成藏条件. 天然气工业, 29(5): 40-44.

戴鸿鸣, 黄东, 刘旭宁, 等. 2008. 蜀南西南地区海相烃源岩特征与评价. 天然气地球科学, 19(4): 503-508.

董大忠, 程克明, 王世谦, 等. 2009. 页岩气资源评价方法及其在四川盆地的应用. 天然气工业, 29(5): 33-39.

董大忠, 邹才能, 杨桦, 等. 2012. 中国页岩气勘探开发进展与发展前景. 石油学报, 33(1): 107-114.

方俊华, 朱炎铭, 魏伟, 等. 2010. 页岩等温吸附异常初探. 吐哈油气, 15(4): 317-320.

冯增昭, 王英华, 刘焕杰, 等. 1994. 中国沉积学. 北京: 石油工业出版社.

高祺瑞, 赵政璋. 2001. 中国油气新区勘探(第五卷). 北京: 石油工业出版社: 12-71, 95.

郭彤楼, 张汉荣. 2014. 四川盆地焦石坝页岩气田形成与富集高产模式. 石油勘探与开发, 41(1): 28-36.

郭伟, 刘洪林, 李晓波, 等. 2012. 滇东北黑色岩系储层特征及含气性控制因素. 天然气工业, 32(9): 22-27.

郭旭升, 李宇平, 刘若冰, 等. 2014. 四川盆地焦石坝地区龙马溪组页岩微观孔隙结构特征及其控制因素. 天然气工业, 34(6): 9-16.

郝石生, 高岗, 王飞宇. 1996. 高过成熟海相烃源岩. 北京: 石油工业出版社: 1-14.

何丽娟, 汪集暘. 2007. 沉积盆地构造热演化研究进展: 回顾与展望. 地球物理学进展, 22(4): 1215-1219.

侯宇光, 何生, 唐大卿. 2012. 滇东北新生代盆地构造反转与生物气藏的形成. 中南大学学报, 43(6): 2238-2246.

胡琳, 朱炎铭, 陈尚斌, 等. 2012. 中上扬子地区下寒武统筇竹寺组页岩气资源潜力分析. 煤炭学报, 37(11): 1871-1877.

胡琳, 朱炎铭, 陈尚斌, 等. 2013. 蜀南双河龙马溪组页岩孔隙结构的分形特征. 新疆石油地质, 34(1): 79-82.

胡圣标, 汪集暘. 1995. 沉积盆地热体制研究的基本原理和进展. 地学前缘, 2(3): 171-180.

胡圣标, 何丽娟, 朱传庆, 等. 2008. 海相盆地热史恢复方法体系. 石油与天然气地质, 29(5): 607-613.

胡圣标, 张容燕, 周礼成. 1998. 油气盆地地热史恢复方法. 勘探家, 3(4): 503-508.

胡望水, 吕炳全, 张玉兰, 等. 2004. 扬子地块东南陆缘寒武系上升流沉积特征. 江汉石油学院学报, 26(4): 9-11.

黄第藩. 1992. 在华北地台下奥陶统地层中发现低成熟的碳酸盐岩烃源岩. 石油勘探与开发, 19(4): 107.

黄福喜, 陈洪德, 侯明才, 等. 2011. 中上扬子克拉通加里东期(寒武－志留纪)沉积层序充填过程与演化模式. 岩石学报, 27(8): 2299-3017.

江怀友, 鞠斌山, 李治平, 等. 2014. 世界页岩气资源现状研究. 中外能源, 19(3): 14-22.

姜福杰, 庞雄奇, 欧阳学成, 等. 2012. 世界页岩气研究概况及中国页岩气资源潜力分析. 地学前缘, 19(2): 198-211.

金奎励, 刘大锰, 姚素平, 等. 1997. 中国油、气源岩有机成分成因划分及地化特征. 沉积学报, 6: 160-164.

李苗春, 姚素平, 丁海, 等. 2013. 湘西牛蹄塘组黑色岩系的地球化学特征及其油气地质意义. 煤炭学报, 38(5): 857-863.

李双建, 肖开华, 沃玉进, 等. 2008. 南方海相上奥陶统－下志留统优质烃源岩发育的控制因素. 沉积学报, 26(5): 872-880.

李伟, 易海永, 胡望水, 等. 2014. 四川盆地加里东占隆起构造演化与油气聚集的关系. 天然气工业, 34(3): 8-15.

李延钧, 赵圣贤, 黄勇斌, 等. 2013. 四川盆地南部下寒武统筇竹寺组页岩沉积微相研究. 地质学报, 87(8): 1136-1148.

李艳丽. 2009. 页岩气储量计算方法探讨. 天然气地球科学, 20(3): 466-470.

李玉喜, 聂海宽, 龙鹏宇. 2009. 我国富含有机质泥页岩发育特点与页岩气战略选区. 天然气工业, 29(12): 115-118.

李志明. 1992. 中国南部奥陶－志留纪笔石页岩相类型及其构造古地理. 地球科学, 17(3): 261-269.

李志明, 龚淑云, 陈建强, 等. 1997. 中国南方奥陶－志留纪沉积层序与构造运动的关系. 地球科学, 22(5): 526-530.

梁狄刚, 郭彤楼, 边立曾, 等. 2008. 中国南方海相生烃成藏研究的若干新进展(一): 南方四套区域性还相烃源岩的分布. 海相油气地质, 13(2): 1-16.

梁狄刚, 郭彤楼, 边立曾, 等. 2009. 中国南方海相生烃成藏研究的若干新进展(三): 南方四套区域性海相烃源岩的沉积相及发育的控制因素. 海相油气地质, 14(2): 1-19.

梁狄刚, 张水昌, 张宝民, 等. 2000. 从塔里木盆地看中国海相生油问题. 地学前缘, 7(4): 534-547.

林宝玉, 苏养正, 朱秀芳, 等. 1998. 中国地层典·志留系. 北京: 地质出版社.

刘宝珺, 许效松, 潘杏南, 等. 1993. 中国南方古大陆沉积地壳演化与成矿. 北京: 科学出版社, 129.

刘德汉, 肖贤明, 田辉, 等. 2013. 固体有机质拉曼光谱参数计算样品热演化程度的力法与地质应用. 科学通报, 58: 1228-1241.

刘国臣, 金之钧, 李京昌. 1995. 沉积盆地沉积－剥蚀过程定量研究的一种新方法——盆地波动分析应用之一. 沉积学报, 13(3): 23-31.

卢庆治, 马永生, 郭彤楼, 等. 2007. 鄂西－渝东地区热史恢复及烃源岩成烃史. 地质科学, 42(1): 189-198.

陆克政, 朱筱敏, 漆家福, 等. 2001. 含油气盆地分析. 东营: 石油大学出版社: 285-342.

吕炳全, 王红罡, 胡望水, 等. 2004. 扬子地块东南古生代上升流沉积相及其与烃源岩的关系. 海洋地质与第四纪地质, 24(4): 29-35.

马力, 陈焕疆, 甘克文, 等. 2004. 中国南方大地构造和海相油气地质(上册). 北京: 地质出版社: 259-364.

马立桥, 董庸, 屠小龙, 等. 2007. 中国南方海相油气勘探前景. 石油学报, 28(3): 1-7.

马永生等. 2006. 中国南方典型油气藏解剖研究. 中石化南方勘探开发分公司, 22-39.

梅冥相. 2010. 中上扬子印支运动的地层学效应及晚三叠世沉积盆地格局. 地学前缘, 17(4): 99-111.

聂海宽, 唐玄, 边瑞康. 2009. 页岩气成藏控制因素及中国南方页岩气发育有利区预测. 石油学报, 30(4): 484-491.

潘仁芳, 伍媛, 宋争. 2009. 页岩气勘探的地球化学指标及测井分析方法初探. 中国石油勘探, 14(3): 6-9, 28.

蒲泊伶, 包书景, 王毅, 等. 2008. 页岩气成藏条件分析——以美国页岩气盆地为例. 石油地质与工程, 22(3): 33-36, 39.

钱凯, 李本亮, 许惠中. 2002. 中国古生界海相地层油气勘探. 海相油气地质, 7(3): 1-9.

秦建中, 刘宝泉, 国建英, 等. 2004. 关于碳酸盐烃源岩的评价标准. 石油实验地质, 26(3): 281-286.

任战利, 田涛, 李进步, 等. 2014. 沉积盆地热演化史研究方法与叠合盆地热演化史恢复研究进展. 地球科学与环境学报, 36(3): 1-12.

施比伊曼 B N, 张一伟, 金之钧, 等. 1994. 波动地质学在黄骅坳陷演化分析中的应用—— 再论地壳波状运动. 石油学报, 15(增刊): 19-26.

石广仁. 1994. 油气盆地数值模拟方法. 北京: 石油工业出版社.

宋党育, 秦勇. 1998. 镜质体反射率反演的 EASY%R_o 数值模拟新方法. 煤田地质与勘探, 26(3): 15-17.

苏文博, 李志明, 王巍, 等. 2007. 华南五峰组－龙马溪组黑色岩系时空展布的主控因素及其启示. 地球科学: 中国地质大学学报, 32(6): 819-825.

陶树. 2008. 南方重点片区下组合海相烃源岩演化特征及排烃模拟. 北京: 中国地质大学.

腾格尔, 高长林, 胡凯, 等. 2006. 上扬子东南缘下组合优质烃源岩发育及生烃潜力. 石油实验地质, 28(4): 359-364.

涂建琪, 金奎励. 1999. 表征海相烃源岩有机质成熟度的若干重要指标的对比与研究. 地球科学进展, 14(2): 18-23.

万方, 尹福光, 许效松, 等. 2003. 华南加里东运动演化过程中烃源岩的成生. 矿物岩石, 23(2): 82-86.

汪洋, 胡凯. 2002. 应用激光拉曼光谱特征参数反映有机碳质的成熟度. 矿物岩石, 22(3): 57-60.

王飞宇, 何萍, 高岗, 等. 1995. 下古生界高过成熟烃源岩中的镜状体. 石油大学学报, 19(增刊): 25-30.

王洪江, 刘光祥. 2011. 中上扬子区热场分布与演化. 石油实验地质, 33(2): 160-164.

王清晨, 严德天, 李双建. 2008. 中国南方志留系底部优质烃源岩发育的构造－环境模式. 地质学报, 82(3): 289-297.

王社教, 王兰生, 黄金亮, 等. 2009. 上扬子地区志留系页岩气成藏条件. 天然气工业, 29(5): 45-50.

王顺玉, 戴鸿鸣, 王海清, 等. 2000. 大巴山、米仓山南缘烃源岩特征研究. 天然气地球科学, 11(4): 4-18.

王阳, 陈洁, 胡琳, 朱炎铭. 2013. 沉积环境对页岩气储层的控制作用——以中下扬子区下寒武统筇竹寺组为例. 煤炭学报, 38(5): 845-850.

王阳, 朱炎铭, 陈尚斌, 等. 2013. 湘西北下寒武统牛蹄塘组页岩气形成条件分析. 中国矿业大学学报, 42(4): 586-594.

王志刚. 2015. 涪陵页岩气勘探开发重大突破与启示. 石油与天然气地质, 36(1): 1-5.

魏祥峰, 黄静, 李宇平, 等. 2014. 元坝地区大安寨段陆相页岩气富集高产主控因素. 中国地质, 41(3): 970-981.

文玲, 胡书毅, 田海芹. 2002. 扬子地区志留纪岩相古地理与石油地质条件研究. 石油勘探与开发, 12: 11-14.

沃玉进, 周雁, 肖开华. 2007. 中国南方海相层系埋藏史类型与生烃演化模式. 沉积与特提斯地质, 27(3): 94-100.

徐波, 郑兆慧, 唐玄, 等. 2009. 页岩气和根缘气成藏特征及成藏机理对比研究. 石油天然气学报(江汉石油学院学报), 31(1): 26-30.

许海龙, 魏国齐, 贾承造, 等. 2012. 乐山－龙女寺古隆起构造演化及对震旦系成藏的控制. 石油勘探与开发, 39(4): 406-416.

薛晓辉, 岳小金, 韦巍. 2013. 页岩含气量测定过程中的几点建议. 中国煤炭地质, 25(4): 27-29.

杨万里, 高瑞淇, 李永康, 等. 1980. 松辽湖盆的生油特征及烃类的演化. Acta Petrolei Sinica, 1: 29-41.

尹福光, 许效松, 万方, 等. 2001. 华南地区加里东期前陆盆地演化过程中的沉积响应. 地球学报, 22(5): 425-428.

尹福光, 许效松, 万方, 等. 2002. 加里东期上扬子区前陆盆地演化过程中的层序特征与地层划分. 地层学杂志, 26(4): 315-319.

云南省地质矿产局. 1990. 云南省区域地质志. 北京: 地质出版社.

云南省地质矿产局. 1995. 云南岩相古地理图集. 昆明: 云南科技出版社.

云南省地质矿产局. 1996. 云南省岩石地层. 北京: 中国地质大学出版社.

曾花森, 霍秋立, 张晓畅, 等. 2010. 应用岩石热解数据 S_2-TOC 相关图进行烃源岩评价. 地球化学, 39(6): 574-579.

翟光明, 高维亮, 宋建国, 等. 1988-1993. 中国石油地质志(卷 3-7). 北京: 石油工业出版社.

张大伟, 李玉喜, 张金川, 等. 1995. 全国页岩气资源潜力调查评价. 北京: 地质出版社.

张寒, 朱炎铭, 夏筱红, 等. 2013. 页岩中有机质与黏土矿物对甲烷吸附能力的探讨. 煤炭学报, 38(5): 812-816.

张金川, 姜生玲, 唐玄, 等. 2009. 我国页岩气富集类型及资源特点. 天然气工业, 29(12): 109-114.

张金川, 金之钧, 袁明生. 2004. 页岩气成藏机理和分布. 天然气工业, 24(7): 15-18.

张金川, 徐波, 聂海宽, 等. 2008. 中国页岩气资源勘探潜力. 天然气工业, 28(6): 136-140.

张金川, 薛会, 张德明, 等. 2003. 页岩气及其成藏机理. 现代地质, 24(7): 466.

张利萍, 潘仁芳. 2009. 页岩气的主要成藏要素与气储改造. 中国石油勘探, 14(3): 20-23.

张林晔, 李政, 朱日房. 2009. 页岩气的形成与开发. 天然气工业, 29(1): 124-128.

张渠, 秦建中, 范明, 等. 2003. 松潘－阿坝地区下古生界烃源岩评价. 石油实验地质, 25(B11): 582-584.

张水昌, 梁狄刚, 张大江. 2002. 关于古生界烃源岩有机质丰度的评价标准. 石油勘探与开发, 29(2): 8-12.

张水昌, 王飞宇, 张保民, 等. 2000. 塔里木盆地中上奥陶统油源层地球化学研究. 石油学报, 21(6): 23-29.

赵靖舟. 2001. 塔里木盆地北部寒武－奥陶系海相烃源岩重新认识. 沉积学报, 19(1): 117-124.

钟宁宁, 卢双舫, 黄志龙, 等. 2004. 烃源岩生烃演化过程 TOC 值的演变及其控制因素. 中国科学: 地球科学, 34(A01): 120-126.

朱传庆, 徐明, 袁玉松, 等. 2010. 峨眉山玄武岩喷发在四川盆地的地热学响应. 科学通报, 55(6): 474-482.

朱华, 姜文利, 边瑞康, 等. 2009. 页岩气资源评价方法体系及其应用——以川西坳陷为例. 天然气工业, 29(12): 130-134.

朱炎铭, 陈尚斌, 方俊华, 罗跃. 2010. 四川地区志留系页岩气成藏的地质背景研究. 煤炭学报, 7: 1160-1164.

邹才能, 翟光明, 张光亚, 等. 2015. 全球常规-非常规油气形成分布、资源潜力及趋势预测. 石油勘探与开发, 42(1): 13-25.

Ayers W B. 2002. Coalbed gas systems, resources and production and a review of contrasting cases from the San Juan and Powder River basins. AAPG Bulletin, 86(11): 1853-1890.

Backe G, Abul K H, King R C, et al. 2011. Fracture mapping and modelling in shale-gas target in the Cooper basin, South Australia. Schools and Disciplines, 51: 397-410.

Bowker K A. 2007. Barnett shale gas production, Fort Worth Basin: issues and discussion. AAPG Bulletin, 91(4): 523-533.

Bustin A M M , Bustin R M. 2012. Importance of rock properties on the producibility of gas shales. International Journal of Coal Geology, 103(23): 132-147.

Chalmers G R L, Bustin R M. 2008. Lower Cretaceous gas shales in northeastern British Columbia, Part I: geological controls on methane sorption capacity. Bulletin of Canadian Petroleum Geology, 56(1): 1-61.

Chalmers G R L, Bustin R M, Power I M. 2012. Characterization of gas shale pore systems by porosimetry, pycnometry, surface area, and field emission scanning electron microscopy/ transmission electron microscopy image analyses: examples from the Barnett, Woodford, Haynesville, Marcellus, and Doig unit. AAPG Bulletin, 96(6): 1099-1119.

Chen S B, Zhu Y M, Wang H Y, et al. 2011. Shale gas reservoir characterisation: a typical case in the southern Sichuan Basin of China. Fuel and Energy Abstracts, 36(11): 6609-6616.

Chen S B, Zhu Y M, Wang M, et al. 2011. Prospect conceiving of joint research and development of shale gas and coalbed methane in China. Energy and Power Engineering, 3(3): 348-354.

Curtis J B. 2002. Fractured shale-gas systems. AAPG Bulletin, 86(11): 1921-1938.

EIA. 2015. World Shale Resource Assessments. 2015. http://www. eia. gov/analysis/studies/ world shalegas/[2015-9-24].

Espitalie J, Deroo G, Marquis F. 1985. La pyrolyse Rock-Eval et ses applications. Deuxième partie. Rock-Eval Pyrolysis and Its Applications(Part Two). Oil and Gas Science and Technology, 40(6): 755-784.

Espitalie J, Deroo G, Marquis F. 2013. La pyrolyse Rock-Eval et ses applications. Première partie. Rock-Eval Pyrolysis and Its Applications(Part One). Oil and Gas Science and Technology, 40(5): 563-579.

Gale J F W, Reed R M, Holder J. 2007. Natural fractures in the Barnett Shale and their importance for hydraulic fracture treatments. AAPG Bulletin, 91(4): 603-622.

Guidish T M, Kendall C G C, Lerche I, et al. 1985. Basin evaluation using burial history calculations: an overview. AAPG Bulletin, 69(12): 92-105.

Hill R J, Jarvie D M, Zumberge J, et al. 2007. Oil and gas geochemistry and petroleum systems of the Fort Worth Basin. AAPG Bulletin, 91(4): 445-473.

Hill R J, Zhang E, Katz B J, et al. 2007. Modeling of gas generation from the Barnett Shale, Fort Worth Basin, Texas. AAPG Bulletin, 91(4): 501-521.

James J Hickey, Bo Henk. 2007. Lithofacies summary of the Mississippian Barnett Shale, Mitchell 2 T. P. Sims well, Wise County, Texas. AAPG Bulletin, 91(4): 437-443.

Jarvie D M, Hill R J, Ruble T E, et al. 2007. Unconventional shale-gas systems: the Mississippian Barnett Shale of north-central Texas as one model for thermogenic shale-gas assessment. AAPG Bulletin, 91(4): 475-499.

Javadpour F. 2009. Nanopores and apparent permeability of gas flow in mudrocks(shales and siltstone). Journal of Canadian Petroleum Technology, 48(8): 16-21.

Law B E, Curtis J B. 2002. Introduction to unconventional petroleum systems. AAPG Bulletin, 86(11): 1851-1852.

Loucks R G , Reed R M, Ruppel S C, et al. 2009. Morphology, genesis, and distribution of nanometer-scale pores in siliceous mudstones of the Mississippian Barnett Shale. Journal of Sedimentary Research, 79(12): 848-861.

Loucks R G, Ruppel S C. 2007. Mississippian Barnett Shale, lithofacies and depositional setting of a deep-water shale-gas succession in the Fort Worth Basin, Texas. AAPG Bulletin, 91(4): 579-601.

Lu X C, Li F C, Watson A T. 1995. Adsorption measurements in Devonian shales. Fuel, 74(4): 599-603.

Magara K. 1976. Thickness of removed sedimentary rocks, paleopore pressure, and paleotemperature, southwestern part of Western Canada Basin. AAPG Bulletin, 49(580): 382-384.

Manger K C, Oliver S J P, Curtis J B. 1991. Geologic influences on the location and production of Antrim Shale Gas, Michigan Basin. Low Permeability Reservoirs Symposium, 4: 15-17.

Martineau D F. 2007. History of the Newark East field and the Barnett Shale as a gas reservoir. AAPG Bulletin, 91(4): 399-403.

Martini A M, Walter L M, Ku T C W, et al. 2003. Microbial production and modification of gases in sedimentary basins: a geochemical case study from a Devonian shale gas play, Michigan basin. Aapg Bulletin, 87(8): 1355-1375.

Montgomery S L, Jarvie D M, Bowker K A, et al. 2005. Mississipian Barnett Shale, Fort Worth basin, north-central Texas, Gas-shale play with multi-trillion cubic foot potential. AAPG Bulletin, 89(2): 155-175.

Peters K E . 1994. Applied source rock geochemistry. AAPG Memoir, 1: 60.

Pollastro R M, Jarvie D M, Hill R J, et al. 2007. Geologic framework of the Mississippian Barnett Shale, Barnett-Paleozoic total petroleum system, Bend Arch-Fort Worth Basin, Texas. AAPG Bulletin, 91(4): 405-436.

Pollastro R M. 2007. Total petroleum system assessment of undiscovered resources in the giant Barnett Shale continuous(unconventional)gas accumulation, Fort Worth Basin, Texas. AAPG

Bulletin, 91(4): 551-578.

Ross D J K, Bustin R M. 2007a. Impact of mass balance calculations on adsorption capacities in microporous shale gas reservoirs. Fuel, 86(s17-18): 2696-2706.

Ross D J K, Bustin R M. 2007b. Shale gas potential of the Lower Jurassic Gordondale Member, northeastern British Columbia, Canada. Bulletin of Canadian Petroleµm Geology, 55(2): 51-75.

Ross D J K, Bustin R M. 2008. Characterizing the shale gas resource potential of Devonian-Mississppian strata in the Western Canada sedimentary basin: application of an integrated formation evaluation. AAPG Bulletin, 92(1): 87-125.

Ross D J K, Bustin R M. 2009a. Investigating the use of sedimentary geochemical proxies for paleoenvironment interpretation of thermally mature organic-rich strata: examples from the Devonian-Mississippian shales, Western Canadian Sedimentary Basin. Chemical Geology, 260(1-2): 1-19.

Ross D J K, Bustin R M. 2009b. The importance of shale composition and pore structure upon gas storage potential of shale gas reservoirs. Marine and Petroleum Geology, 26(6): 916-927.

Wang H Z, Mo X X. 1995. An outline of the tectonic evolution of China. Episodes, 18: 6-16.

Zhao H, Givens N B, Curtis B. 2007. Thermal maturity of the Barnett Shale determined from well-log analysis. AAPG Bulletin, 91(4): 535-549.